浙江省高职院校"十四五"重点教材

现代通信全网建设技术

主　编　饶　屾　戎　成
参　编　唐建雄　沈秋艳　张　燕　刘　军
主　审　李锦伟

内容简介

本书以培养现代通信全网建设与运维相应的技能为目标，结合当前移动通信网络建设现状及趋势，以"设计构建一张移动通信网络需要解决的问题"为切入点，涵盖了移动通信的基本概念、移动通信的关键技术及移动通信的发展历程等基本内容，并在此以 5G 全网综合部署项目实施为例，深入介绍了 5G 全网的基本理论，以及 5G 网络规划、设备安装、数据配置、业务调试、故障排查的方法与技能，让学生既能理解移动通信全网建设发展过程中技术的更新迭代，又能掌握当前移动通信全网建设的基本流程及方法。

本书以"项目引领、任务驱动"为编写思路，兼顾"现代通信全网建设技术"的更新迭代与平滑演进，以 5G 全网建设项目为主，理论讲解深入浅出、通俗易懂，实训项目与理论知识层层递进，设计涵盖了与课程教学相对接的"任务描述—资讯清单—获取信息—任务实施—知识解读—验收评价"，让学生在完成项目的过程中，理论知识实用、够用、能学，并且同步掌握职业岗位能力。

本书既可作为高职高专通信相关专业的教材，也可作为相关企业员工的培训教材，还可作为通信行业工程技术和维护人员的参考书。

图书在版编目（CIP）数据

现代通信全网建设技术/饶屾，戎成主编. —北京：北京大学出版社，2023.4
ISBN 978-7-301-33879-7

Ⅰ.①现… Ⅱ.①饶… ②戎… Ⅲ.①电力通信网—高等职业教育—教材 Ⅳ.①TM73

中国国家版本馆 CIP 数据核字（2023）第 059020 号

书　　　名	现代通信全网建设技术 XIANDAI TONGXIN QUANWANG JIANSHE JISHU
著作责任者	饶　屾　戎　成　主编
策 划 编 辑	刘健军
责 任 编 辑	刘健军
数 字 编 辑	蒙俞材
标 准 书 号	ISBN 978-7-301-33879-7
出 版 发 行	北京大学出版社
地　　　址	北京市海淀区成府路 205 号　100871
网　　　址	http://www.pup.cn　新浪微博：@北京大学出版社
电 子 邮 箱	编辑部：pup6@pup.cn　总编部：zpup@pup.cn
电　　　话	邮购部 010-62752015　发行部 010-62750672　编辑部 010-62750667
印 刷 者	天津中印联印务有限公司
经 销 者	新华书店
	787 毫米×1092 毫米　16 开本　24.25 印张　580 千字 2023 年 4 月第 1 版　2023 年 4 月第 1 次印刷
定　　　价	75.00 元

未经许可，不得以任何方式复制或抄袭本书之部分或全部内容。
版权所有，侵权必究
举报电话: 010-62752024　　电子邮箱: fd@pup.cn
图书如有印装质量问题，请与出版部联系，电话: 010-62756370

前　　言

随着数据容量与数据量的不断增加，移动通信行业对数据传输速率的要求不断提高，加之 5G 网络商用百万数量级 5G 基站的建设，移动通信行业对人才特别是复合型、技术技能型人才的需求呈现出井喷趋势。目前，我国移动通信网络处于 4G 应用方兴未艾、5G 商用全面铺开、6G 研发提上日程的多技术共存时期。因此，本书结合国家"双高计划"道路与桥梁工程技术专业群核心（或拓展等）课程建设需要进行编写，兼顾"现代通信全网建设技术"的更新迭代与平滑演进，以 5G 全网建设项目为主，涵盖了 3G、4G、5G 技术的共性问题与个性问题，希望读者可以通过本书的学习，全面认知 4G 与 5G 全网的系统架构及异同。

本书突破传统教材框架，在走访调研浙江省邮电工程建设有限公司、中国移动、中国电信、中国联通等通信龙头企业，摸清人才需求的基础之上，深入剖析"移动网络建设与维护"岗位所对应的职业能力及工作任务，结合学生的认知规律及教师教学思维将"移动通信全网建设"行为领域的工作任务转化为学习领域的若干学习任务，并最终整合重构为"螺旋递进式"的 5 大学习模块，其中模块 1 和模块 2 为知识准备模块，这两个模块的内容贯穿融合于其他各个模块的学习中；模块 3 至模块 5 根据 5G 网络建设典型工作流程化为"基站（四肢）→核心网（大脑）→承载网（神经）"，这 3 个模块在内容上相互关联，难度上逐层递进，通过"行动导向、任务驱动"不断重复、深化、拓展模块 1 和模块 2 的核心知识点，并建立起能力和课程体系之间的对应关系，构建出遵循工程逻辑和教育规律的课程体系。

本书在内容编排上充分考虑学生的认知规律，坚持教材与教学过程相对接，按照"行动导向，理实一体"的原则，设计了"任务描述—资讯清单—获取信息—任务实施—知识解读—验收评价"6 大环节，体现了完整的教学过程，让知识与技能螺旋进阶。

本书的编写工作由浙江交通职业技术学院饶屾、戎成、唐建雄、沈秋艳及校企合作企业北京华晟经世信息技术股份有限公司刘军共同完成，并得到校企合作单位浙江省邮电工程建设有限公司项目经理张燕及其相关技术人员的大力帮助与支持，特此感谢。浙江交通职业技术学院李锦伟对全书做了认真细致的审核和修改工作。本书的具体编写分工如下：饶屾负责教材结构的编排与设计，完成模块 1 和模块 2 的内容编写、资源建设及相关案例收集；戎成完成模块 3 的内容编写、资源建设及相关案例收集；唐建雄完成教材内容与华为 HCIA 职业资格认证的对接，沈秋艳负责教材内容与全国职业技能大赛 5G 全网建设技术赛项的对接，并共同完成模块 4 的内容编写、资源建设及相关案例收集；刘军完成模块 5 的内容编写、资源建设及相关案例收集。

编者在编写的过程中，参考和引用了国内外大量的文献资料，在此向相关文献资料作者表示衷心的感谢。由于编者的水平有限，加之技术不断更新变化，书中难免存在疏漏之处，恳请广大读者及同行专家批评指正。

编　者

资源索引

目 录

预备知识

模块 1 认知移动通信 ... 3

任务 1.1 认知移动通信基本概念 ... 3
1.1.1 移动通信的定义 ... 3
1.1.2 移动通信的目标 ... 3
1.1.3 移动通信的特点 ... 4
1.1.4 移动通信的工作方式 ... 5
1.1.5 移动通信的发展历程 ... 5
1.1.6 LTE 技术特点 ... 8
1.1.7 LTE 频谱划分 ... 9
1.1.8 初识 5G ... 9

模块 2 构建移动通信网络 ... 14

任务 2.1 如何设计一张通信全网？——LTE 系统架构 ... 14
2.1.1 LTE 系统网络的特点 ... 14
2.1.2 网元功能及相关接口 ... 17

任务 2.2 如何定义移动通信网元间的数据传输规则？——LTE 接口及其协议规范 ... 17

任务 2.3 如何定义通信全网中数据传输的封装格式？——LTE 无线帧结构 ... 20
2.3.1 类型 1：FDD-LTE 无线帧结构 ... 20
2.3.2 类型 2：TDD-LTE 无线帧结构 ... 21
2.3.3 物理资源与信道 ... 23
2.3.4 信道映射 ... 26

任务 2.4 如何区分移动通信网络中的不同用户？——多址技术 ... 28
2.4.1 FDMA（频分多址） ... 28
2.4.2 TDMA（时分多址） ... 29

2.4.3 CDMA（码分多址） ... 30

任务 2.5 如何区分移动通信网络中的上下行信号？——双工技术 ... 31
2.5.1 FDD（频分双工）与 TDD（时分双工） ... 31
2.5.2 FDD 与 TDD 的优缺点 ... 32

任务 2.6 如何提升频谱资源的利用率？——OFDM（正交频分复用）技术 ... 34
2.6.1 多路复用技术 ... 34
2.6.2 传统的 FDM 与 OFDM ... 35
2.6.3 OFDM 的实现过程 ... 36

任务 2.7 如何增加信道的容量？——MIMO（多进多出）技术 ... 37
2.7.1 MIMO 的定义 ... 37
2.7.2 MIMO 的传输方式 ... 39

任务 2.8 如何提高信号的传送效率？——高阶调制 ... 40

任务 2.9 如何解决小区间的干扰问题？——ICIC（小区间干扰协调） ... 43

全网综合部署项目实施

模块 3 基站开通 ... 49

任务 3.1 网络规划 ... 49
3.1.1 无线接入网规划 ... 50
3.1.2 无线传播模型 ... 51
3.1.3 无线覆盖规划 ... 54
3.1.4 无线容量规划 ... 58
3.1.5 无线综合估算 ... 60
3.1.6 覆盖估算流程和链路预算方法 ... 61
3.1.7 容量规划流程和容量估算方法 ... 66

任务 3.2	设备安装	69
3.2.1	5G 移动通信系统入门	70
3.2.2	5G 组网模式	73
3.2.3	5G 网络架构	78
3.2.4	接入侧设备安装	80
3.2.5	接入侧设备线缆连接	85
3.2.6	揭秘天线	88
3.2.7	AAU 硬件认知	97
3.2.8	Massive MIMO 技术	99
3.2.9	华为 BBU5900 硬件组成	101

任务 3.3	数据配置	108
3.3.1	5G 频点计算	109
3.3.2	小区参数详解——小区标识	111
3.3.3	小区参数详解——跟踪区	114
3.3.4	BBU 数据配置	117
3.3.5	ITBBU 数据配置	126
3.3.6	AAU 射频数据配置	146
3.3.7	承载网对接配置	149
3.3.8	5G NR 帧结构与 LTE 帧结构的异同	150
3.3.9	5G 物理资源	156

模块 4 核心网数据维护 165

任务 4.1	设备安装	166
4.1.1	无线网络识别码	167
4.1.2	移动用户标识码	167
4.1.3	国际移动设备标识	168
4.1.4	APN	169
4.1.5	5G 核心网架构	169
4.1.6	核心侧设备安装	171
4.1.7	核心侧线缆连接	173
4.1.8	SDN	176
4.1.9	NFV（网络功能虚拟化）	177
4.1.10	网络切片	178

任务 4.2	数据配置	180
4.2.1	RRC 状态	181
4.2.2	PDN 连接	182

4.2.3	EPS 承载	183
4.2.4	QoS	184
4.2.5	配置 MME	185
4.2.6	配置 SGW	192
4.2.7	配置 PGW	198
4.2.8	配置 HSS	201
4.2.9	SCTP 及偶联	204
4.2.10	开机入网流程	205
4.2.11	PDU 会话建立	207

模块 5 承载网对接配置 209

任务 5.1	承载网规划	209
5.1.1	网络概述	210
5.1.2	TCP/IP 协议	215
5.1.3	承载网拓扑规划	227
5.1.4	承载网容量规划	237
5.1.5	5G 承载网需求及组网方案	242
5.1.6	5G 承载网规划	248

任务 5.2	设备安装	254
5.2.1	常见的网络设备及线缆	255
5.2.2	OTN 系统介绍	261
5.2.3	SPN 系统介绍	263
5.2.4	二层交换原理	264
5.2.5	安装及连接承载网核心层设备	272
5.2.6	安装及连接承载网骨干汇聚层设备	281
5.2.7	安装及连接承载网汇聚层设备	292
5.2.8	安装及连接承载网接入层设备	298

任务 5.3	数据配置	300
5.3.1	VLAN 间路由	303
5.3.2	三层路由原理	309
5.3.3	配置承载网核心层数据	317
5.3.4	配置承载网骨干汇聚层数据	319
5.3.5	配置承载网汇聚层数据	322

  5.3.6 配置承载网接入层数据 324
  5.3.7 配置承载网与核心网接
     对接数据 326
  5.3.8 配置电交叉业务数据 330
  5.3.9 OSPF 基本原理 344
任务 5.4 综合调试 352

  5.4.1 调试工具介绍 353
  5.4.2 承载网故障排查流程 360
  5.4.3 承载网调试 361
  5.4.4 全网业务测试 374
  5.4.5 承载网故障处理思路 375
参考文献 377

预备知识

模块 1 认知移动通信

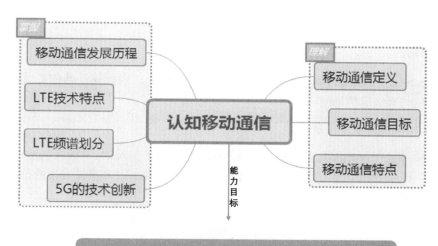

任务 1.1 认知移动通信基本概念

1.1.1 移动通信的定义

移动通信是指通信双方至少有一方是在移动中进行信息交换的通信方式。比如运动中的车辆、船舶、飞机或行走中的人与固定点之间进行信息交换,或是移动物体之间的通信都属于移动通信。这里所说的信息交换,不仅指双方的通信,同时也包含数据、传真、图像等多媒体业务。

1.1.2 移动通信的目标

移动通信已经从 1G 演进到了 5G,那么移动通信发展的终极目标是什么呢？就是个人通信（5W 通信）,如图 1-1 所示,即满足任何人在任何时间、任何地点与任何他人进行任何种类的信息交换。

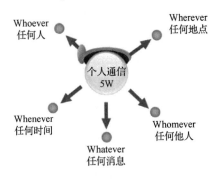

图 1-1　移动通信的终极目标

1.1.3　移动通信的特点

1. 移动性

"Wherever"要求支持动中通，那么无线通信是前提，因此移动通信必须是无线通信或无线通信与有线通信的结合。

2. 电磁波传播条件复杂

移动体可能在各种环境中运动，电磁波在传播时会产生反射、折射、绕射、多普勒效应等现象，产生多径干扰（图 1-2）、信号传播延迟等效应。很多路径过来的信号相位不一致，如果同相，则信号加强；如果反相，则信号衰落。

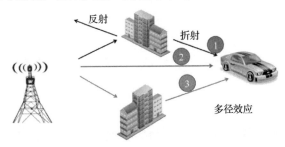

图 1-2　多径干扰

3. 噪声和干扰严重

噪声是与信号无关的一些破坏性因素，比如在城市环境中汽车噪声、各种工业噪声及由元器件内部各种微观粒子的热运动所产生的噪声等。而干扰则是与信号有关的一些破坏性因素，比如移动用户之间的互调干扰、邻道干扰、同频干扰等。

4. 系统和网络结构复杂

移动通信系统是一个多用户通信系统和网络，必须使用户之间互不干扰、协调一致地工作。此外，移动通信还应与因特网、公共电话交换网（固话网）及卫星通信网等互联，整个网络结构非常复杂。

5. 要求频带利用率高、设备性能好

移动通信的传播介质是电磁波，要实现"Whoever"通信则要求支持巨大的用户量，而适合移动通信的无线通信频段却是极其有限的，因此，我们该如何提高频带利用率，提升通信系统的通信容量呢？就好比如何让越来越多的车在马路上畅行呢？一是，我们可以开辟和启用新的频率资源，即修建新的路；二是，我们可以研究新的技术和措施，以压缩信号所占频带宽度来提高频带利用率，即通过潮汐车道等手段让同一时间在马路上通行的车更多，提高马路的利用率。此外，作为移动通信的终端，应该体积小、质量轻、省电，并且还应保证在振动、冲击、高低温变化等恶劣环境中正常工作。

1.1.4 移动通信的工作方式

移动通信的工作方式分为单工通信、半双工通信和全双工通信三种，如图1-3所示。单工通信是指消息只能单方向传输的工作方式。半双工通信则可以实现双向的通信，但不能在两个方向上同时进行，必须轮流交替地进行。全双工通信是指在通信的任意时刻，线路上存在A到B和B到A的双向信号传输。例如，收音机是属于单工通信，因为它只能接收信息；对讲机属于半双工通信，因为它虽然可以接收和发送消息，但它接收消息的同时不能发送消息；手机则属于全双工通信，因为它可以同时接收和发送消息。

图1-3 移动通信的工作方式

1.1.5 移动通信的发展历程

移动通信的发展可以追溯到19世纪。1864年，麦克斯韦从理论上证明了电磁波的存在，这一理论于1876年被赫兹用电磁波辐射的实验证实，使人们认识到电磁波和电磁能量是可以控制发射的。接着1900年马可尼和波波夫等人利用电磁波做了远距离通信的实验并获得了成功，这为现代远距离无线电通信奠定了基础。但当时的通信频段只有1.5～30MHz，属于短波无线电通信。

世界上第一个警用车载无线电系统工作频段在2MHz，这是一个专用系统，采用一个基站覆盖服务区，并且电台的体积大。为什么电台的体积大呢？这里就需要我们理解一个公式 $c=\lambda f$，其中 c 表示光速，是一个固定值，等于 3.0×10^8 m/s，λ 表示波长，f 表示频率，通常天线的长度是波长的1/4～1/2，这里采用2MHz的频段，那么天线长度算出来就是37.5～75m长，自然体积就大了。为什么当时不采用高频段呢？因为频率越高，波长越短，而当时的器件无法实现。

1946年10月，贝尔电话公司启动车载无线电话服务，这是世界上第一个公用汽车电话系统，工作频段为150MHz，采用的是人工接续系统。与美国底特律的车载无线电系统不同的是，这个系统是公用的，所谓"公用"就是用户去买车载移动电话就可以享受服务。人工接续（图1-4）就是指车载移动电话服务只能转到控制台，由控制台为用户服务。但是这种电话系统也很快就饱和了，因为它也是采用一个基站服务一个区域，一个大城市可能就仅有一个基站，大家都想用，而频率是有限的。在这种情况下，人们就不得不寻求新的出路，于是就出现了真正意义上的1G。

图1-4 车载移动电话服务 VS 人工接续

"1G"全称是第一代移动通信系统，指采用蜂窝技术组网，仅支持模拟语音通信的移动电话标准。所谓蜂窝，就是一个六边形，每个小区设一个基站服务。因为用的频率高，电波到达不了很远，同一个频率又可以复用，这样容量就增加了。所以"小区蜂窝制"和"频率复用"概念的提出才标志着移动通信真正开始进入所有民用领域。

1G主要采用的是模拟技术和频分多址技术，如图1-5所示。频分多址，就是用频率来区分用户，类似于广播电台，需要为每个用户分配一个频段。无线的频率资源是极其有限的，一人一个频段的话，频带利用率不高，用户容量也是有限的，所以，1G不仅终端贵，入网费也很贵。同时，由于采用的是模拟通信，所以1G仅支持语音业务，并且常常会出现"串号"和"盗号"的现象，保密性差。

1G以美国的高级移动电话系统（AMPS）、英国的全接入移动通信系统（TACS）及日本的联合战术地面系统（JTAGS）为代表，由于各标准不兼容，无法互通，因此不能支持移动通信的长途漫游，只能是一种区域性的移动通信系统。

到了1955年，通信行业跨入2G，从模拟调制进入数字调制。相比1G，2G的终端体积小、功能多，均采用数字芯片，数字芯片就是都采用1001这样的二进制比特来表示说话的语音，传输线上传输的也都是1001，保密性好，终端也可以做得比较小，且支持国际漫游；此外由于采用了TDMA技术，同一频段，不同的用户可以分时段来用，所以用户容量增加。2G的主要业务除了语音，还支持短信、彩信及低速的数据通信，数据传输速率为9.6~14.4kbit/s。

模块1 认知移动通信

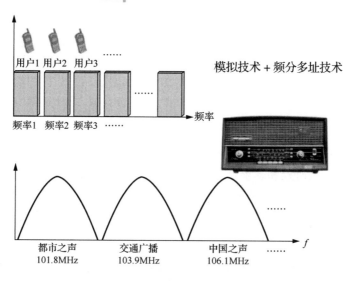

图1-5 第一代移动通信系统（1G）

2G的标准有欧洲的GSM、日本的PDC、美国的D-AMPS及北美的IS-95，2G时代也是移动通信标准争夺的开始，最终GSM从诸多标准中脱颖而出，抢占了全球70%的用户，成为最受欢迎的制式。

但是随着社会经济的发展，人们对数据业务的需求日益增高，3G在2G的基础上继续演进，以CDMA技术为主，并能同时提供话音和数据业务。主流的3G标准有：中国联通的WCDMA、中国移动的TD-SCDMA和中国电信的CDMA2000。WCDMA是由GSM演进而来的，商用最早、最成熟；TD-SCDMA是具有中国自主知识产权的标准，而CDMA2000则是在IS-95的基础上演进而来的。相比2G，3G的数据传输速率在静止时可以达到2Mbit/s，步行或慢速移动达到384kbit/s，快速移动时达到144kbit/s。虽然速率大幅提升，但还是难以满足移动用户高带宽的要求，并且多种标准之间难以实现全球无缝漫游。

正是由于3G的局限性推动了人们对下一代移动通信系统4G的研究。4G集3G与WLAN于一体，能够快速传输数据，以及高质量音频、视频和图像。2012年1月，国际电信联盟（ITU）正式将LTE-Advanced和Wimax-Advanced确定为4G国际标准，如图1-6所示。我们平时说的LTE是3GPP（第三代合作伙伴计划）的长期演进项目，是3G向4G演进的主流技术。LTE分为FDD和TDD两种双工方式，不区分设备厂家，也不区分运营商。Wimax是一种移动的宽带无线接入技术，可以实现用户在车速移动状态下的宽带接入，可以工作在2~6GHz，但其网络规范和技术标准还不够完善。随着英特尔的退出，Wimax最终被运营商放弃。

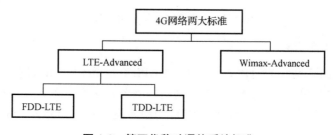

图1-6 第四代移动通信系统标准

LTE 网络具有大容量、高速率、低时延、低成本的特性，4G 网络采用 MIMO（Multipie Input Multiple Output，多输入多输出）、正交频分复用技术、多载波调制技术、自适应调制和编码技术、智能天线等许多关键技术来支撑。另外，为了与传统的网络互联，需要使用网关建立网络的互联，所以 4G 是一个复杂的多协议网络。

LTE 技术特点
与频谱划分

1.1.6 LTE 技术特点

LTE 全称 Long Term Evolution，是 3GPP 的长期演进项目，是一个高数据率、低时延和基于全分组的移动通信系统。如果说 2G 是乡间小路，3G 是高速公路，那么 4G 就是多车道高速公路。4G 的下行峰值速率可以达到 100Mbit/s。LTE 的设计目标也是 LTE 的技术特点，主要包括以下 6 点。

1. 峰值速率高

4G 网络的下行峰值速率 100Mbit/s，上行峰值速率为 50Mbit/s，这里所说的上下行峰值速率是指在上下行链路中分配了 20M 频谱条件下所能达到的最大速率。

2. 时延低

时延是指一个报文或者分组从网络一端传送到另一端所需要的时间，是衡量网络质量的重要指标。LTE 网络为了降低无线网络时延，将子帧长度设置为 0.5ms 和 0.675ms，解决了向下兼容问题，并降低了网络时延，使用户面单向时延小于 5ms，控制面时延小于 100ms。用户面时延是指用户数据在 LTE 网络中传送时延，用户数据就是用户真正需要传送的语音、视频或图像。控制面时延是指 LTE 系统中信令的时延，用户开机申请接入网络所发送的信息。用户面时延与控制面时延，如图 1-7 所示。

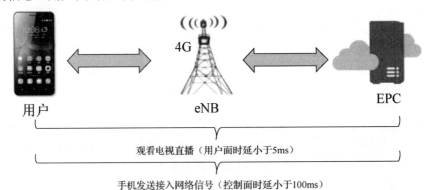

图 1-7 用户面时延与控制面时延

3. OPEX 和 CAPEX 低

OPEX 是指 LTE 系统的运营维护成本，CAPEX 是指 LTE 系统的建设成本。TD-LTE 网络比 TD-SCDMA 网络少了 RNC（无线网络控制器）这个中间节点，系统更加扁平化，设备成本和建设成本显著降低。此外，LTE 的很多网元可以直接从 3G 升级，这也大大降低了组网成本。

4. 灵活支持不同带宽

灵活支持不同带宽,是指LET技术不仅支持不同大小的频谱分配(LTE共支持1.4MHz、3MHz、5MHz、10MHz、15MHz、20MHz 6种带宽组网,支持成对和非成对频谱分配),还支持不同频谱资源的整合。

5. 频谱效率高

4G网络的频谱效率相对于3G网络有了很大的提升,下行链路可以达到每赫兹 5bit/s,是 HSDPA 的 3~4 倍;上行链路每赫兹 2.5bit/s,是 R6 版本 HSUPA 的 2~3 倍。

6. 小区覆盖强

E-UTRAN 可以在重用 UTRAN 系统站点和载频的基础上,灵活支持各种覆盖场景,实现用户吞吐量、频谱效率和移动性等性能指标,E-UTRAN 不同覆盖范围内的系统性能要求如下:覆盖半径 5km 以内,用户吞吐量、频谱效率和移动性能指标必须完全满足;覆盖半径 5km 以内,用户吞吐量可以略有下降,频谱效率指标可以下降,但仍在可以接受的范围内,移动性能指标仍应该完全满足;覆盖半径最大可达 100km。

1.1.7 LTE 频谱划分

电磁权是国家主权的一个重要组成部分,因此在世界范围内各国对无线电频谱的划分均是由国家控制和统一管理的,我国的频谱管理是由中华人民共和国工业和信息化部(简称工信部)下属的无线电管理局来负责具体的事宜。而在国际上主要由国际电信联盟无线电通信部门负责协调国际无线电频谱的业务划分。我国在 2013 年 4 月 12 日,工信部给中国移动、中国电信和中国联通颁发了 TDD-LTE 牌照;2015 年 7 月 27 日,工信部给中国电信、中国联通颁发了 FDD-LTE 牌照;2018 年 4 月 3 日,工信部给中国移动颁发了 FDD-LTE 牌照。中国移动、中国电信、中国联通三大运营商在获得相应制式的网络牌照后,即可根据工信部下发的相关频谱资源进行相应制式的 4G 网络建设。

我国三大运营商具体的频谱划分如表 1-1 所示,中国移动获得了 130MHz 的频谱资源,中国联通和中国电信共获得了 40MHz 的频谱资源。在我国,如果中国移动的用户要使用 4G 网络,那么用户的 4G 设备就必须支持移动 4G 网络的频率,如果该用户的 4G 设备支持所有运营商的 4G 网络频率,那么该用户的设备就是全网通设备。

1.1.8 初识 5G

移动通信每 10 年变迁一次,1G 模拟语音使移动通信成为可能,2G 数字通信使得人们可以随时随地拨打语音电话,3G 带领人们进入互联网数据时代,4G 则进一步增加数据和语音容量。虽然 4G 的速度比 3G 快了近 8 倍,但是随着用户数量和联网设备的急剧增加,越来越多的 4G 用户需要同时使用网络,为了解决这一问题,5G 应运而生。5G 作为下一代移动通信系统,不仅可以以 GB 级的速度运行,处理千兆级的流量数据,还可以直接从人与人的通信扩展到万物互联,如图 1-8 所示。

初识 5G

表 1-1　LTE 频谱划分

E-UTRA Operating Band	Uplink (UL) operating band BS receive UE transmit F_{UL_low}-F_{UL_high}			Downlink (DL) operating band BS transmit UE receive F_{DL_low}-F_{DL_high}			Duplex Mode
1	1920MHz	—	1980MHz	2110MHz	—	2170MHz	FDD
2	1850MHz	—	1910MHz	1930MHz	—	1990MHz	FDD
3	1710MHz	—	1785MHz	1805MHz	—	1880MHz	FDD
4	1710MHz	—	1755MHz	2110MHz	—	2155MHz	FDD
5	824MHz	—	849MHz	869MHz	—	894MHz	FDD
6	830MHz	—	840MHz	875MHz	—	885MHz	FDD
7	2500MHz	—	2570MHz	2620MHz	—	2690MHz	FDD
8	880MHz	—	915MHz	925MHz	—	960MHz	FDD
9	1749.9MHz	—	1784.9MHz	1844.9MHz	—	1879.9MHz	FDD
10	1710MHz	—	1770MHz	2110MHz	—	2170MHz	FDD
11	1427.9MHz	—	1452.9MHz	1475.9MHz	—	1500.9MHz	FDD
12	698MHz	—	716MHz	728MHz	—	746MHz	FDD
13	777MHz	—	787MHz	746MHz	—	756MHz	FDD
14	788MHz	—	798MHz	758MHz	—	768MHz	FDD
...							
17	704MHz	—	716MHz	734MHz	—	746MHz	FDD
...							
33	1900MHz	—	1920MHz	1900MHz	—	1920MHz	TDD
34	2010MHz	—	2025MHz	2010MHz	—	2025MHz	TDD
35	1850MHz	—	1910MHz	1850MHz	—	1910MHz	TDD
36	1930MHz	—	1990MHz	1930MHz	—	1990MHz	TDD
37	1910MHz	—	1930MHz	1910MHz	—	1930MHz	TDD
38	2570MHz	—	2620MHz	2570MHz	—	2620MHz	TDD
39	1880MHz	—	1920MHz	1880MHz	—	1920MHz	TDD
40	2300MHz	—	2400MHz	2300MHz	—	2400MHz	TDD

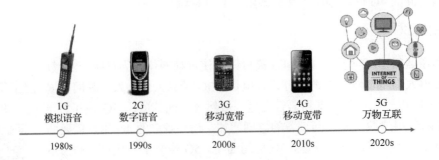

图 1-8　移动终端的发展演变

模块 1　认知移动通信

党的二十大报告提出，坚持把发展经济的着力点放在实体经济上，推进新型工业化，加快建设制造强国、质量强国、航天强国、交通强国、网络强国、数字中国。而 5G 网络建设是数字中国建设的重要基石。回首过去，我国移动通信实现了从 3G 突破、4G 同步到 5G 引领的跨越式发展，是我国科技变革的缩影、科技创新的典范，更彰显了我国的科技自信。我国的移动通信工作者们究竟是如何革故鼎新，炼成中国 5G 标准的呢？

5G 即第 5 代移动通信系统，根据国际电信联盟的 IMT-2020 愿景，5G 将包含增强型移动宽带（eMBB）、超可靠和低时延通信（URLLC）和大规模机器类型通信（mMTC）三大应用场景，如图 1-9 所示。增强型移动宽带（eMBB）通俗地讲就是速度更快，相比 4G 快 10 倍，下载一部全高清电影只需要几秒，即使在信号较弱的情况下，也能保证 100Mbit/s 的数据传输速率，典型的应用就是 360 度全景超清直播等基于 VR、AR 的移动漫游沉浸式体验类业务；超可靠和低时延通信是指 5G 要达到毫秒级的端到端时延，这将促进车联网、工业制造、远程医疗等对于安全性、可靠性、时延要求较高的特殊行业的发展；大规模机器类型通信是指 5G 支持海量连接。你是否曾有在拥挤的地铁上一直没办法连接上网络的经历，为什么会存在这种问题呢？道理其实很简单，好比一条高速公路，车道再多、车速再快，也满足不了春运的流量高峰，因此 5G 的超高容量不仅能让我们和网络拥塞说再见，还将开启万物互联时代，其典型应用就是智能家居。那么 5G 是怎样做到超高传输速率、超低时延和超大容量的呢？

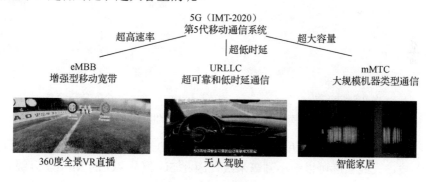

图 1-9　5G 的三大应用场景

电磁波的频率资源有限，不同频率的电磁波有不同的用途。目前大部分手机和电子设备都在 3kHz 到 6GHz 频段上工作，随着越来越多的设备加入这个频段中，不仅会让网速变慢，而且还常出现掉线的情况，因此我们需要开拓更高的频段资源，也就是毫米波。毫米波是指波长在毫米数量级的电磁波，其频率为 30GHz 到 300GHz。根据通信原理，最大信号带宽等于载波频率的 5%，可见，频率越高，带宽越大，速率自然也就越高。既然频率越高越好，那为什么 3G、4G 不用毫米波呢？

电磁波频率越高，波长越短，绕射能力越差，就越趋近于直线传播，而且频率越高，传播过程中的衰减也越大。比如激光笔（波长 635nm 左右），射出的光是直的，挡住了就过不去了。虽然在毫米波所在的更高频段具有更大带宽，但是不能穿透建筑等介质，甚至会被植物和雨水吸收，所以覆盖能力会大大减小，这就意味着覆盖同一个区域，5G 需要的基站数量将大大超过 4G。为了解决这一问题，就需要 5G 的另一项关键技术——微基站。

微基站就是通过上千个低功耗小基站来代替现在的大基站，如图 1-10 所示。这里常常有人质疑基站越多，辐射是不是就越大？恰恰相反，就好比冬天一群人在房子里是以一个大功率取暖器取暖效果好，还是几个小功率取暖器取暖效果好？很显然，如图 1-11 所示，大基站功率大，辐射更大，特别是离基站近的信号特别强而离基站远的信号又特别弱，相对来说微基站小巧、功率小，辐射自然更小，而且微基站数量多，分布均匀，覆盖好，速度也更快。

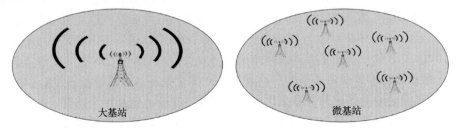

图 1-10　大基站与微基站的区别

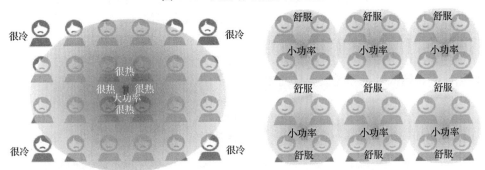

图 1-11　大功率与小功率的区别

此外，4G 在不增加频谱宽度的情况下通过 MIMO 技术来提升系统容量，而 5G 由于采用了毫米波，天线长度可以缩小到毫米级，因此 5G 便从 4G 的 MIMO 升级为 Massive MIMO，如图 1-12 所示。中国移动的 4G 网络上，基站一侧可能用到了 2 根、4 根到 8 根天线，但是，在 5G 超大规模的 MIMO 条件下，在基站侧用到最多的是 256 根天线，把整个时空上的优越性发挥到了极限，容量大幅度提升。但大量天线同时传输信号会产生相互干扰的情况，这就需要靠波束赋形技术来解决。

基站发射信号就像灯泡发光，信号是向四周发射的，如果此时只是想照亮某个区域或物体，那么大部分的光都浪费了。波束赋形，如图 1-13 所示，就是在基站上布设天线阵列，通过控制并调节每一个天线单元发射（或接收）信号的相位和信号幅度，产生具有指向性的波束，指向它所提供服务的手机，而且能根据手机的移动而转变方向。这种空间复用技术，由原来的全向的信号覆盖变为精准指向性服务，而且波束之间不会干扰，能在相同的空间中提供更多的通信链路，因此能极大地提高基站的服务容量。

模块 1　认知移动通信

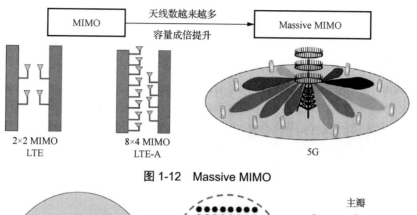

图 1-12　Massive MIMO

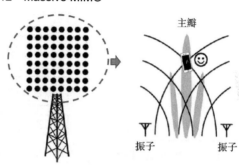

图 1-13　波束赋形

模块 2
构建移动通信网络

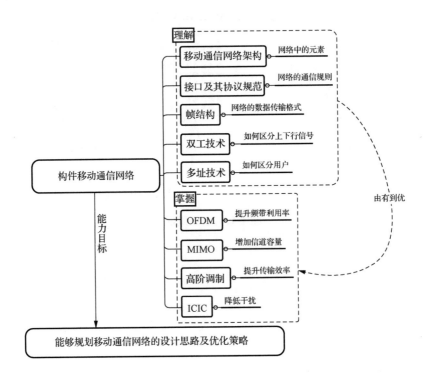

任务 2.1 如何设计一张通信全网？——LTE 系统架构

2.1.1 LTE 系统网络的特点

LTE 系统架构

网络结构是由多个网元与其之间的接口组成的网络拓扑结构。网元就是网络中的元素（设备）。LTE 系统架构通常可以分为接入网和核心网两大部分，如图 2-1 所示。接入网指的是基站部分，而核心网指的是运营商机房部分。我们通常所说的 LTE 和 E-UTRAN 都指的是 4G LTE 网络结构的接入网部分，而 SAE 和 EPC 都指的是核心网部分。EPS 全称 Evolved Packet System（演进型分组系统），包含了 UE 用户终端、E-UTRAN 接入侧和 SAE、EPC 核心侧。

模块 2 构建移动通信网络

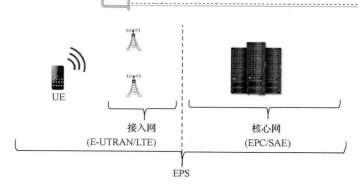

图 2-1 LTE 系统架构

我们将以 3G 的 TD-SCDMA 网络结构为对比对象来说明 4G LTE 网络结构的特点。

1. 网络结构扁平化

我们比较一下 TD-SCDMA 与 TDD LTE 的接入网部分，如图 2-2 所示，4G 网络的 E-UTRAN 中只有 eNB，缺少了 RNC 这个网元。RNC 称为无线网络控制器，它的作用主要是解决用户的移动性管理问题。例如用户在不同的基站间移动时，由于信号强度的问题可能需要切换，就是从当前接入的一个基站切换到另一个基站。因此，LTE 网络由于减少了 RNC 这个网元，所以网络结构更加扁平化、更加简单，部署维护成本相对更低，同时时延也更小。而且因为 3G 网络的所有基站都需要连接到 RNC 这个网元上，很容易出现由于 RNC 的单点故障而导致的网络瘫痪，而 4G 的基站都是相互连接的，所以稳定性更好。

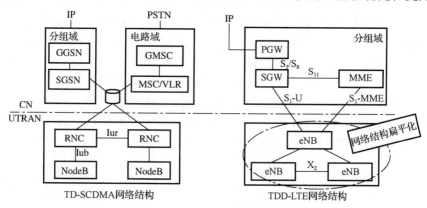

图 2-2 TD-SCDMA 与 TDD-LTE 的区别

2. 全 IP 组网

对比 TD-SCDMA 和 TDD-LTE 的核心网部分我们不难发现，4G 网络相比 3G 网络少了 CS 域，如图 2-3 所示。CS 域和 PS 域有什么区别？我们要了解下什么是业务？所谓业务就是运营商所能给我们提供的服务，平时用得最多的两种业务就是上网（数据）业务和打电话（语音）业务。在 2G、3G 时代，语音业务是靠 CS 域来实现的。CS 域指电路交换域。这是为业务分配的一个专门的传输通道，即在电路通话的两端建立一个通道，将主叫方和被叫方连接起来，传递信息。因为在主被叫之间建立的电路只能主被叫用，所以电路交换技术不仅时延小，业务质量也可以得到保证。但同时也由于是独占资源，所以资源的利用率是不高的。处理上网数据业务的域叫 PS 域，这个 P 表示 Packet。它的工作原理和现在网络上进行分组数据包的转发是一样的，即通过数据包来传递信息。每个数据包都有 IP 报头，里面包含源地址、目标地址等，通信系统就是通过数据包中的地址来区分不同的用户并确认传输路径的。分组交换的好处是不需要用户独占传输通道。整个通信系统内部有很多类似于路由器的东西，它要根据 IP 数据包中的目标地址来查询路由表中的路由，这个转发的路径并不会被某一个特定用户独占，因此资源利用率较高。但同时由于 SGSN 网元要处理每个数据包的 IP 地址，因此会带来额外的开销和时延。LTE 网络结构的第一大特点就是取消了 CS 域，采用全 IP 组网，不同设备的互联互通就会变得更加方便。

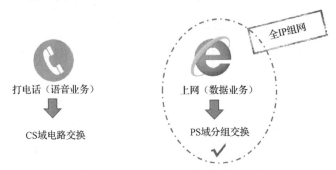

图 2-3　4G 网络相比 3G 网络取消了 CS 域

3. 控制与承载相分离

对比 3G 的 PS 域与 4G 的 PS 域，如图 2-4 所示，3G 的 PS 域只有两个网元 SGSN（GPRS 服务支持节点）和 GGSN（GPRS 网关支持节点），PS 域里不论是控制面消息还是用户面消息，都是经由 SGSN 处理后转发给 GGSN 的。SGSN 负责用户的接入控制、安全认证、位置管理等，而 GGSN 则负责将分组数据传输到相应的外部网络，相当于是 GPRS 网络与外部分组交换网的接口，还要完成协议转换、路由选择、消息过滤等工作。而 4G LTE 的 PS 域则是将控制与承载相分离。控制消息，即网元的一些控制指令由 MME 处理，而业务消息即用户真正要传送的消息交由 SGW 处理，用户面和控制面分别由不同的网元实体完成，这样可以降低系统时延，提高核心网的业务处理效率。

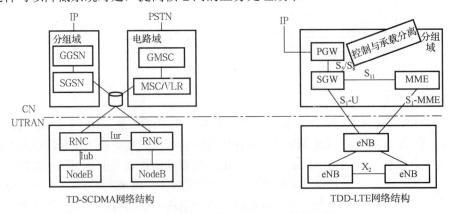

图 2-4　3G 的 PS 域与 4G 的 PS 域的区别

2.1.2 网元功能及相关接口

如图 2-5 所示，E-UTRAN 是由多个 eNB 即基站组成，基站与基站之间是通过 X_2 口相连接，接入网过来的信号要经过 S_1 口进入 EPC 核心网侧，图中的虚线表示信令流，实线表示业务流，E-UTRAN 的控制面信令通过 S_1-C 口进入 MME（Mobile Management Entity，移动管理实体），C 表示控制；而用户面的数据则通过 S_1-U 口进入 SGW（Serving Gateway，服务网关），U 表示用户。MME 是一个控制面的功能实体，需要审核 UE 的合法性，将信息转发给 HSS（Home Subscriber Server，归属用户服务器）验证。这里注意：MME 不真正对用户层面的数据包做转发处理。它主要的工作是在信令控制层面，即用户接入后，所有的注册认证信息、漫游控制和接入控制信息（比如接入哪个 PGW 上）都是由 MME 来接收的，但它又不真正做认证和控制，它主要是作为转发控制点，将用户的认证消息发送给 HSS，用来存储用户的鉴权信息，MME 会根据 HSS 的认证、授权结果，控制 eNB 和 SGW 来转发用户层面的数据包。MME 与 HSS 之间是通过 S_{6a} 口相连接的。SGW 是用户面的功能实体，用于完成用户面数据的路由处理。MME 与 SGW 之间通过 S_{11} 口相连接。PGW（PDN Gateway）即分组数据网的网关，主要用于给手机分配一个 IP 地址，与外网连接。SGW 和 PGW 之间的接口是 S_5；如果是漫游（属于不同 PLMN），则是 S_8 流量收费。

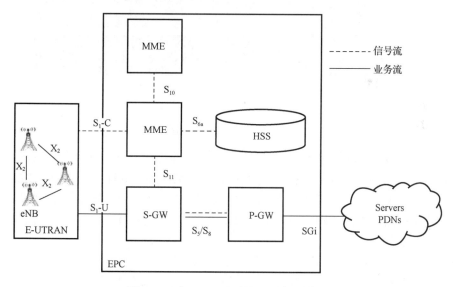

图 2-5 TDD-LTE 网络网元及相关接口

任务 2.2　如何定义移动通信网元间的数据传输规则？——LTE 接口及其协议规范

LTE 接口及其协议规范

接口是不同网元之间信息交互的方式。既然是信息交互，就必须使用大家都能理解的语言，即在接口上所使用的接口协议，整个接口协议的架构叫协议栈。在 LTE 网络结构部分，我们了解到基站和基站之间是通过 X_2 口连接，基站和核心网之间的控制面是通过 S_1-C 口连接，用户面是通过 S_1-U 口连接，那么这些不同接口的协议栈都是遵循什么样的规则来进行设计的呢？

说到协议栈很容易联想到 OSI（开放系统互联）参考模型（图 2-6）及 TCP/IP 模型，我们知道 OSI 参考模型及 TCP/IP 模型的协议栈里都有一个"分层"的结构，那么协议栈为什么要分层呢？这主要是为了解决异构网络设备之间的互联问题。不同厂商生产的网络设备在过去是不兼容的，为了让不同厂商的设备兼容，ISO 组织提出了 OSI 参考模型，大家只需要按照模型特定的层来开发相应的产品，它们之间就可以互联了。同理，一个基站下面的手机来自多个终端厂商，型号各异，并且基站设备也是由不同厂商来开发的，为了让终端、基站、核心网设备之间能够连接使用，就需要大家都基于协议栈进行开发设计。每个层次都为上层提供服务，分层最大的好处就是分工合作。每层只需要过渡成特定的功能。

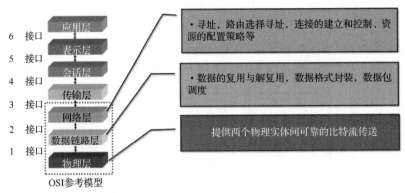

图 2-6　OSI 参考模型

移动通信的接口协议栈除了有三层，还有两面，根据信息的不同可分为用户面和控制面，如图 2-7 所示。用户面用于处理业务数据，而控制面用于处理信令和协调数据，层一，物理层上不区分用户面和控制面；层二，数据处理功能开始区分用户面和控制面；层三，用户面和控制面则由不同的功能实体来完成，用户面的功能实体是 SGW，而控制面的功能实体是 MME。

LTE 的具体协议栈结构如图 2-8 所示，我们可以在这张图上画出真正的数据流及信令流分别经过了哪些层，哪些层由哪些特定的协议来处理。首先看数据流，从最左边的 UE 侧开始，数据流从 App（比如手机微信产生的数据流量，在 UE 的用户面只经过了两层，PHY（Physical layer）代表物理层，而 MAC、RLC、PDCP 都属于数据链路层）能够直接到层二的数据链路层。数据链路层有三个协议，第一个 MAC 称为媒体接入控制，第二个 RLC 称为无线链路控制，第三个 PDCP 称为包数据汇聚协议，可以理解为数据链路层的三个功能模块。这三个功能模块的作用是什么呢？比如 PDCP 在数据的发送端，即 UE 发送数据给 eNB 时，PDCP 主要做一个数据的压缩，也就是将 App 传来数据进行压缩（比如微信的数据是基于 IP 的数据报，需要将 IP 报头压缩），当数据传到 eNB，eNB 作为接收端，PDCP 就需要做一个解压缩的工作。PDCP 还有另一个功能是加密解密，同理，如果是上行传输,在数据发送端 eNB 要加密,在接收端 eNB 需要解密。RLC 主要是完成分段级联的工作。数据通信的网络中要传送的数据流量被分成一个个 PDU 分组数据单元,PDU 的大小严格控制,如果用户产生的数据流量超过 PDU 的容量限制时,就需要分段,分段由发送端来处理,接收端则用于处理级联,级联即将分段的数据黏合成一个整体。MAC 主要是资源调度、复用和解复用。物理层就是将二进制转化成光信号或电信号到相应的物理传输介质中传输。eNB 和 UE 的用户面只涉及物理层和数据链路层。再看 eNB 和 UE 的控制面,控制流是会涉及第三层 NAS 非接入层信令和 RRC 无线资源控制的,那么 NAS 和 RRC 分别代表什么呢?

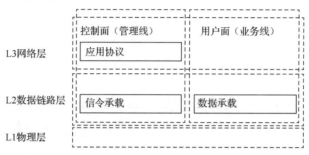

图 2-7　LTE 接口协议栈通用模型

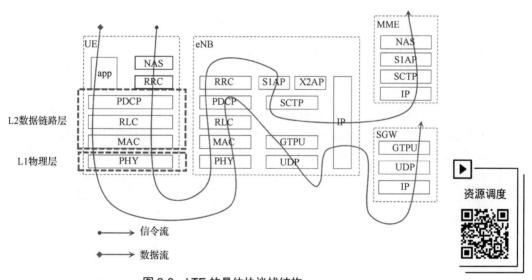

图 2-8　LTE 的具体协议栈结构

NAS（Non-Access-Stratum）是 UE 和 MME 之间交互的信令,eNB 只是负责 NAS 非接入层信令的透明传输,不做解释和分析。比如 UE 开机后会有一个附着的过程,附着的时候需要将手机卡的 IMSI 等参数通过 eNB 发送到 MME 进行用户鉴权,这种消息就属于 NAS 数据。这种数据需要 eNB 传递,但 eNB 只是转发,不会对里面的消息进行任务处理。RRC 无线资源控制是 UE 和 eNB 之间的控制信令。比如 UE 和 eNB 在承载业务前需要建立 RRC 连接,建立完连接后需要通过 RRC 连接传送系统的广播、寻呼等。

FDD-LTE 和 TDD-LTE 无线接口分层的区别很小，如图 2-9 所示，其核心网完全一样，无线接口协议上两者绝大部分都是相同的，区别就在于 PHY 分别对应着两种不同的帧结构设计。

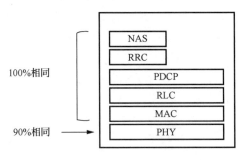

图 2-9　FDD-LTE 和 TDD-LTE 无线接口分层

任务 2.3　如何定义通信全网中数据传输的封装格式？——LTE 无线帧结构

帧结构的目的是提供一种封装来承载数据，即定义数据传输的格式。上下行信息如何复用有限的无线资源，也就是如何解决在通信信道资源有限的条件下实现数据传输容量的最大化问题，这是所有无线制式必须考虑的双工技术问题。以往的无线制式要么支持时分双工（TDD），要么支持频分双工（FDD），而 LTE 标准既支持 FDD 又支持 TDD，它分别定义了两种类型的帧结构。

2.3.1　类型 1：FDD-LTE 无线帧结构

由于 FDD 先于 TDD 成为国际的 4G 标准，所以 FDD 模式是类型 1。1 个 FDD 无线帧的长度是 10ms，每个 10ms 无线帧可以分为 10 个子帧，每个子帧包含 2 个时隙，每个时隙 0.5ms，如图 2-10 所示。0.5ms 相对于日常生活已经很短了，但是在 LTE 里面还有一个更小的时间颗粒，称为基本时间单元 T_s（采样时间），这里的 15000 表示 OFDM 的子载波间隔是 15kHz，2048 表示傅里叶采样点的个数。同一个载波的不同子帧必须都是上行或都是下行，即如果这个载波被安排成下行，那这里的子帧就必须全是下行。

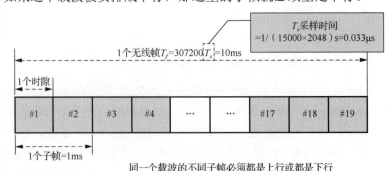

图 2-10　FDD-LTE 无线帧结构

2.3.2 类型 2：TDD-LTE 无线帧结构

TDD 的一个无线帧也是 10ms，每个无线帧可以分成 2 个 5ms 的半帧。每个半帧包含 4 个数据子帧和 1 个特殊子帧。特殊子帧又包含三部分，分别是 DwPTS 下行导频时隙、Gp 保护间隔和 UpPTS 上行导频时隙，总长 1ms，如图 2-11 所示。这个设计是延续了 TD-SCDMA 的时隙设计。除了特殊子帧，其他的 1 个子帧还是包含 2 个时隙，每个时隙又分为若干个 OFDM 符号，根据循环前缀（CP）的长度不同，包含的 OFDM 符号的数量也不同。CP 称为循环前缀，是用来消除符号间的干扰的，普通 CP 比扩展 CP 长。LTE 有普通 CP 和扩展 CP 两种，当使用普通 CP 时，一个下行时隙包含 7 个 OFDM 符号；当使用扩展 CP 时，一个下行时隙包含 6 个 OFDM 符号。

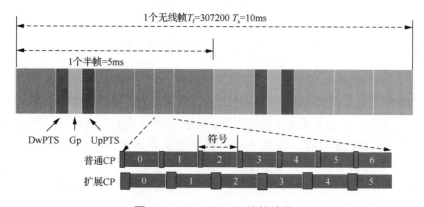

图 2-11 TDD-LTE 无线帧结构

相比 FDD-LTE 无线帧，TDD-LTE 无线帧可以根据上下行的数据量的大小及无线环境的质量来进行灵活设计，主要可从以下几方面进行调节。

1. CP 的选择

我们来思考一个问题：CP 是越大越好还是越小越好，不同的 CP 大小有怎样的应用场景？显然，CP 越大，在 0.5ms 的时隙长度内用于传输用户有效信息的符号数就越少，传输速率越低，额外开销越多，所以 CP 的长度与覆盖半径有关，要求的覆盖范围越大，需要配置的 CP 长度就越大。但是过长的 CP 配置也会导致系统开销过大，在一般覆盖要求下，配置普通的 CP 长度即可满足要求；但是需要广覆盖的场景则需要配置增长的扩展 CP。

2. 上下行子帧配比选择

TDD-LTE 无线帧中的一些子帧是规定了方向的，比如说子帧 0、子帧 5 和特殊子帧时的下行导频时隙。TDD-LTE 的 7 种上下子帧配比如图 2-12 所示。

由于 TDD 的模式，在这么多的子帧资源里必然有一些要被用于上行传输，有一些用于下行传输。上行和下行就必须有一个转换点，TDD-LTE 支持 5ms 和 10ms 的转换周期。我们以标号配置 0、切换间隔为 5ms 为例来看一下这 10 个不同子帧所代表的方向。我们看到，0 到 9 号子帧分别是 DSUUUDSUUU，每隔 5ms 就重复一次它的方向。这里 D 是 Downlink 的缩写，表示下行；S 是 Special 的缩写，表示特殊子帧；U 是 Uplink 的缩写，表示上行。5ms 的切换周期适用于时延敏感的业务，可以在较短的时间内进行上下行调整。相对来说，10ms 的切换周期比较常用在对下行速率要求较高的场景，比如标号为 5 的上下行子帧配比为 DSUDDDDDDD，10ms 的转换周期里有 8 个子帧用于下行数据传输。

配置	切换时间间隔	子帧编号										DL:UL S=D	DL:UL 不管S
		0	1	2	3	4	5	6	7	8	9		
0	5ms	D	S	U	U	U	D	S	U	U	U	2:3	1:3
1	5ms	D	S	U	U	D	D	S	U	U	D	3:2	1:1
2	5ms	D	S	U	D	D	D	S	U	D	D	4:1	3:1
3	10ms	D	S	U	U	U	D	D	D	D	D	7:3	6:3
4	10ms	D	S	U	U	D	D	D	D	D	D	4:1	7:2
5	10ms	D	S	U	D	D	D	D	D	D	D	9:1	8:1
6	5ms	D	S	U	U	U	D	S	U	U	D	1:1	3:5

图 2-12　TDD-LTE 的 7 种上下子帧配比

3. 特殊时隙的上下行配比

特殊子帧包含有 DwPTS、Gp 和 UpPTS，总长是 1ms。其内部还可以有一个更细的划分，如图 2-13 所示，具体也跟 CP 长度有关。如果采用普通 CP，1ms 内包含 2 个时隙，1 个时隙包含 7 个 OFDM 符号，所以 1 个特殊子帧总共对应 14 个 OFDM 符号。图 2-13 中 DwPTS、Gp 和 UpPTS 的符号数相加正好是 14。目前现网中只支持标号为 5 的 3∶9∶2 及标号为 7 的 10∶2∶2 两种特殊时隙配比。这两种配比有不同的应用场景，相对来说 5 号 3∶9∶2 的配比保护间隔比较长，保护间隔是用于上下行的转换，所以保护间隔越长，越适合于覆盖距离比较远的区域，缓冲时间越多。而 7 号 10∶2∶2 的配比中下行导频时隙 DwPTS 占用的资源量比较多，而这部分的资源也可以用作下行数据的传输，所以这种配比比较适合下行吞吐量要求比较高的场景。

特殊子帧配置	普通CP		
	DwPTS	Gp	UpPTS
0	3	10	1
1	9	4	1
2	10	3	1
3	11	2	1
4	12	1	1
5	3	9	2
6	9	3	2
7	10	2	2
8	11	1	2
9	6	6	2

图 2-13　TDD-LTE 特殊时隙的上下行配比

2.3.3 物理资源与信道

1. RB（资源块）与 RE（资源粒子）

物理资源与信道

物理信号的设计

LTE 的空中接口采用了 OFDM 技术，OFDM 分配给用户的是时间和频率两个维度的资源，图 2-14 的横坐标是时间的维度，纵坐标是频率的维度。时间维度的一个横向小格是一个 OFDM 符号，7 个连续的 OFDM 符号在时间上是 0.5ms，频率维度的一个纵向小格代表 OFDM 的一个子载波（15kHz 的带宽），它俩合起来的部分是一个小方格代表 RE。RE 是 OFDM 最基本的一个资源粒子，但是这个 RE 太小，不会单独使用 RE 给用户分配资源，而是使用 RB 来给用户分配资源。RB 在时域上是连续的 7 个 OFDM 符号（0.5ms），在频域上是连续的 12 个子载波（12×15kHz=180kHz），所以 RB 是 LTE 空中接口资源分配的最小单位。但实际上以 RB 来分配资源还不够大，所以经常以成对的 RB 来进行分配，也就是一个 TB 传输块，时长 1ms。

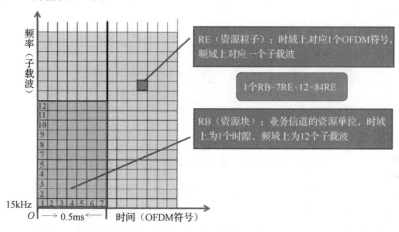

图 2-14 LTE 的物理资源

既然 RB 和 RE 是构成信道的基础，那么 1 个 RB 可以提供的峰值速率是多少？即一个 RB 的时间周期内最多可以传送多少比特的信息？我们知道，1 个 RB 的时间周期是 0.5ms，它包含了 12 个子载波，就好比在 0.5ms 内同时有 12 个搬运工在并行工作，那这 12 个搬运工总共在 0.5ms 内可以搬运多少货物？由于不同的子载波可以根据信道质量采用不同的调制方式，如果采用 QPSK 调制，一个 OFDM 符号可以携带 2bit 的信息；如果采用 16QAM 调制，一个 OFDM 符号可以携带 4bit 的信息，LTE 下行最高可以采用 64QAM，因此一个 RB 可以提供的峰值速率就是 12（子载波数）×7（OFDM 符号数）×6bit（64QAM）/0.5ms= 1.008Mbit/s。

2. 物理信道、逻辑信道与传输信道

物理资源是信息传送的真正载体，不同种类的消息需要分配不同大小的资源载体，而信道则是消息传送的通道，不同类型的信息正是经过不同的信道规划后才送到相应的特定物理资源上传输的，如图2-15所示。

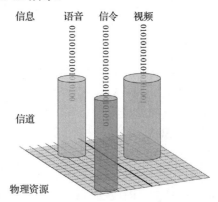

图2-15 信息、信道与物理资源之间的关系

信道可以分为物理信道、逻辑信道与传输信道。它们的区别，如图2-16所示。

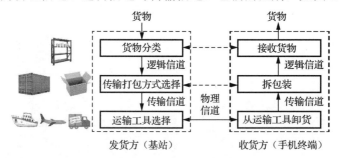

图2-16 物理信道、逻辑信道与传输信道之间的区别

将基站和手机终端之间传送信息类比为货物流通渠道的发货方和收货方，它们之间要传送货物，不同类型的货物相当于不同类型的信息，在传送这些货物时，首先要对其进行分类处理，关注传送的是什么货物是逻辑信道的功能。货物是粮食、机械，还是文件、命令？粮食、机械就好比是真实的业务信息，而文件、命令就好比是控制信息，所以逻辑信道关注的是传输的内容。

逻辑信道根据信息类型的不同，分为控制信道和业务信道，如图2-17所示。控制信道传送的是信令，主要功能是协调管理，它可以分为BCCH（广播控制信道）、PCCH（寻呼控制信道）、CCCH（公共控制信道）、DCCH（专用控制信道）和MCCH（多播控制信道）。BCCH传送的是基站到用户的下行广播类信息。PCCH主要是用来传送从基站到终端的寻呼消息。CCCH是用来传送基站和终端间的双向控制消息。DCCH是一对一的双向控制信道，比如当手机和基站之间建立了RRC连接后，即可以用DCCH来发送一对一的控制信息。MCCH是一个单向一对多的从网络侧到手机侧的MBMS控制信息的传送信道。网络侧类似一个有节目源的电视台，UE则是为了接收节目的电视机，而MCCH则是为了顺利发送节目，通过电视台给电视机发送的控制命令，让电视机做好相关的接收准备。业务信道传送的是语音、视频等用户业务数据，它可以分为DTCH（专用业务信道）和MTCH（多播业务信道）。DTCH是双向的点对点数据传送通道，就是用户真正传送的业务数据。MTCH

则是和 MBMS 业务相关的用户数据，传送的就是从电视台到手机终端的业务数据，是单点对多点的从基站到终端侧的单向信道。由此可见，逻辑信道就是对我们的业务做了个简单的分类。

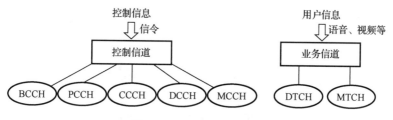

图 2-17　逻辑信道的分类

逻辑信道分类处理后，接下来就是传送方式、打包方式的选择，选择这个货物是和别的货物一起传输（相当于传输信道中的共享信道），还是给这个货物建立单独的传输通道（相当于传输信道中的专用信道），以及采用什么样的方式包装。最后将经过特定选择打包好的货物交给运输公司，这就是传输信道。传输信道定义了数据传输的方式和特性，因此传输信道需要对信息进行一些处理，设定交织方式、调制编码方式、冗余校验方式等。换句话说，传输信道就是将经过逻辑信道分类的数据进行不同的基带处理方式。

传输信道分为下行和上行，如图 2-18 所示，下行有四个信道 BCH（广播信道），用来发送广播消息，其设定了固定的发送周期、固定的调制编码方式；PCH（寻呼信道），用来发送寻呼消息，其设定了固定的寻呼间隔；DL-SCH（下行共享信道），设定了具体信息传送的格式，是用来具体传送业务数据的信道，支持 HARQ 自动混合重传、AMC 编码调制自适应、功率动态调整等；MCH（多播信道）规定了 MBMS 多播业务的传送方式。上行分为 RACH（上行随机接入信道）和 UL-SCH（上行共享信道），因为手机终端需要先接入网络才能够开展业务，许多终端同时请求接入网络，有时会请求不成功，所以 RACH 是用于手机不断地发送请求接入网络的消息的，而上行共享信道是在手机与基站建立连接后，用于发送手机到网络侧的业务类数据。

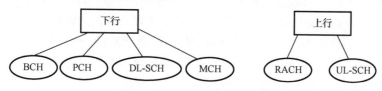

图 2-18　物理信道的分类

经过传输信道的封装打包以后，接下来是选择运送工具，物理信道是高层信息在无线环境中进行实际运送的承载媒体，因此物理信道需要对应特定天线口上的一系列时频资源，如图 2-19 所示。

图 2-19　物理信道与时频资源的对应关系

2.3.4 信道映射

1. 下行物理信道的分类

物理信道有哪些种类？不同的物理信道有什么样的功能呢？我们先来看一张形象的图。

图 2-20 下行物理信道的分类

图 2-20 形象地描述了 PBCH、PDSCH、PHICH 和 PDCCH 这四种下行物理信道是如何来协同工作的。PBCH（物理广播信道）就像是辖区内的大喇叭，不断地广播小区 ID 等系统消息，用于小区搜索过程。PDSCH（物理下行共享信道）是踏踏实实干活的信道，而且是一种共享信道，因此 PDSCH 承载的是下行用户的业务数据。比如你用手机上网看电影时，真正帮你传送电影的就是这个信道。当然这个信道也可以传送一些信令的内容。PDCCH（物理下行控制信道）是发号施令起协调作用的信道，承载传送用户数据的资源分配的控制信息，用于指示 PDSCH 相关的传输格式、资源分配、HARQ 信息等。PHICH（物理 HARQ 指示信道）主要负责点头摇头工作，下属以此来判断上司对工作是否认可，PHICH 承载的是混合自动重传的确认/非确认消息，就是指示上行数据是否需要重传，若不需要重传，回答 NACK；如果需要重传，回答 ACK。除此以外，我们还有两种下行物理信道：PCFICH（物理控制格式指示信道）是指承载控制信道 PDCCH 所在 OFDM 符号的位置信息的信道；PMCH（物理多播信道）是指承载多播信息，类似可点播节目的电视广播塔，负责把高层来的节目信道或相关的控制命令传给终端的信道。

2. 上行物理信道的分类

图 2-21 形象地描述了三种上行物理信道，即 PRACH（物理随机接入信道）、PUSCH（物理上行共享信道）及 PUCCH（物理上行控制信道）之间的区别与关系。PUSCH 是一上行方向踏实干活的信道，也就是主管让他送礼，他只管送，但怎么送、送什么都需要主管发号施令。因此 PUSCH 采用共享机制，承载上行用户数据；而 PUCCH 承载着 HARQ 的确认与非确认消息，即上行用户数据是否需要重传，以及调度请求、信道质量指示等。注意，上行和下行物理信道都可以根据其承载的信息不同选择不同的调制方式。当信道质量好的时候，选择好的调制方式，如 64QAM；当信道质量不好的时候，选择低阶调制，

如 QPSK。因为越高阶调制意味着一个符号能传送的比特数越多，比如 64QAM，一个符号可以发送 6bit 的信息，对接收端的要求更精确，在信道条件不好的时候，容易产生时延及丢包，所以高阶调制不适合。

图 2-21　上行物理信道的分类

3. 逻辑信道、传输信道和物理信道的映射关系

逻辑信道、传输信道和物理信道有怎样的对应关系，即信道映射呢？如图 2-22 所示，高层信道需要底层信道的支持，就好比工作需要落地；底层不一定和上层都有关系，只要干自己分内的活，无论是传输信道还是物理信道，共享信道干的活最多、最杂。图中的对应关系看起来杂乱，下面我们就以几个消息的处理过程为例来将几个不同层次的信道对应起来。

（1）系统广播消息，下行方向，如主消息块 MIB，MIB 是由网络侧不断地进行广播的，这样无论手机在什么时候开机都可以获取到系统消息，因为手机只有获取到 MIB 才能解码 PDSCH。因此 MIB 消息是经过逻辑信道 BCCH 进行简单的逻辑分类，然后送到传输信道 BCH 中加上一定的控制指令，最后落实到 PBCH 物理信道对应具体的时频位置发送的。

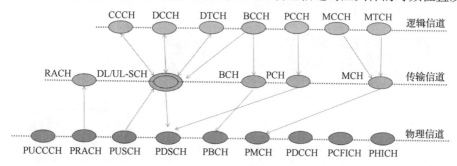

图 2-22　信道映射

（2）寻呼数据，当不知道用户具体处在哪个小区时，就需要在整个小区内发送寻呼消息。就像寻人启事一样，逻辑信道入口是 PCCH，从 PCCH 进入传输信道 PCH，PCH 确定寻人启事如何措辞及发布间隔等内容后送到物理信道 PDSCH 发送。

（3）控制数据不论是专用的还是公用的，都是经过传输信道 DL-SCH 设定好特定的编码调制方式后送到物理信道 PDSCH 进行传输。公共控制信息就好比主管和员工之间需要进行信息交互，彼此需要发送协调信息，因此这种消息的逻辑信道入口是 CCCH；而专用控制信息就好比是领导和某个下属间彼此协调工作的渠道，所以它的逻辑信道入口是 DCCH。

（4）用户的业务数据是从 DTCH 到 DL-SCH，再到 PDSCH 的。

（5）多播数据不论是业务数据还是控制数据，都是经由 MCH 送到 PMCH 的，只是控制数据逻辑信道入口是 MCCH，业务数据逻辑信道入口是 MTCH。

任务 2.4　如何区分移动通信网络中的不同用户？——多址技术

基站在同一时间内总是为众多移动用户服务的，各个用户是如何从基站发送的一堆消息中找到属于自己的消息的呢？正是多址技术可以达到区分用户的目的。较常见的多址技术有 FDMA、TDMA 和 CDMA。

2.4.1　FDMA（频分多址）

基站和移动用户间是通过电磁波来传送信息的，为了保证在自由空间传播的各个用户信号不相干扰，最简单的做法就是 FDMA，即一个用户分配一个频道，就类似于收音机的工作原理，用户想收听哪个电台，只需要找到那个电台的频道，同理，在移动通信的 FDMA 接入技术中，某个用户总是在和基站约定的那个频道上进行接收发送信号的，如图 2-23 所示，即用频率来区分用户。最初美国纽约与华盛顿地区的基站只有 4 个频道，如果超过 4 个用户想使用移动电话，就会有一个小红灯闪烁告诉用户所有的频道都忙，用户就只能等待。第一代移动通信的用户量非常小，而且业务方式单一，只能实现语音通话。

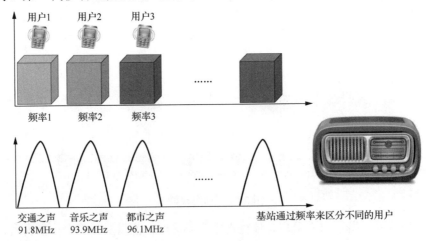

图 2-23　FDMA 接入技术

然而，无线的资源总是有限的。中国移动、中国联通和中国电信三大运营商的 2G、3G、4G 都有自己的工作频段，如图 2-24 所示，如果按频段来分给每个用户显然是不现实的，因此，在频分多址的基础上引入了时分多址。

单位：MHz

运营商	制式		上行	下行
中国移动	2G	GSM	890~909	935~954
		EGSM	885~890	930~935
		DCS1800	1710~1725	1805~1820
	3G	（TD-SCDMA）	1880~1920 2010~2025	2300~2400
	4G	（TDD-LTE）	2320~2370	2575~2635
中国联通	2G	GSM	909~915	954~960
		DCS1800	1740~1755	1835~1850
	3G	（WCDMA）	1940~1955	2130~2145
	4G	TDD-LTE	2300~2320	2555~2575
		FDD-LTE	1755~1765	1850~1860
中国电信	2G	CDMA	825~835	870~880
	3G	CDMA2000	1920~1935	2110~2125
	4G	TDD-LTE	2370~2390	2635~2655
		FDD-LTE	1765~1780	1860~1875

图 2-24　中国移动、中国联通、中国电信三大运营商不同制式的频率分配

2.4.2　TDMA（时分多址）

什么是 TDMA？我们先来看一个例子。假设有一条宽为 8m 的马路，如果按照每个车道宽为 2m，则可分为 4 车道，为了让道路资源更有效地利用且不至于拥塞，我们每隔 3h 道路放行一次，因此，这条马路 12h 的最大车流量是 4×4=16（辆）。由此可见，在 TDMA 接入技术中，如图 2-25 所示，每一个用户都只能在规定的时间间隔上发送或是接收信号，这就意味着不同通话的用户可以工作在同一频率上，但必须使用不同的时隙来区分用户。时间间隔是 TDMA 用户容量的瓶颈。

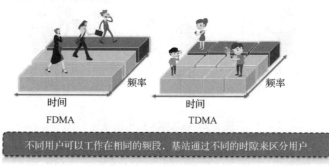

图 2-25　TDMA 接入技术

因此 CDMA 接入技术出现了，我国第三代移动通信系统 WCDMA、CDMA2000 和 TD-SCDMA 都用到了 CDMA 接入技术。

2.4.3 CDMA（码分多址）

在 CDMA 接入技术中，所有用户可以同时工作在同一频段，基站使用不同的码字来区分不同的用户，如图 2-26 所示。

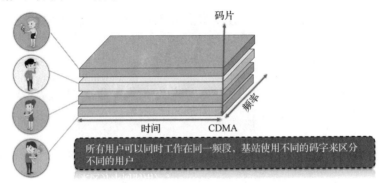

图 2-26　CDMA 接入技术

CDMA 就类似于大家都在同一个房间里聊天，如图 2-27 所示，但必须跟自己的谈话对象使用同一种的语言交谈，如果周围的人使用与你完全不同的语言交谈，那这种谈话的内容只会被当作噪声来处理，而不会影响你的谈话。这种不同的语言就相当于 CDMA 接入技术中使用的不同码字。

图 2-27　CDMA 抗干扰性

在 CDMA 接入技术中，为了让同时在同一频段通信的用户信号不相互干扰，每个用户采用的不同码字必须足够地正交。我们规定 2 段码序列相乘累加为 0 表示正交，那么显然第一个对码序列是正交的，因为相乘累加为 0，如图 2-28 所示。

那么，基站是如何利用正交码的正交性来区分不同的用户的呢？假设有三个用户需要发送的信息分别是 $f(x)$、$f(y)$ 和 $f(z)$，发送方的信息总是先与扩频码相乘后再由基站发送出去，因此基站下的所有接收者接收到的信息是所有信息的总和。例如这里就是 $f(x) \times$

$C_1+f(y)\times C_2+f(z)\times C_3$,那么接收者是如何从这一堆消息中找出属于自己的那部分消息的呢?关键就在于,接收方必须持有和发送方相同的扩频码,如图 2-29 所示,以用户 1 为例,她采用 C_1 扩频码来解扩出 $f(x)$,因为 $C_1\times C_2=0$,$C_1\times C_3=0$,$C_1\times C_1=1$,以此类推,用户 2 和用户 3 可以分别解扩出 $f(y)$ 和 $f(z)$。

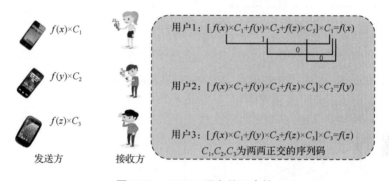

图 2-28 码序列的正交性

图 2-29 CDMA 码字的正交性

任务 2.5 如何区分移动通信网络中的上下行信号?——双工技术

2.5.1 FDD（频分双工）与 TDD（时分双工）

移动通信系统的基站总是需要同时处理用户的上行及下行信号,那么基站是如何让用户的上传下达做到并行不悖的呢?这就是我们的双工技术。双工技术主要是用来解决上下行信号如何复用有限的无线资源问题的。

我们来思考一个问题,如何让双向的车流高效地通行在宽 20m 的马路上呢?如是时分双工,就是用时间来控制,即 20m 宽的马路既能用于上行也能用于下行,但是在同一时间只能上行或下行,TDD 是通过设定时间间隔来规定何时上行、何时下行。在上行的时间间隔内即使有下行来车也不能通行,只能等待下行的时间间隔到来才能通行。如果是频分双工，就可以将 20m 宽的马路分成均匀的 4 个车道，2 个车道固定上行，2 个车道固定下行，在同一时间马路上可以同时通行上行和下行的车流，但是如果下行的车流比上行的车流大，下行的车也只能在自己的车道上排队慢行而不能占用上行的车道。由此可见，FDD 的关键词是"共同的时间，不同的频率"，如图 2-30 所示。FDD 在两个分离的、对称的频道上分别接收和发送。FDD 必须采用对称的频率区分上下行链路，并且上下行频率间有保护频段。FDD 的上下行在时间上是连续的，可以同时接收和发送数据；TDD 的关键词是"共同的频率，不同的时间"。TDD 的接收和发送是使用同一频率的不同时隙来区分上下行信道的，在时间上是不连续的。一个时间段由移动台发送给基站，也就是上行；另一个时间段由基站发送给移动台，也就是下行。因此基站和移动台之间对同频的要求是比较苛刻的。

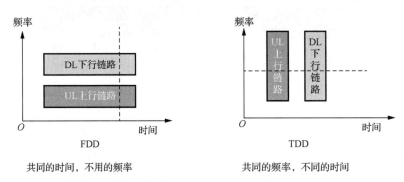

共同的时间，不用的频率　　　　　　　　共同的频率，不同的时间

TDD：收发共用一个射频频点，上下行链路使用不同的时隙来进行通信
FDD：收发使用不同的射频频点来进行通信

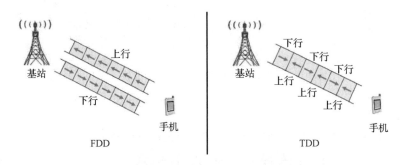

图 2-30　FDD 与 TDD 的区别

2.5.2　FDD 与 TDD 的优缺点

1. 灵活性

TDD 不需要成对的频率，它可以很灵活地根据实际情况调整上下行时隙配比，为什么这么说，因为无线信号用什么样的频段发射是需要国家的管控，在国外频段是需要拍卖的，因此频段的大小会直接影响后面的运营成本和利润等，TDD 无须成对的频率，这就使得 TDD 可以灵活地配置频率，而 FDD 就不能使用零散的频段，同时 TDD 的上下行时隙配比可以灵活调整，这就使得 TDD 在支持不对称带宽业务时的频率利用率有明显的优势，比如在下行流量较大时可以分配更多的下行时隙。

2. 实现成本

因为 TDD 的上下行信号的传输使用的是同一频率，我们知道信号在无线传输过程中信号衰落损耗与频率是有关的，上下行无线传播特性一样，所以基站在接收上行信号的时候就已经可以判断出特定手机用户的位置，然后就可以很好地利用智能天线、波束赋形等技术来降低干扰，即将天线的主瓣对准有用信号、低增益旁瓣对准干扰信号，以提高设备的灵敏度。同时 TDD 基站的接收和发送可以共用部分设备单元，不需要收/发隔离器，因而降低了设备复杂度和设备成本。而 FDD 的成本则较高。

3. 抗干扰性

TDD 的上下行信道同频，无法进行干扰隔离，因此抗干扰能力较差。FDD 的上下行信道不同频，可以进行干扰隔离，因此抗干扰能力强。

4. 覆盖性能

TDD 上下行分配的时间资源是不连续的，分别给了上行和下行，TDD 发射功率的时间约为 FDD 的一半。在 TDD 和 FDD 拥有同样的峰值功率的情况下，TDD 的平均功率仅为 FDD 的一半，尤其是在上行方向上，终端侧难以使用智能天线，所以 TDD 的上行覆盖会受限。因此 TDD 的覆盖范围也比 FDD 要小一些。即同样的覆盖面积，同样的终端发射功率，TDD 需要更多的基站。如果 TDD 要覆盖和 FDD 同样大的范围，就要增大 TDD 的发射功率。

5. 同步性

TDD 是通过时隙来区分上下行信号的，所以必须严格同步。图 2-31 所示为 3 个相邻的基站和一个 UE，其中 UE 正处于基站 3 的覆盖范围。由于是 TDD，所以基站 3 在某个时刻是向 UE 发射信号，还是正在接收信号完全是靠时隙来区分的，而且基站 3 和 UE 之间的上下行信道都使用相同的频率来发射。如果相邻基站没有精确同步，即它们的收发时隙互有交叉，比如此时基站 3 正在接收来自 UE 的上行信号，与其相邻的基站 2 由于没有同步，并刚好正在发射下行信号，那么在 UE 和基站 2 都以相同的频率发射信号时，基站 3 就分辨不清收到的信号是来自 UE，还是来自基站 2 的同频信号，这样就会造成强干扰。

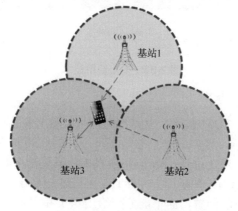

图 2-31　TDD 的同步性

6. 移动性

相对来说，FDD 移动性的支持较强，能够较好地对抗多普勒频移，而 TDD 则对频偏较为敏感，对移动性支持较差。FDD 系统的移动速度可以达到 500km/h，TDD 系统的移动速度可以达到 120km/h。

综上所述，FDD 和 TDD 各有千秋，LTE 在整个标准的制定过程中充分考虑了 TDD 和 FDD 在实现过程的异同，FDD-LTE 与 TDD-LTE 的不同集中在物理层，在媒体接入控制层、无线链路控制层及更高层几乎没有不同。

任务 2.6　如何提升频谱资源的利用率？——OFDM（正交频分复用）技术

OFDM 称为正交频分复用，如图 2-32 所示，那么，什么是复用？

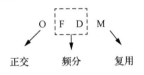

图 2-32　正交频分复用

2.6.1　多路复用技术

复用就是为了提高线路利用率，使多路信号沿同一信道传输而互不干扰的通信方式。复用技术总结出来就是一个"合"字，就是多路信号共用一个物理资源，如图 2-33 所示。但是如果只是单纯地将信号混合在一起而无法分离，那就失去了复用的意义，所以复用技术的前提是保证信号混合后可以分离，就是指信号和信号之间必须是正交的，只有这样才能解决在接收端混合信号的"分离"问题。

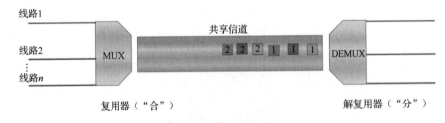

图 2-33　多路复用技术

1. TDM（时分复用）技术

第一种比较常见的是 TDM 技术，就是在时间上让信号正交，通过不同时隙来区分不同的信道，如图 2-34 所示，比如用户 1 总是在每个帧的 TS0 时隙发送，用户 2 总是在每个帧的 TS1 时隙发送，用户 3 总是在每个帧的 TS2 时隙发送，即使某用户没有数据发送，别的用户也不能占用。就像图中的 1 号帧的 TS1 时隙本该属于用户 2 发送数据，但用户 2 没有数据，则 TS1 时隙只能闲置，而不能分配给用户 1 和用户 3。

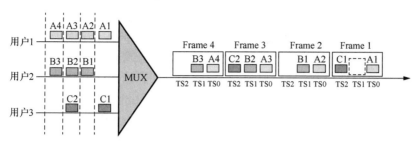

TDM：通过不同时隙来区分不同的信道

图 2-34　TDM 技术

2. FDM（频分复用）技术

第二种比较常见的是 FDM 技术，如图 2-35 所示，即在频率上让信号正交，通过不同的频段来区分不同的信道。FDM 技术首先需要把多路信号调制在不同的载波频率上，实现多路信号的同时传送而互不干扰。这里的载波就是信号传输的工具，信号就是承载在载波上传递的。

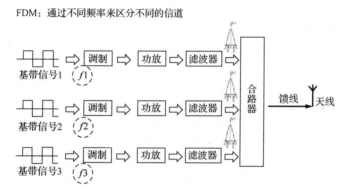

图 2-35　FDM 技术

2.6.2　传统的 FDM 与 OFDM

我们已经给不同的载波配上了不同的频段，那怎样才能让不同的载波之间不会相互干扰呢？最简单的做法就是载波和载波之间不能邻频，必须有保护间隔，GSM 要求载波与载波之间要间隔一个频点，有些设备设置要求间隔两个频点，这样载波的利用率会明显降低，GSM 系统频率的利用率不超过 50%。3G 的 WCDMA 虽然允许邻频，但是载波之间还是要求保护间隔为带宽的 30%。

OFDM 与传统的 FDM 有什么区别呢？例如我们用手机打电话时，通话数据被采样后，会形成 D0、D1、D2、D3、D4、D5…这样连续的数据流。FDM 是把这个序列中的元素依次地调制到指定的频率后发送出去。OFDM 是先把序列分为 D0、D4、D8…，D1、D5、D9…，D2、D6、D10…，D3、D7、D11…这样四个序列，然后将第一个子序列的元素调制到 $f1$ 频率上，将第二个子序列的元素调制到 $f2$ 频率上，将第三个子序列的元素调制到 $f3$ 频率上，将第四个子序列的元素调制到 $f4$ 频率上，如图 2-36 所示。$f1$、$f2$、$f3$、$f4$ 这四个频率满足两两正交的关系，并且不同于传统的 FDM，这四个子载波的频带可以重叠。

每路子载波的峰值正好对应其他子载波的 0 点，只要满足这个条件，那么载波之间就是正交的，不会相互干扰。正是因为载波的正交性，不需要保护间隔，频谱利用率可以达到 90%以上，子载波越多，每个子载波能承载的数据流量、信号越来越多，这样自然而然就实现了更高速率的传播，这就是 OFDM。

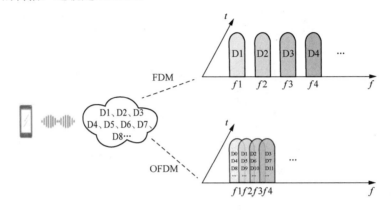

图 2-36　传统 FDM 与 OFDM 的区别

2.6.3　OFDM 的实现过程

OFDM 是将经过 QPSK、16QAM 或 64QAM 调制的高速串行数据转换成并行的多路较低速的子数据流，然后调制到相互正交的子载波上并行发射出去，如图 2-37 所示。注意这里的"将高速串行数据转换成并行的多路较低速的子数据"，就等于将发送的符号的周期延长，也就是码元周期 T 远大于多径时延 t，就好比我们快速说出"你好"，我们的回声就会和原声重叠，但是如果我们说一个"你"字，要过很久才说下一个"好"字，"你"字的回声就不会与"好"字相重叠，从而有效地避免了多径产生的信号叠加［即 ISI（符号间干扰）］。（注意：通过串并转换的方式可以在一定程度上减少多径带来的符号间干扰，但不能完全消除干扰。）串并转换是通过 IFFT 逆向傅里叶变换将高速串行数据流分成多个并行数据流并调制进载波的。此外，OFDM 是使用多个正交的子载波来传递相对信号的，所以具有频率自适应的特性，这种频率自适应的特性可以根据无线环境的变化来接通和切断相应的子载波，然后去动态地适应这个环境，我们将这种方式称为 OFDM 的频率自适应。正是因为有了这种频率自适应的特性，可以放弃一些损耗大的频段的子载波，这样就可以确保无线线路的传播质量。这就相当于在跑道上如果遇到积水会影响跑步，那么可以绕开积水，就是通过监控环境变化不断地接通、切换子载波来对抗频率的选择性衰弱。最后，OFDM 还可以根据信道的状态来选择高阶调制或低阶调制，这也是信道自适应的一种能力。

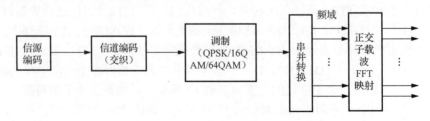

图 2-37　OFDM 的实现过程

任务 2.7　如何增加信道的容量？——MIMO（多进多出）技术

在学习 MIMO 技术以前，我们首先来学习一个公式。

$$C = B \times \log_2\left(1 + \frac{S}{N}\right)$$

这是著名的香农公式，这个公式表示的是在一个发射天线和一个接收天线（SISO）情况下无线信道的极限容量，C 就是容量，B 是信道带宽，而 S/N 是信噪比。首先，通过这个公式不难发现，我们可以通过增加带宽和提高信号强度来增加信道的容量。增加带宽就如同拓宽马路有助于提高车辆的通行数量和速度一样，但带宽不能无限增加，并且增加带宽会增加成本。其次，发射功率（提高信号强度）也不可能无限地提高，国家无线电管理委员会对无线设备的发射功率有规定，同时发射功率过高还会对其他用户造成干扰。因此，在单天线发射和单天线接收的情况下，带宽一定，无论采用什么样的编码调制方式都无法超过这个香农公式的容量极限，这时候，我们就需要 MIMO 技术来提高空口的吞吐率。那么究竟什么是 MIMO 呢？

2.7.1　MIMO 的定义

MIMO（Multiple Input Multiple Output，多进多出）是为极大地提高信道容量，在发送端和接收端都使用多根天线，在收发之间构成多个信道的天线系统。那么是不是只要在接收方和发射方增加天线数量就能实现速率翻倍呢？当然不是。

我们来看下 SISO 是如何演变成 MIMO 的。如图 2-38 所示，首先是 SISO，基站和手机各一根天线，这样的系统无疑是非常脆弱的。因此分两种思路来改变，第一种是在手机侧加多一根天线，这样从基站发出的消息就有两条路能到达手机了。只是这两条路都来自基站的同一根天线，只能发送相同的数据，每条路上发送的数据丢一些也没关系，手机只要能从任意一条路径上收到一份就够了，虽然最大容量还是一条路没有变，收到数据的成功率却提高了一倍。这种方式也叫作接收分集 SIMO。第二种是在基站侧多加一根天线，虽然从基站侧可以发送两份数据，但手机侧只有一根接收天线，两条路径最终还是要合成一路，所以基站还是只能发送相同的数据，这样每条路上发送的数据丢一些也没关系，只要不是两条路径上的数据都丢了，通信就能正常进行，这样虽然最大容量还是没有变，通信的成功率却提高了一倍。这种方式也叫作发射分集 MISO。那么速率怎么才能提升呢？首先基站和手机侧必须都采用两根天线，根据木桶原理，最大容量受制于天线数少的一方。比如 4×4MIMO 和 4×2MIMO 哪个容量大？4×4MIMO 可以同时发送和接收 4 路数据，其最大容量可以达到 SISO 系统的 4 倍，而 4×2MIMO 因为接收天线只有 2 根，只能同时接收 2 路数据，其最大容量只能达到 SISO 系统的 2 倍。那么，在 2×2MIMO 模式下，速率就一定能翻倍吗？假设 2×2MIMO 里的 4 条路径经过了相同的衰落和干扰，信号到达手机侧已经完全分不清彼此了，这时候 2×2 MIMO 系统就退化成了 SISO 系统，跟单发单收的容量一样了。因此 MIMO 要实现速率翻倍还必须保证信道的独立不相关性。那么信道的不相关性是指什么？

来看个例子，我们将基站与手机之间的数据流想象成仓库 A 搬运到仓库 B 的货物，如图 2-39 所示，装货点 A1 有 1/3 的货到达了卸货点 B1，有 2/3 的货到达了卸货点 B2，且在卸货点 BI 有 1 个货物的损失；装货点 A2 有 3/4 的货到达了卸货点 B1，有 1/4 的货到达了卸货点 B2，且在卸货点 B2 有 2 个货物的损失，写出装货点的货物数量 x_1、x_2 和卸货点数量 y_1、y_2 之间的关系式，将其转化为矩阵形式之后我们发现，x_1、x_2 的系数矩阵可以看作信道影响因子，而后面的常量可以当作白噪声。此时如果这个信道影响因子矩阵的秩为满秩，则说明这两个信道是独立不相关的，通俗地讲就是如果两个信道的相关性越高，则传输路径在手机侧越难区分，以上两个方程就变成了一个，也就无法解出两个未知数，所以只能采用一条路传输了。

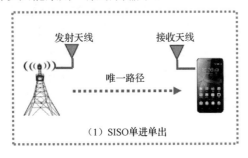
（1）SISO 单进单出

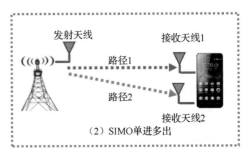
（2）SIMO 单进多出

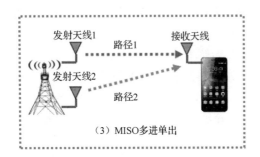
（3）MISO 多进单出

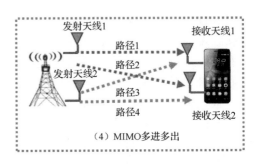
（4）MIMO 多进多出

图 2-38　多天线技术的发展演进

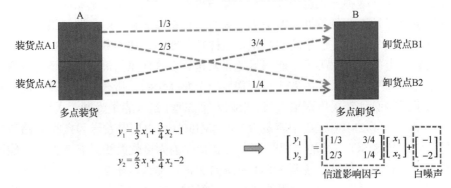

图 2-39　信道的不相关性

2.7.2 MIMO 的传输方式

基于信道的相关与否，MIMO 可以分为空间分集、空间复用和波速赋形三种传输方式。

（1）空间分集方式是用不同天线发送相同的数据，这样同一份数据通过不同路径传送来保证数据传输的可靠性，如图 2-40 所示，特别是小区边缘用户信号弱的情况，就可以通过空间分集方式来提高信号传输的质量。

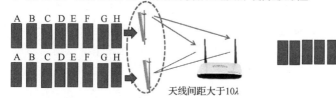

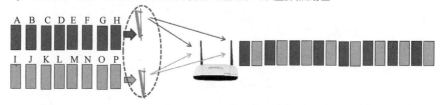

图 2-40 空间分集与空间复用

（2）空间复用方式是用不同天线发送不同的数据，当小区链路质量好的时候，这样的并行传输方式显然是可以提高数据传输速率的，但不论是空间分集还是空间复用，其前提都是要求天线和天线之间是独立不相关的，也就是相隔间距要在 10 个波长以上。

（3）波束赋形（图 2-41）则是需要利用信道之间的相关性，也就是天线之间的间距在波长的 1/2 左右，这样就可以充分利用电磁波的相干特性将电磁波的能量（也就是波束）集中在某个特定的方向，从而可以有效降低用户间的干扰。

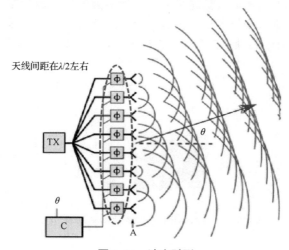

图 2-41 波束赋形

根据不同的系统条件和无线环境变化，我们可以选择不同的 MIMO 数据传输方式。

任务 2.8　如何提高信号的传送效率？——高阶调制

调制效率即信号的传送效率，对应单位带宽下传输信息的速率。调制效率与频谱效率直接相关。那什么是调制呢？如图 2-42 所示，调制就是将数字信号转化为电磁波信号的过程。更形象地说就是我们需要将 0101 这样的数字信号最终调制成一个符号（也就是图中的 1 个正弦符号周期）送到空口进行发射。那么这里就有一个问题，1 bit 的"0"或"1"和调制出来的 1 个正弦符号之间是一一对应的关系吗？当然不是。不同的调制方式比特数与符号的对应关系不同。

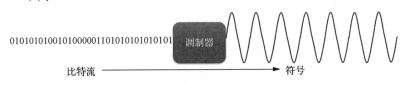

图 2-42　调制的作用

我们来看下最简单的调制方式 BPSK（Binary Phase Shift Keying，二进制相移键控）。这种方式是在 2G 的 GSM 使用。图 2-43 所示为调制设备的输入是一串由 0 和 1 组成的比特流，假设输入的第 1 个 bit 是 1，调制设备的输出会是一个正弦符号，输入的第 2 个 bit 是 0，则输出一个余弦波，以此类推，如果输入的是一串比特流，输出的就会是一堆正弦波和余弦波。如果我们要求的比特速率是 100bit/s，也就是说 1s 有 100 个"0""1"比特进入调制设备，就会有 100 个正弦波和余弦波的输出，这就意味着每秒完成了 100 次正弦波的波长，它所对应的带宽就是 100Hz，通过这种方式，我们完成了数字信号到电磁波信号的转换。同时我们也知道传输速率越高，所需要的电磁波带宽也就越多，这里采用的 BPSK，它的每个正弦波符号只能传送一个信息比特。然而无线的频率资源是非常有限的，那如何才能在有限的频率带宽内传送更多的比特呢？这就是我们后面要提到的高阶调制。

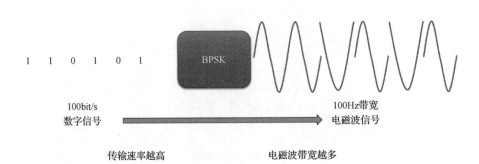

图 2-43　BPSK

我们再来看下 QPSK（Quadrature Phase Shift Keying，正交相移键控），是一种四进制相位调制，如图 2-44 所示，QPSK 可以通过正弦波的相位变化，在有限的带宽中传送更多的信息比特，4 种相位可以用 2 个比特，即 00、01、10、11 来表示 4 种相位。这里调制设备的输入仍然是一串由 0 和 1 组成的比特流，但每次进入调制设备的比特数是 2 个，比 BPSK 增加了一倍。如果输入的比特是 00，则输出 45 度相移的正弦波；如果输入的比特是 01，则输出 135 度相移的正弦波；如果输入的比特是 11，则输出 225 度相移的正弦波；如果输入的比特是 10，则输出 315 度相移的正弦波。QPSK 调制方式下的每一个正弦波符号可以传递 2 个信息比特，如果使用这种调制方式，在 100Hz 的带宽内可以传输的比特速率可以达到 200bit/s，比 BPSK 增加了一倍，QPSK 是在 3G 系统中广泛使用的调制方式。

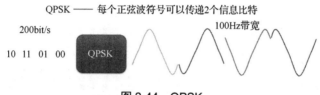

图 2-44　QPSK

LTE 使用的调制方式是 16QAM 和 64QAM，属于比较高阶的调制。QAM 的调制方式不但需要通过相位的差别来区分比特的内容，同时还需要通过正弦波的不同振幅来区分信息比特。如图 2-45 所示，16QAM 总共有 16 个点，那么需要 4bit 来表示这 16 个点，也就是每个正弦波符号传递 4 个信息比特，64QAM 总共有 64 个点，那么需要 6bit 来表示这 64 个点，也就是每个正弦波符号传递 6 个信息比特，一个符号的时间长度是固定的，在一个符号的时间长度里信息比特越多，速率自然越大，同时频谱的利用率也就越高，所以 16QAM 相对 QPSK，速率提升了将近一倍，而 64QAM 相对于 QPSK，速率提升了 2～3 倍。

除此以外，还有 128QAM 和 256QAM，如图 2-45 所示，调制阶数越高（即高阶调制），速率自然越高，但是对信号质量（信噪比）要求也越高。如果无线条件环境很差的时候还继续采用高阶调制，就会导致接收端无法正确接收，比如说 256QAM 里这 8 个点，相位都一样，但相邻 2 个点的幅度较接近，相似度较大，当相邻的 2 个点最终调制成的符号比较相近时，如果无线环境不好，解调方就难以解调，就好比我们通过红橙黄绿青蓝紫黑 8 种颜色来代表不同的信号指令，接收方如果不能清晰地区分这 8 种颜色，很可能就需要发送方重传，这样便大大降低了传输效率。无线条件环境很差的时候，如果仅采用黑白两种颜色来代表不同的指令，其区别度比较大，也就是低阶调制，那么即使接收方的无线环境质量不够好也影响不大。

既然不同的无线环境可以采用不同的调制阶数，那么究竟什么时候采用高阶调制，什么时候采用低阶调制呢？这就需要我们的 AMC 自适应调制编码技术，即基于信道质量的信息反馈选择合适的调制方式和信道编码方式。那么信道质量的信息反馈从何而来？如图 2-46 所示，手机会向基站上报信道质量 CQI 值，CQI 值越大，信道条件越好；CQI 值越小，信道条件越差。信道条件好的时候我们可以追求更高的传输速率，而信道条件不好的时候我们更多的是要追求稳，也就是尽可能不传错信息。

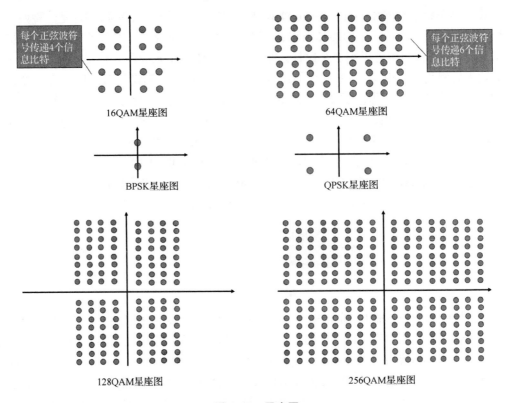

图 2-45 星座图

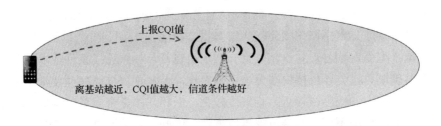

图 2-46 AMC 自适应编码调制技术

因此，这里的"自适应"体现在两个方面，如图 2-47 所示，首先是自适应调整调制阶数，即当无线环境差时，比如小区边缘，可以选择 QPSK 这样低阶的调制。当手机靠近基站，无线环境较好时，可以采用 64QAM 甚至更高阶的调制。其次是自适应调整信道编码方式，信道编码就类似于我们在运输鸡蛋时为保证鸡蛋不破损所加入的米糠或木屑等"冗余"信息，冗余信息越多，传输可靠性越高，但传输效率越低，所以信道条件不好时，需要加入更多的冗余信息；而信道条件好的时候，可以减少冗余信息甚至不需要冗余信息。因此 AMC 就可以根据不同的信道条件来选择合适的调制编码方式，以实现传输速率与传输效率的最优化。

模块 2　构建移动通信网络

```
              AMC自适应编码调制
              ┌──────────┴──────────┐
      自适应调整调制阶数          自适应调整信道编码方式
  信道条件好，高阶调制，传输速率高    信道条件好，冗余信息少，传输速率高
  信道条件差，低阶调制，传输效率高    信道条件差，冗余信息多，传输效率高
```

图 2-47　AMC 的自适应性

任务 2.9　如何解决小区间的干扰问题？——ICIC（小区间干扰协调）

ICIC 小区间干扰协调

ICIC（Inter Cell Interference Coordination，小区间干扰协调），顾名思义，是用来解决小区间干扰的技术。那么小区间的干扰从何而来呢？由于目前 LTE 采用的是全网同频组网，每个小区都会根据自己的需求进行调度，如果是同频的话，在小区边缘很有可能出现不同小区的用户调度相同的频率资源，这样小区与小区之间就存在比较大的干扰。也就是说当相邻小区的用户在同一时间使用相同的频率信道（比如，1.8GHz 频段上的 20MHz）时，每个小区的 UE 都使用相同的频率资源，存在两种情况：当两个 UE 分别位于两个小区的中心时，如图 2-48 中的 A2 和 B2，因为两者均使用较低发射功率，所以相互不会产生干扰；当两个 UE 分别位于两个小区的边缘时，如图 2-48 中的 A1 和 B1，因为两者使用较高的发射功率，所以相互间会产生干扰，小区间的干扰越大，网络的载干比较大，数据传输速率就会降低。

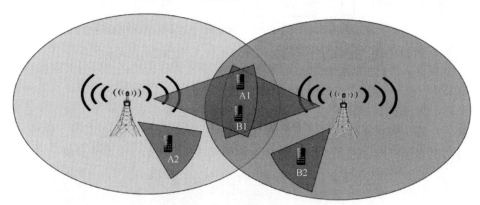

图 2-48　同频小区间的干扰问题

ICIC 是如何来解决同频组网时小区间干扰问题的呢？如图 2-49 所示，有 7 个相邻的小区，1 号小区与 2 号、3 号、4 号、5 号、6 号、7 号小区相邻，存在很多小区间边界，如果不做特殊优化，在小区边界就会产生很强的干扰。通过 ICIC 技术，可以将整个频谱分成主频和副频，1 号小区的主频位于整个频谱的前三部分，只分给 1 号小区的边缘用户，同样的方法我们应用在 2 号、4 号、6 号及 3 号、5 号、7 号小区，比如 2 号、4 号、6 号

小区我们也分成主频和副频,主频仍然是只分给小区边界的用户使用,但与 1 号小区不同的是,2 号、4 号、6 号小区的主频位于整个频谱的中间三部分,而 3 号、5 号、7 号小区的主频位于整个频谱的后三部分,图中不同的小区边界颜色代表不同的使用频率,由此可见,通过 ICIC,哪怕是同频组网,在小区边界也能实现异频组网。

ICIC 要求不同小区的边界用户采用不同的主频频率,有效避免了不同小区边界之间的干扰,同时各小区的主频功率均大于副频功率,有效避免了小区中心的副频对其他小区边界的影响。我们来看具体的例子,如图 2-50 中小区 A 的 A1 用户和小区 B 的 B1 用户都位于小区边缘,A1 使用的频率资源为 f3,由于引入了 ICIC 技术,为了避开干扰,小区 B 为 B1 分配的频率资源为 f2,这样就避开了小区边缘干扰,而小区 B 的小区中心,仍然可以分配频率资源 f3,因为在小区中心频率的功率较小,不会和小区 A 产生干扰。在此,ICIC 在降低小区邻区干扰,提升小区边缘用户吞吐量和改善小区边缘用户体验方面具有较大的优势。那么 ICIC 有什么缺点呢?假设某小区的负荷本身就不大,假设系统带宽为 20MHz,如果开启 ICIC 就意味着小区的边缘用户只能用 20MHz 带宽中的一部分,即主频部分,这样显然会降低小区间用户的吞吐量,也就是说干扰的降低是以牺牲系统带宽或者系统容量为代价的。

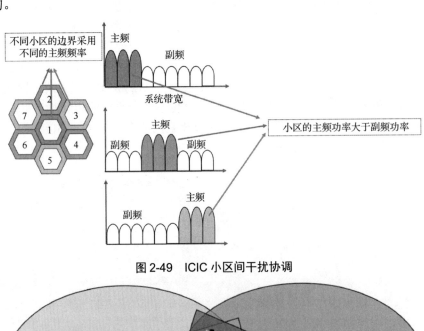

图 2-49 ICIC 小区间干扰协调

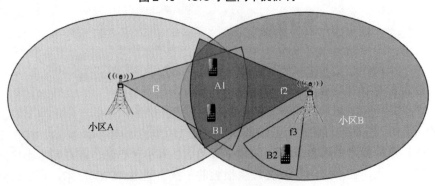

图 2-50 ICIC 的优缺点

在实际的应用当中是如何合理判断是否使用 ICIC 的呢？目前现网的实现包含传统 ICIC 和自适应 ICIC，传统 ICIC 又分成静态和动态两种方式，静态 ICIC 的每个模式固定总频带的 1/3 用于边缘用户，而且这 1/3 频率资源中心用户不能使用，每个小区的边缘频带模式由用户手工配置确定，一旦确定就不能更改，只要用户到了小区边缘就只能给他分配这些频带。这种方式的弊端是不论邻区的负荷如何均开启 ICIC，边缘频带配置无法适配小区负荷的变化，干扰协调效率低。动态 ICIC 比静态 ICIC 多了一个参考，虽然动态 ICIC 也需要手动去配置边缘频带，但用户到了小区边缘要不要开启 ICIC 还需要参考邻区的干扰水平及本小区的负载情况，即说当小区边缘本身就没有干扰时就不需要开启 ICIC，这样边缘频带就可以动态地收缩和扩张，动态 ICIC 同样存在的问题是边缘频带一旦确定就不能更改。

自适应 ICIC 的主频和副频不需要配置，自适应开关一旦开启，网络侧会根据干扰的水平来自动调整主频和副频，如图 2-51 所示，当干扰比较小时，不需要启动 ICIC，基站全功率发射，边缘用户整个 20MHz 系统带宽都能用；当干扰比较适中时，ICIC 启动，边缘频带占用 20MHz 带宽的一部分；当干扰进一步增强时，边缘频带继续缩小。自适应 ICIC 在小区负荷比较大的时候效果更加明显。

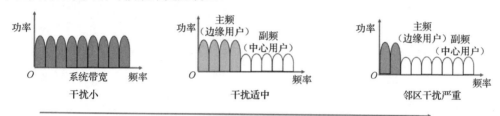

图 2-51 自适应 ICIC

拓展讨论

党的二十大报告提出，积极稳妥推进碳达峰碳中和。为了能如期实现 2030 年前碳达峰 2060 年前碳中和这一"双碳"目标，移动通信网络需要在满足业务不断增长的前提下大幅度降低全网能耗，那么如何才能打造一张性能、节能双优的绿色移动通信网络？

全网综合部署项目实施

模块 3 基站开通

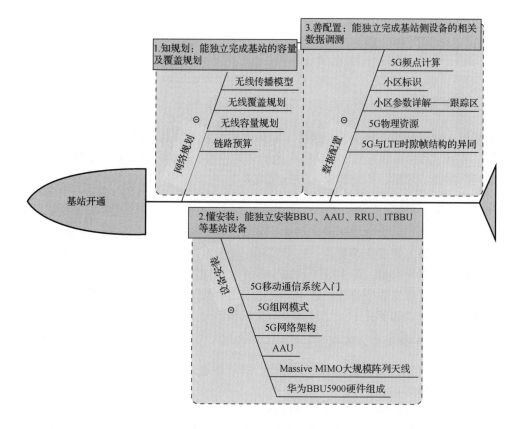

任务 3.1 网络规划

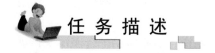

任务描述

建安市区因业务的发展需要新建基站。根据建安市区的 4G、5G 需求计划进行网络拓扑规划与网络覆盖及容量规划。

资讯清单

知识点	技能点
1. 无线接入网规划（新知）	1. 覆盖估算方法
2. 常见的传播模型（新知）	2. 容量估算方法

3.1.1 无线接入网规划

无线接入网规划的主要任务是根据无线接入网的技术特点、射频要求、无线传播环境等条件，运用一系列规划方法，设计出合适的基站位置、基站参数配置、系统参数配置等，以满足网络覆盖、容量、质量和成本等方面的要求。

1. 无线接入网规划目标

无线接入网规划目标具体体现在覆盖、容量、质量和成本4个方面，也是网络规划必须达到服务区内最大限度无缝覆盖；科学预测话务分布，合理布局网络，平衡话务量，在有限带宽内提高系统容量；最大限度地减少干扰，达到所要求的服务质量，在保证话音业务的同时，满足高带宽数据业务的需求；优化无线参数，达到系统最佳的 QoS，在满足覆盖、容量和服务质量的前提下，尽量减少系统设备单元，降低成本。

2. 无线接入网规划总体流程

无线接入网规划流程主要包括 5 个阶段：网络需求分析、网络规模估算、站址规划、无线参数规划、网络仿真。

（1）网络需求分析阶段，主要从建设网络的社会环境、人口经济环境、地理环境、业务类型和业务质量等方面入手，明确 TD-LTE 网络的建设目标，包括覆盖目标、容量目标、质量目标和成本目标。

（2）网络规模估算阶段，是根据网络需求分析得出的建网目标，通过覆盖估算和容量估算这两个关键步骤来确定网络建设的基本规模。网络规划估算的原理是综合覆盖和容量估算的结果，通过统筹的方法确定覆盖区域需要的网络规模，主要是网络可容纳的用户数和基站数。

（3）站址规划阶段，是依据链路预算的建议值，结合目前网络站址资源情况，进行站址布局工作，并在确定站点初步布局后，结合现有资料或现场勘测来进行站点可用性分析，确定目前覆盖区域可用的供址站点和需新建的站点。

（4）无线参数规划阶段，主要包括天线高度、方向角、下倾角等小区基本参数，以及邻区规划参数、频率规划参数、物理小区标识参数、时隙规划参数等。这些预规划的参数设计将在网络仿真阶段进行调整，并最终作为规划方案输出参数提交给后续的工程设计及优化使用。

（5）网络仿真阶段，是将前几个步骤得出的规划方案输入 TD-LTE 规划仿真软件中进行覆盖及容量仿真分析。仿真分析流程包括规划数据导入、传播预测、邻区规划、时隙和频率规划、用户和业务模型配置及蒙特卡罗仿真。根据仿真分析输出的结果，从整体系统运行的角度进一步评估当前规划方案是否可以满足网络建设目标。

3．规划要点

1）覆盖规划

根据不同无线传播模型和不同覆盖率要求等设计基站规模，达到无线接入网规划初期对网络各种业务的覆盖要求。进行覆盖规划时，要充分考虑无线传播环境。电磁波空间损耗存在较多的不可控因素，相对比较复杂，应对不同的无线传播环境进行合理区分，通过模型测试和校正，滤除无线传播环境对信号慢衰落的影响，得到合理的站间距。

2）容量规划

根据不同用户业务类型和话务模型来进行网络容量规划，一般在城区的业务量比在郊区的业务量大，同时各个地区的业务渗透率也有很大的不同，应对规划区域进行合理区分，预测业务量并完成容量规划。

3）无线参数规划

确定站点位置后，需要进行无线参数规划，包括小区标识（Cell Identification，Cell ID）、物理小区标识（Physical Cell Identification，PCI）、频段、小区间干扰协调（Inter-Cell Interference Coordination，ICIC）、邻接关系、邻接小区等参数。

3.1.2 无线传播模型

无线传播模型是为了更好、更准确地研究无线传播而设计出来的一种模型。无线传播模型是移动通信网小区规划的基础。无线传播模型的价值就是保证了精度，同时节省了人力、费用和时间。无线传播模型的准确与否关系到小区规划是否合理，运营商是否以比较经济合理的投资满足了用户的需求。由于我国幅员辽阔，各省、市的无线传播环境千差万别。例如，处于丘陵地区的城市与处于平原地区的城市相比，其传播环境有很大不同，两者的无线传播模型也会存在较大差异。如果仅仅根据经验而无视各地不同地形、地貌、建筑物、植被等参数的影响，必然会导致所建成的网络存在覆盖、质量问题，或者所建基站过于密集，造成资源浪费。

一个好的移动无线传播模型，要具有能够根据不同的特征地貌轮廓（如平原、丘陵、山谷等），或者不同的人造环境（如开阔地、郊区、市区等），做出适当的调整。这些环境因素涉及了无线传播模型中的很多变量，它们都起着重要的作用，此时为了完善模型，就需要利用统计方法，测量大量的数据，对模型进行校正。同时，一个好的无线传播模型应该简单易用。无线传播模型应该表述清楚，不应该给用户提供任何主观判断和解释，因为主观判断和解释往往在同一区域会得出不同的预期值。另外，一个好的无线传播模型还应具有好的公认度和可接受性。应用不同的模型时，得到的结果有可能不一致，这时好的公认度就显得非常重要了。

1. 自由空间传播损耗

自由空间传播损耗是指在理想的、均匀的、各向同性的介质中，电磁波传播不发生反射、折射、绕射、散射及吸收现象，只存在由电磁波能量在传输过程中扩散引起的传播损耗。自由空间传播损耗 FreeLoss 的计算如式（3-1）所示。

$$\text{FreeLoss} = 20\lg f + 20\lg d + 32.44 \quad (3\text{-}1)$$

式中，f 为频率，单位：MHz；d 为距离，单位：km。

从公式不难看出，在距离一定的情况下，频率越高，自由空间传播损耗越大。当 d 或 f 增大一倍时，自由空间传播损耗将加大 6dB，即信号衰减为原来的 1/4，因此频率越低，损耗越小。

2. 常见的传播模型

在实际情况下，电磁波在直射传播中存在各种障碍物，路径传播损耗比自由空间传播损耗大。传播模型表征的是在某种特定环境或传播路径下电磁波的传播损耗情况，其主要研究对象是传播路径上障碍物阴影效应带来的慢衰落影响。不同的传播模型有不同的适用范围，运用传播模型时，要注意各项参数的单位取值。经典模型是科学家通过 CW 测试数据逐步拟合出来的，几种常见的传播模型如表 3-1 所示。

表 3-1 几种常见的传播模型

模　型	适　用　范　围
通用传播模型	适用于 500~2600MHz 宏蜂窝预测
Okumura-Hata 模型	适用于 150~1500 MHz 宏蜂窝预测
Cost231-Hata 模型	适用于 1500~2000 MHz 宏蜂窝预测
Keenan-Motley 模型	适用于 800~2000MHz 室内环境预测

1）通用传播模型

无线接入网规划时需要考虑到现实环境中各种地形、地物对电磁波传播的影响，以保证覆盖预测结果的准确性，因此，在各种规划软件中，一般会先使用通用传播模型对模型参数进行校正后再开始规划。通用传播模型是应用于 500~2600MHz 宏蜂窝的模型，它适用于小区半径为 1~35km 的宏蜂窝，基站天线高度为 30~200m，终端天线高度为 0~10m。通用传播模型的路径传播损耗 PathLoss 的计算如式（3-2）所示。

$$\text{PathLoss} = k_1 + k_2\lg d + k_3\lg H_{T_{\text{xeff}}} + k_4\text{Diffraction Loss} + k_5\lg d \times \lg H_{T_{\text{xeff}}} + k_6 H_{R_{\text{xeff}}} + k_{\text{clutter}} f(\text{clutter}) \quad (3\text{-}2)$$

式中，k_1 为频率相关的衰减常数；k_2 为距离衰减常数；k_3 为基站天线高度修正系数；k_4 为绕射损耗的修正因子；k_5为基站天线高度与距离修正系数；k_6为终端天线高度修正系数；k_{clutter}为地物 clutter 衰减修正值，$H_{T_{\text{xeff}}}$为发射天线的有效高度，单位：m；Diffraction Loss 为传播路径上障碍物绕射损耗；$H_{R_{\text{xeff}}}$为接收天线的有效高度，单位：m；$f(\text{clutter})$为地貌加权平均损耗。

不同地形、地物情况下的参考修正值如表 3-2 所示。

表 3-2 不同地形、地物情况下的参考修正值

地形、地物	参考修正值/dB	地形、地物	参考修正值/dB
内部水域	−1	高层建筑	18
海域	−1	普通建筑	2
湿地	−1	大型低矮建筑	−0.5
乡村	−0.9	成片低矮建筑	−0.5
乡村开阔地带	−1	其他低矮建筑	−0.5
森林	15	密集新城区	7
郊区城镇	−0.5	密集老城区	7
铁路	0	城区公园	0
城区半开阔地带	0		

2）Okumura-Hata 模型

Okumura-Hata 模型是根据测试数据统计分析得出的经验公式，应用频率在 150～1500MHz，主要用于 900MHz。其适用于小区半径大于 1km 的宏蜂窝系统，基站有效天线高度在 30～200m，移动台有效天线高度在 1～10m。该模型的特点是：以准平坦地形大城市地区的场强中值路径传播损耗作为基准，对不同的传播环境和地形条件等因素用修正因子加以修正。

当移动台的高度为典型值，即 h_r=1.5m 时，按 Okumura-Hata 模型计算路径传播损耗如式（3-3）所示。

$$\text{PathLoss} = 69.55 + 26.16\lg f - 13.82\lg h_b - a(h_m) + (44.9 - 6.55\lg h_b)(\lg d) \quad (3\text{-}3)$$

式中，d 为远距离传播修正因子，即发射天线和接收天线之间的水平距离，单位：m；f 为频率，单位：MHz；h_b 为基站天线有效高度，单位：m；h_m 为移动台天线有效高度，单位：m，$a(h_m)$ 为移动台天线高度修正因子；PathLoss 为中值。

对中小城市，$a(h_m)$的计算如式（3-4）所示。

$$a(h_m) = (1.1\lg f - 0.7)h_m - (1.56\lg f - 0.8) \quad (3\text{-}4)$$

对大城市，$a(h_m)$的计算如式（3-5）所示。

$$a(h_m) = 3.2(\lg 11.75 h_m)^2 - 4.97 \quad (3\text{-}5)$$

3）Cost231-Hata 模型

Cost231-Hata 模型应用频率为 1500～2000MHz，适用于小区半径为 1～20km 的宏蜂

窝系统，发射有效天线高度在 30～200m，接收有效天线高度在 1～10m。Cost231-Hata 路径传播损耗如式（3-6）所示。

$$\text{PathLoss} = 46.3 + 33.9\lg f - 13.82\lg h_b - a(h_m) + (44.9 - 6.55\lg h_b)(\lg d)^r + K_{\text{clutter}} \quad (3\text{-}6)$$

式中，f 为频率，单位：MHz；d 为远距离传播修正因子，即发射天线和接收天线之间的水平距离；h_b 为基站天线有效高度，单位：m；h_m 为移动台天线有效高度，单位：m；$a(h_m)$ 为移动台天线高度修正因子；K_{clutter} 为大城市中心校正因子，中等城市和郊区中心区的 K_{clutter} 为 0dB，大城市的 K_{clutter} 为 3dB；PathLoss 为中值。

4）Keenan-Motley 模型

Keenan-Motley 模型是在自由空间传播损耗的基础上增加了墙壁和地板的穿透损耗，适用于模拟室内环境路径传播损耗，根据是否基于视距传播主要分为以下两种类型。

（1）视距传播模型，计算如式（3-7）所示。

$$\text{PassLoss} = 20\lg f + 20\lg d - 28 + X_\sigma \quad (3\text{-}7)$$

（2）非视距传播模型，计算如式（3-8）所示。

$$\text{PassLoss} = 20\lg f + 20\lg d - 28 + L_{f(n)} X_\sigma \quad (3\text{-}8)$$

式中，X_σ 为慢衰落余量，取值与覆盖率和室内慢衰落标准差有关；$L_{f(n)} = \sum_{i=0}^{n} P_i$，$P_i$ 表示第 i 面墙壁的穿透损耗，n 表示墙壁数量；d 为远距离传播修正因子；f 为频率，单位：MHz；PassLoss 为中值。

隔墙穿透损耗典型值（频率为 1.8～2Hz）如表 3-3 所示。

表 3-3 隔墙穿透损耗典型值　　　　　　　　　　　　　单位：dB

混凝土墙	砖墙	木板	厚玻璃墙 （玻璃幕墙）	薄玻璃窗 （普通玻璃窗）	电梯门
15～30	10	5	3～5	1～3	20～30

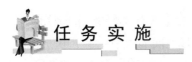

3.1.3 无线覆盖规划

打开 IUV_5G 仿真软件，依次选择"网络规划"→"规划计算"，选择建安市，进入建安市容量规划界面，如图 3-1 所示。在界面左上角有一个下拉菜单，可以单击不同的选项，在"无线网""承载网""核心网"容量规划界面之间切换，在界面的正上方是城市选择标签，可分别选择四水市、建安市和兴城市进行配置。

模块 3 基站开通

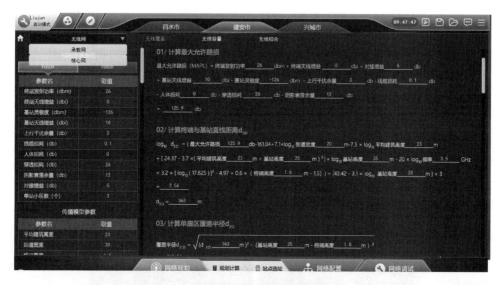

图 3-1 建安市容量规划界面

在界面左上角下拉菜单中选择"无线网",城市标签选择"建安市",规划内容标签选择"无线覆盖",开始建安市无线覆盖规划,如图 3-2 所示。

图 3-2 建安市无线覆盖规划界面

1. 设置无线侧链路预算及传播模型参数值

根据规划区域所处的场景特点,合理设置包含"终端天线增益""基站天线增益""上行干扰余量""下行干扰余量""阴影衰落余量""穿透损耗""线缆损耗"等用于上下行链路预算的参数值,并根据规划区域的地形、地貌和建筑物高度及分布情况,设置传播模型所需的"平均建筑高度""街道宽度""终端高度""基站高度"等参数值,如图 3-3 所示。

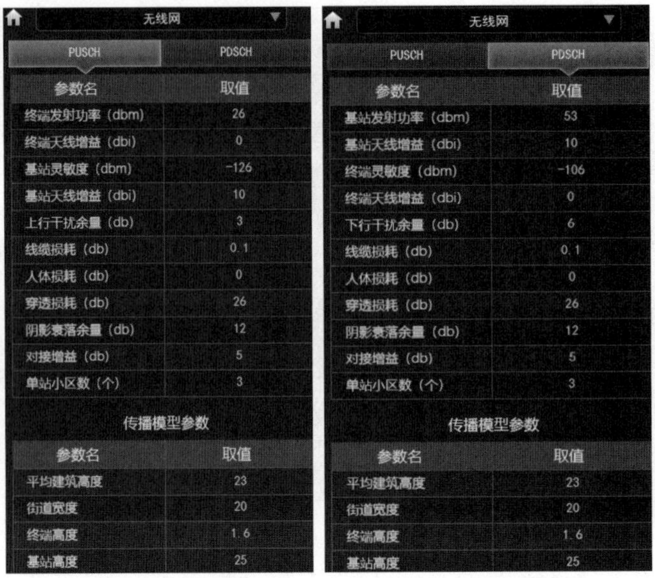

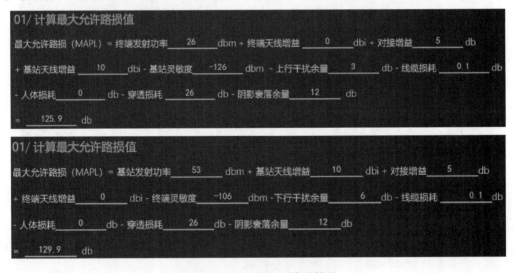

图 3-3 建安市无线侧链路预算及传播模型参数值

2. 计算上下行最大允许路损值

将上一步获得的上下行链路预算相关参数值,代入界面上提供的最大允许路损计算公式,完成上下行的链路预算,分别得到上下行最大允许路损值,如图 3-4 所示。

图 3-4 上下行最大允许路损值

3. 计算终端与基站上下行的最大直线距离(d_{3D})

分别把上一步得到的上下行最大允许路损值及基站和终端高度、平均建筑高度、街道宽度等数据代入界面上提供的传播模型公式中,得到终端与基站上下行的最大直线距离(d_{3D}),如图 3-5 所示。

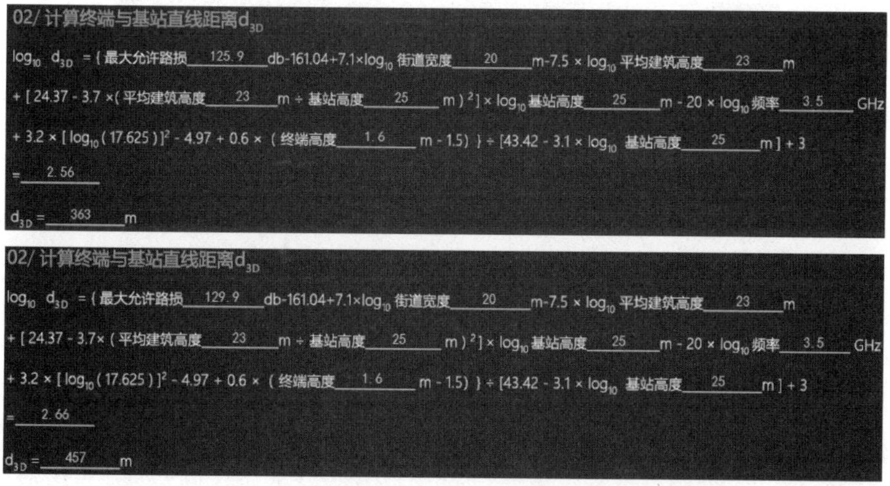

模块 3 基站开通

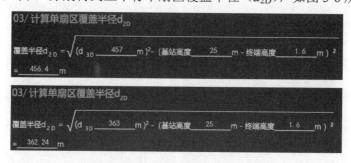

图 3-5 终端与基站上下行的最大直线距离（d_{3D}）

4. 计算单扇区覆盖半径（d_{2D}）

分别把上一步得到终端与基站上下行的最大直线距离数据及基站和终端高度数据代入界面上计算公式中，分别得到上下行单扇区覆盖半径（d_{2D}），如图 3-6 所示。

图 3-6 上下行单扇区覆盖半径（d_{2D}）

5. 计算无线覆盖规划站点数目

利用上一步得到的上下行扇区覆盖半径，计算出单站的覆盖面积，然后用规划区域的总面积除以单站的覆盖面积，就分别得出满足上下行覆盖要求所需站点数目，如图 3-7 所示。

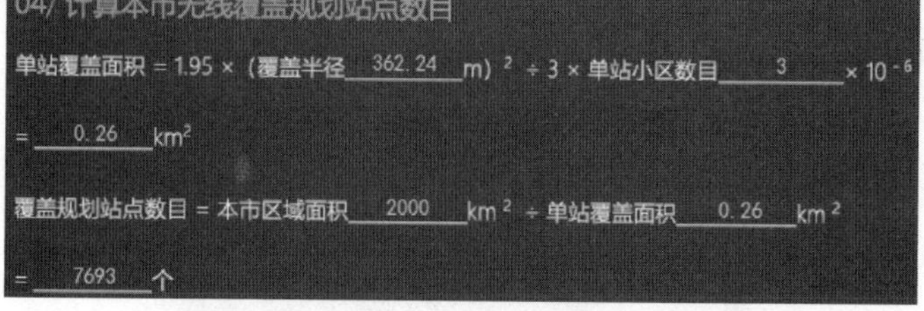

图 3-7 满足上下行覆盖要求的所需站点数目

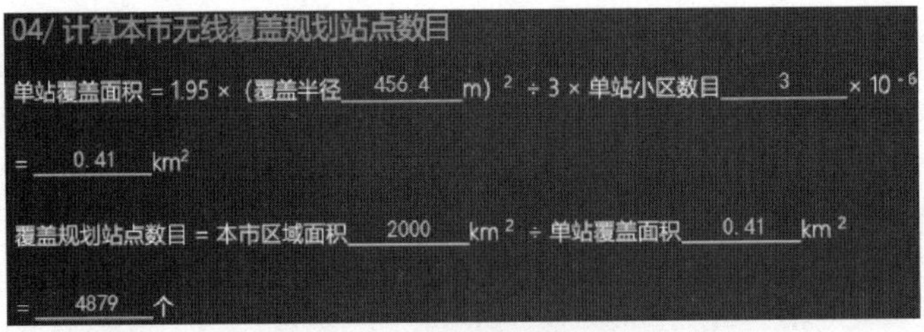

图 3-7　满足上下行覆盖要求的所需站点数目（续）

3.1.4　无线容量规划

1. 设置速率模型相关参数

根据规划区域的业务特点，设置合理的话务模型参数，依据所采用的 5G NR 配置，合理设置"帧结构""S 时隙中上行符号数""最大 RB 数""开销比例"等速率模型参数值，如图 3-8 所示。

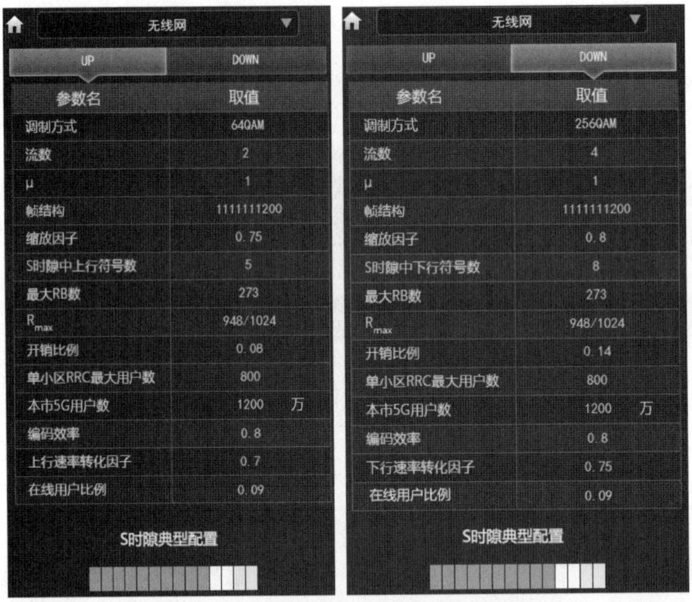

图 3-8　速率模型参数值

2. 计算单时隙时长

根据网络的配置计算单时隙时长，如图 3-9 所示。

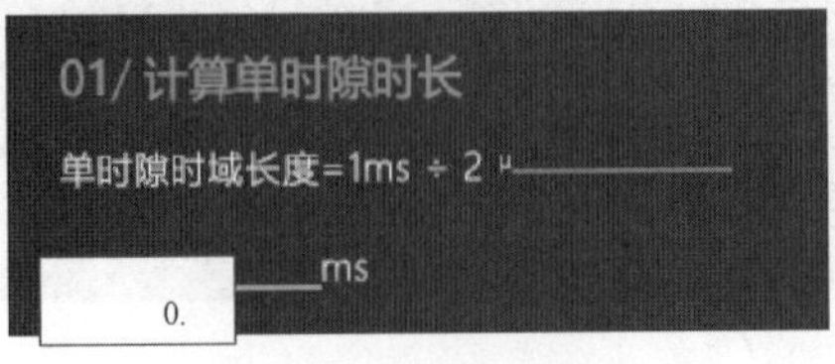

图 3-9　单时隙时长

3. 计算上下行符号占比

根据选定的速率模型参数值，利用界面上的公式分别计算出上下行符号占比，如图 3-10 所示。

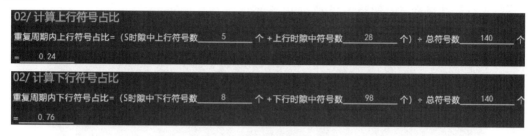

图 3-10 上下行符号占比

4. 计算上下行理论峰值速率

根据选定的速率模型参数值，利用界面上的公式分别计算出上下行理论峰值速率，如图 3-11 所示。

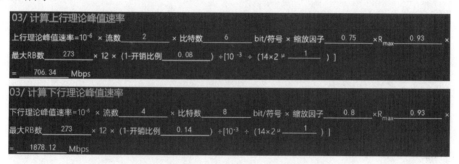

图 3-11 上下行理论峰值速率

5. 计算上下行实际平均速率

根据选定的速率模型参数值和前面计算得出的上下行符号占比，利用界面上的公式分别计算出上下行实际平均速率，如图 3-12 所示。

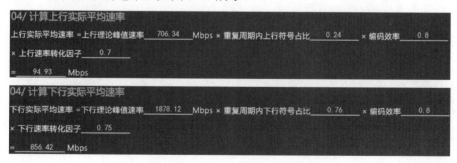

图 3-12 上下行实际平均速率

6. 计算上下行单站平均吞吐量与容量规划站点数目

根据选定的速率模型参数值和前面计算得出的上下行理论峰值速率和上下行实际平均速率，利用界面上公式分别计算出上下行单站峰值吞吐量、上下行单站平均吞吐量及上下行容量规划站点数目，如图3-13所示。

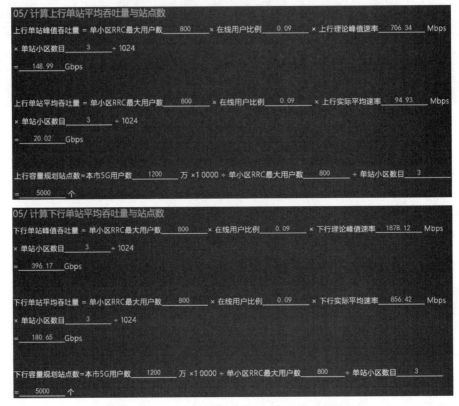

图3-13　上下行单站吞吐量及容量规划站点数目

3.1.5　无线综合估算

1. 计算覆盖规划5G站点数目

比较上下行覆盖规划的站点数目，取两者之间数值大的值作为覆盖规划5G站点数目，如图3-14所示。

图3-14　覆盖规划5G站点数目

2. 计算容量规划5G站点数目

比较上下行容量规划的站点数目，取两者之间数值大的值乘以热点区域扩容比例的结果来确定容量规划5G站点数目，如图3-15所示。

图 3-15　容量规划 5G 站点数目

3. 计算网络规划 5G 站点数目

比较覆盖规划 5G 站点数目和容量规划 5G 站点数目，取两者之间数值大的值作为网络规划 5G 站点数目最终值，如图 3-16 所示。

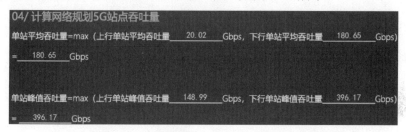

图 3-16　网络规划 5G 站点数目

4. 计算网络规划 5G 站点吞吐量

分别比较上下行单站平均吞吐量和上下行单站峰值吞吐量，取两者之间数值大的值分别作为单站平均吞吐量和单站峰值吞吐量最终值，如图 3-17 所示。

图 3-17　网络规划单站 5G 站点吞吐量

3.1.6　覆盖估算流程和链路预算方法

1. 覆盖估算流程

5G 网络的覆盖估算流程如图 3-18 所示，主要包括需求分析、链路预算、单站覆盖面积 3 个部分，其中需求分析部分的主要指标包括目标业务速率、业务质量及通信概率要求；链路预算部分则是根据需求分析的结果，结合不同的参数和场景计算出无线信号在空中传播时的最大允许路径损耗（Maximum Allowed Path Loss，MAPL），并根据相应的传播模型估算出小区的覆盖半径；单站覆盖面积的计算是基于链路预算所得出的小区覆盖半径估算出每个 gNB 的覆盖面积，从而可以得到规划区域内所需要的 gNB 数量。

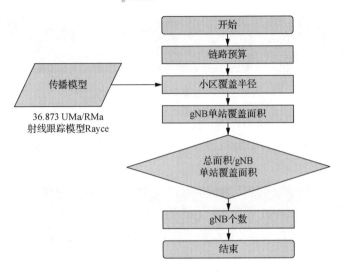

图 3-18 覆盖估算流程

5G 系统的覆盖模型与其他蜂窝无线系统类似,可理解为正六边形的蜂窝形状,蜂窝组网常用的有全向站和三扇区站 2 种,其单站覆盖面积与半径的关系如图 3-19 所示。

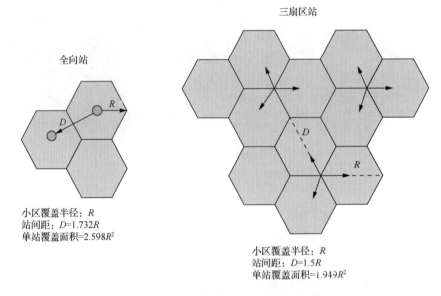

全向站
小区覆盖半径:R
站间距:$D=1.732R$
单站覆盖面积$=2.598R^2$

三扇区站
小区覆盖半径:R
站间距:$D=1.5R$
单站覆盖面积$=1.949R^2$

图 3-19 单站覆盖面积与半径的关系

覆盖估算的目的主要有以下 3 种。
(1)根据边缘速率要求估算覆盖半径。
(2)根据现网站间距估算 5G 的边缘用户体验速率。
(3)估算给定区域内所需的站点数量。

2. 链路预算方法

链路预算是通信系统用来评估网络覆盖的主要手段。链路预算通过对搜集到的发射机和接收机之间的设备参数、系统参数及各种余量进行处理,得到满足系统性能要求时允许的最大路径损耗。利用链路预算得出的最大路径损耗和相应的传播模型可以计算出特定区域下的覆盖半径,从而初步估算出网络规模。

链路预算中有确定性因素和不确定性因素两大类。

(1)确定性因素:基站、终端规格、损耗、传播模型。

(2)不确定性因素:慢衰落余量、雨雪影响、干扰余量等,这些因素不是随时会有。

5G 和 4G 在链路预算影响因素上没有差别,但 5G 引入了人体遮挡损耗、植被损耗、雨雪/冰雪衰耗(尤其是毫米波)的影响,具体如图 3-20 所示。

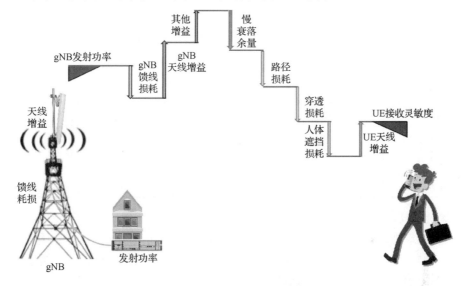

图 3-20　5G 路径损耗图解

链路预算的方法为:下行路径损耗(dB)=基站发射功率(dBm)-10lg(子载波数)+基站天线增益(dBi)-基站馈线损耗(dB)-穿透损耗(dB)-植被损耗(dB)-人体遮挡损耗(dB)-干扰余量(dB)-雨雪衰耗(dB)-慢衰落余量(dB)+UE 天线增益(dB)-背景噪声(dBm)-UE 噪声系数(dB)-解调门限 SINR(dB)。

1)下行等效全向辐射功率(EIRP)

EIRP=gNB 每子载波发射功率+gNB 天线增益-gNB 馈线损耗-插入损耗

其中,gNB 每子载波发射功率=基站发射功率(dBm)-10lg(子载波数)。

例:100MHz,200W AAU:每子载波发射功率=53dBm-10lg(273×12)=18dBm。

2)基站发射功率

基站发射功率由 AAU/RRU 的型号及相关配置决定,典型配置下小区最大发射功率为 200W(53dBm)。

3)基站馈线损耗

基站馈线损耗指馈线(或跳线)和接头损耗。5G 采用 AAU 部署方式时,不需要考虑馈线损耗;当 5G 采用分布式基站时,从 RRU 到天线的一段馈线及相应的接头损耗通常取 1dB。

4）基站天线增益

由于 5G 采用 Massive MIMO 技术，天线的增益通常为 10dBi。Beamforming 增益理论上 64 通道赋形天线下行可获得 18dB 的赋形增益。根据系统仿真与测试结果，一般取 15dB。

5）干扰余量

在链路预算的时候会考虑通过干扰余量来补偿来自负载邻区的干扰。干扰余量针对低噪提升，和地物类型、站间距、发射功率、频率复用度有关。50%邻区负载的情况下，干扰余量一般取值为 3～4dB。邻区的负载越高，干扰余量就越大。

6）慢衰落余量

慢衰落即阴影衰落，其衰落符合正态分布，造成小区的理论边缘覆盖率只有 50%，为了满足需要的覆盖率引入了额外的余量，称为慢衰落余量，不同场景下慢衰落余量如表 3-4 所示。

表 3-4　不同场景下慢衰落余量

地物类型	密集城区	城区	郊区	农村地区
慢衰落标准差	11.7dB	9.4dB	7.2dB	6.2dB
区域覆盖率	95%	95%	90%	90%
慢衰落余量	9.4dB	8dB	2.8dB	1.8dB

7）穿透损耗

当人在建筑物或车内打电话时，信号穿过建筑物或车体造成的损耗即穿透损耗。穿透损耗与建筑物结构与材料、电磁波入射角度和频率等因素有关，应根据目标覆盖区实际情况确定。不同场景下穿透损耗参考取值如表 3-5 所示。

表 3-5　不同场景下穿透损耗参考取值

地物类型/频带	900MHz	1800MHz	2.1GHz	2.3GHz	2.6GHz	3.5GHz	28GHz	39GHz
密集城区	18dB	19dB	20dB	20dB	20dB	26dB	38dB	41dB
城区	14dB	16dB	16dB	16dB	16dB	22dB	34dB	37dB
市郊	10dB	10dB	12dB	12dB	12dB	18dB	30dB	33dB
农村地区	7dB	8dB	8dB	8dB	8dB	14dB	26dB	29dB

8）植被损耗

如果是低频段，在密集城区植被较少可以不用考虑；如果是高频通信，树木遮挡导致的衰减非常重要，植被较密区域建议取 17dB 作为典型衰减值。

9）雨雪衰耗

对于 Sub6G 频段，不考虑雨雪衰耗影响；高于 6G 的高频段（如 28GHz/39GHz 等），在降雨比较充沛的雨区，当降雨量和传播距离达到一定水平时，会带来额外的信号衰减，链路预算、网络规划设计需要考虑这部分影响。根据实测结果，使用 28GHz 和 39GHz 小区覆盖半径小于 500m 时，取 1～2dB。

10）人体遮挡损耗

人体遮挡损耗是指接收机离人体很近造成的信号阻塞和吸收引起的损耗。语音（VoIP）业务的人体遮挡损耗参考值为3dB；数据业务以阅读观看为主，接收机距人体较远，人体遮挡损耗取值为0。测试结果表明，高频人体遮挡损耗与人和接收端、信号传播方向的相对位置，以及收发端高度差等因素相关，人体遮挡比例越大，损耗越严重，室外典型人体遮挡损耗值约为5dB。

11）穿透损耗

不同频段下穿透损耗参考取值如表3-6所示。

表3-6 不同频段下穿透损耗参考取值

频带	3.5GHz	4.5GHz	28GHz	39GHz
智能手机	3dB	4dB	8dB	10dB

12）接收机灵敏度

接收机灵敏度指在分配的带宽下，不考虑外部的噪声或干扰，为满足业务质量要求而必需的最小接收信号水平。

接收机灵敏度＝背景噪声+UE 噪声系数+要求的 SINR

（1）背景噪声即热噪声，背景噪声是由传输媒质中电子的随机运动产生的。在通信系统中，电阻器件噪声及接收机产生的噪声均可以等效为背景噪声。其功率谱密度在整个频率范围内都是均匀分布的，故又被称为白噪声。其计算如式3-9所示。

$$\text{系统背景噪声}=KTB \quad (3\text{-}9)$$

式中，K 为玻尔兹曼常数，其值为 1.38×10^{-23}J/K；T 为参考绝对温度（绝对温度 = 摄氏度 + 273.15）；B 为有效噪声带宽。

（2）UE 噪声系数指当信号通过接收机时，由于接收机引入的噪声而使信噪比恶化的程度。其在数值上等于输入信噪比与输出信噪比的比值，是评价放大器噪声性能好坏的指标，用 NF 表示。该值取决于各厂家基站或终端的性能，不同设备的 UE 噪声系数参考取值如表3-7所示。

表3-7 不同设备的 UE 噪声系数参考取值

频带	2.6GHz	3.5GHz	4.5GHz	28GHz	39GHz
基站	3dB	3.5dB	3.8dB	8.5dB	8.5dB
CPE	9dB	9dB	9dB	9dB	9dB
手机	7dB	7dB	7dB	10dB	10dB

（3）SINR 即信噪比。其取值和很多因素有关，包括要求的小区边缘吞吐量和 BLER、MCS、RB 数量、上下行时隙配比（TDD 特点）、信道模型、MIMO 的流数。结合这些因素通过一系列的系统仿真可以得出要求的 SINR 值。若边缘速率为 100Mbit/s，基于带宽、时隙配比、MCS 等，推算经验值为 5dB 左右。

3. 5G 传播模型

目前，5G（NR）网络规划采用的传播模型有两种，分别是 UMi&UMa&RMa 和射线跟踪模型。

1）UMi&UMa&RMa 模型

3GPP 组织在 5G 协议中定义了室内热点办公区（InH-Office）、城市微蜂窝街道（UMi）、城市宏蜂窝（UMa）、农村宏蜂窝（RMa）4 种场景。室外场景如图 3-21（a）所示，UMi 用于城区杆站，典型天线挂高为 10m；Urban Macro（UMa）用于城区宏站，典型天线挂高为 25m；RMa 用于郊区宏站，典型天线挂高为 35m；室内场景如图 3-21（b）所示，典型高度为 2～3m 天花板或墙。

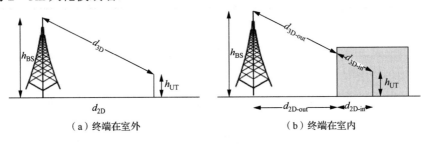

（a）终端在室外 　　　　　　　（b）终端在室内

图 3-21　终端在室外与室内

2）射线跟踪模型

3GPP 标准模型存在局限性，导致在实际测试有时不够准确，主要体现在接收机高度范围小，未考虑低空覆盖（如无人机），无有效因子考虑具体的路宽、楼高、植被损耗等因素。在实际规划过程中，需要考虑对传播模型做适当的修正，尤其是在 CBD（中央商务区）、商业街、高端别墅区、园区等场景。而建立在高精度电子地图和多径建模基础上的射线跟踪模型，该模型基于波束的射线追踪传播，涉及信号的直射、反射、衍射、透射等，在精确规划中的应用不可替代，电平预测准确性更高，对于 Massive MIMO 可以更精准地建模。常用射线跟踪模型有 Volcano、Cross Wave、P3M、华为的 Rayce 模型等。

3.1.7　容量规划流程和容量估算方法

容量规划是通过计算满足一定话务需求的无线资源数目，进而计算出所需要的配置和站点规模。容量估算的三要素是话务模型、无线资源、资源占用方式，也就是说容量估算是在一定的话务模型下，按照一定的资源占有方式，求取无线资源占有数量的过程，以满足一定的容量能力指标。

1. 容量规划流程

5G 业务三大场景分别是增强型移动带宽业务 eMBB、大规模的机器通信业务 mMTC、超可靠低时延通信业务 uRLLC，各场景业务特征、覆盖场景、用户行为等相较于 4G 发生了很大的变化。5G R15 标准主要针对增强型移动带宽业务 eMBB，R16 标准包含大规模的机器通信业务 mMTC 和超可靠低时延通信业务 uRLLC 场景，但是容量规划的原理依然未发生较大的变化。5G 容量规划流程如图 3-22 所示。

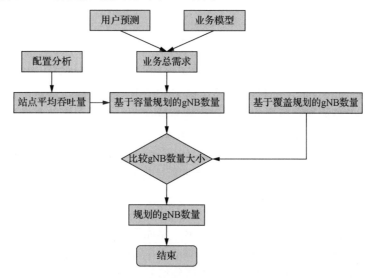

图 3-22　5G 容量规划流程

具体流程如下：首先通过模型分析和需求分析得到用户预测和业务模型，其次从用户预测和业务模型得到业务总需求，再次通过系统仿真和配置分析得到站点平均吞吐量，最后结合业务总需求和站点平均吞吐量得到网络建设基站总需求数。

5G 容量规划主要是完成两部分的核算：业务总需求和站点平均吞吐量。

业务总需求为规划区域内用户的总业务需求，根据场景选择业务模型计算用户业务的吞吐量需求或者由用户给出。站点平均吞吐量为单基站所能提供的容量。基站总需求数为业务总需求与站点平均吞吐量相除的最大数量。同时考虑到实际网络中的话务分布不均衡等因素，需要对相应的结果进行修正。

2. 容量估算方法

（1）业务模型预测分析。

5G 业务模型预测分析可以从基站到区域、地市网络逐步开展，充分参考 4G 的数据，通过提取历史用户数、历史流量、历史资源利用率和历史速率数据进行训练建模，综合各类预测算法的优势，并结合数学模型算法，提供网络级、簇级和小区级容量进行预测分析，预测未来流量、用户数、资源利用率和单用户感知速率，为网络建站提供依据。

eMBB 业务模型预测依据用户月均流量计算日均流量及忙时流量，参考 4G 网络用户渗透率计算单用户模型，依据用户增长预测数据和业务量增长估算 5G 业务模型，需要考虑不同场景下用户的数量，核算 eMBB 业务容量需求。uRLLC 及 mMTC 的业务模型按照单位面积智能终端及传感器连接数量预测，数据包大小及数据传输周期等因素可参考 NB-IoT、eMTC 等行业终端传输数据和传输周期等模型，开展 5G 网络面向物联网的业务模型预测。

（2）业务容量计算。

计算业务容量，需要基于 5G 三大应用场景的业务分类开展 5G 业务需求容量的计算，如式（3-10）所示。

$$5G 业务需求容量 = a_0 + \sum_{k=1}^{n1}(a_k) + \sum_{k=1}^{n2}(b_k) + \sum_{k=1}^{n3}(c_k) \qquad (3-10)$$

式中，a_0 为基本配置容量，主要是开销信令容量；$n1$，$n2$，$n3$ 为三大业务用户数；a_k 为 eMBB 用户业务需求容量；b_k 为 uRLLC 用户业务需求容量，c_k 为 mMTC 用户业务需求容量。

根据 eMBB、uRLLC、mMTC 业务需求量和业务质量要求，计算网页浏览、视频、VR、AR、4K/8K 高清视频等个人终端，家庭智能终端，商业用户终端，物联网终端等在不同场景下的分布情况。如网页浏览 100kbit/s，终端视频播放 2Mbit/s，VR 应用 40Mbit/s，4K/8K 等按照视频压缩格式计算信息传输量及带宽要求，uRLLC 及 mMTC 业务信息传输量小于 500kbit/s，主要考虑单位连接密度及时延、可靠性等性能保障，重点区域可考虑每平方公里百万连接数计算 5G mMTC 的容量需求。

（3）小区平均吞吐量估算。

5G 小区平均吞吐量受到多个因素的影响，比如高楼密集城区、典型城区、郊区、农村地区等不同覆盖场景，用户及话务的分布等，估算流程如图 3-23 所示，基于场景建模，考虑用户在覆盖范围内呈现均匀分布，仿真得到信号覆盖及 SINR 分布，然后根据 SINR Vs 吞吐量的关联分析，得到小区平均吞吐量，小区平均吞吐量再乘以 3 得到站点的平均吞吐量。

图 3-23 小区平均吞吐量估算流程

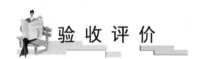

任务名称 网络规划					
班级			小组		
评价要点	评价内容	分值	得分	备注	
知识	无线接入网规划总体流程	20			
	无线传播模型	20			
	多径效应、阴影效应、多普勒效应	5			
技能	覆盖估算	20			
	容量规划	20			
操作规范	规范操作，防止设备损坏	5			
	环境卫生，保证工作台面整洁	5			
	安全用电	5			

任务 3.2　设备安装

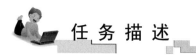

根据容量规划正确选购、安装并连接无线接入网及核心网设备是移动通信系统建设的关键，也是实现移动通信各种业务的基础。本次任务结合建安市区的 4G、5G 需求计划在建安市采用 Option3x 网络架构（图 3-24）部署新建 5G 网络，请在虚拟仿真平台中完成建安市 B 站点机房及建安市核心网机房的设备安装与连线。

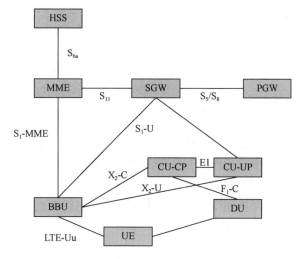

图 3-24　Option3x 网络架构

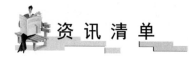

知识点	技能点
5G 移动通信系统基础知识（新知）	接入侧设备安装流程
5G 组网模式（新知）	接入侧设备之前的线缆选择与连接
5G 网络架构（新知）	
天线基础知识（新知）	
AAU 硬件认知（新知）	
Massive MIMO 技术（新知）	
华为 BBU5900 硬件组成（新知）	

3.2.1　5G 移动通信系统入门

1. 数字通信系统组成

通信是指双方通过接收和发送设备,经由有线(如光纤、网线)信道或是无线信道(如电磁波)进行信息的传递。通信系统的组成如图 3-25 所示。

图 3-25　通信系统的组成

现在大部分的通信系统都是数字通信系统,把图 3-25 再具体化,即把发送、接收设备具体化为"调制""编码"和"加密"即可得到数字通信系统的组成,如图 3-26 所示。调制即数字调制,是将低频信号转成高频可传输的信号。编码分为信源编码和信道编码,信源编码就是模/数转换的同时提高信息传输的有效性;信道编码就是增强抗干扰能力。加密即保证信息安全传达。

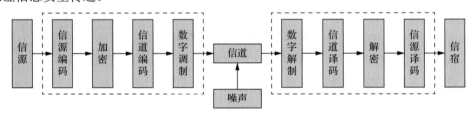

图 3-26　数字通信系统的组成

1)模/数转换

模拟信号到数字信号的转换过程即模/数转换过程,如图 3-27 所示。我们平时说话的声音就是模拟信号,通常要经过抽样、量化和编码三大过程才能变成数字信号。其道理很简单,其实就是把连续的信号变成 0101 的数字。首先将 1s 进行多少采样并记录,然后将样本值按一定规则量化,再编码成二进制值。因为现在基本上所有的通信系统都是数字通信系统,所以都需要将传输的信号转换成数字信号。

2)信源编码和信道编码

编码分为信源编码和信道编码。在信源编码的过程中,我们希望把要传输的数字压缩得尽可能小,占用的信道资源就越少。因此信源编码的目标就是把数据尽可能地压缩。比如 mp3 的音乐,mp4 的电影,avi 的电影,还有 mkv、4K、8K 的电影,这都是不同的压缩格式。因为电影原来的格式都很大，将其通过 H.263、H.264 这样的编码把文件压缩得小小的，以便占用较小的传输资源，这就是信源编码的意义。

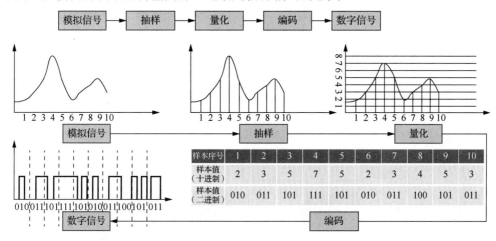

图 3-27　模/数转换过程

信道编码刚好跟信源编码相反，信道编码是往要传输的信息里面塞入一些额外的东西以保障信息传输的可靠性，如同我们运送鸡蛋时在包装盒里塞东西防止鸡蛋破损，如图 3-28 所示。有了信道编码的填充物，当信道有干扰发生信息丢失的时候，仅丢了填充物就没关系了。常见的信道编码类型有卷积码、Turbo 码、LDPC 码和 Polar 码。信道编码的研究意义在于如何用更小的填充物让信息更安全地到达目的地。

图 3-28　信道编码的作用

3）调制

调制是指把信息放到高频的载波上去传输。原始的信息通常频率很低，传输的信息量很少，如 1000Hz/s，意味着 1s 有 1000 个正弦波，能传送 1000 个字符，但是高频信号 10000000Hz/s，意味着 1s 有 10000000 个正弦波，能传送 10000000 个字符，信息量更大了。因此无线传输过程中需要通过调制把低频信号搬运到高频信号上去传送，目的就是用更少的电磁波资源去传送更多的信息。调制技术有调幅、调频和调相，其原理分别是用低频的数字信号去控制高频正统波的幅度、频率或相位，如图 3-29 所示。

2. 移动通信网络组成

移动通信属于数字通信系统，有了对数字通信系统的基本认知，我们再来看手机和基站之间的数字通信过程，如图 3-30 所示。手机和基站之间的数字通信包含基带和射频两部分。我们知道，手机里有 SoC 芯片，如高通的 985、华为的麒麟 970 等。SoC 芯片就好比计算机的 CPU，而且比 CPU 更强的是，SoC 芯片把计算机网卡和显卡功能、GPS 功能也都集成进来。声音过来通过模/数转换变成数字信号，然后经过加密、信道编码和调制变成最基本的频率较低的基带信号。因为每个手机支持的频段不一样，如中国移动的 5G 用户频段是 2.6GHz，那么此时就通过高频调制把基带信号搬运到这个频段变成频带信号。频带信号经过放大器放大后送到滤波器滤除杂波，最后经由天线发送到基站。基站的工作原理跟手机是一样的，只不过基站的基带处理单元称为 BBU，射频处理部分称为 RRU。由于频率低于 100kHz 的电磁波会被地表吸收，不能有效地传输，只有高于 100kHz 的电磁波才能通过大气层外缘的电离层反射形成远距离传输，这种具有远距离传输能力的高频电磁波就是射频信号。

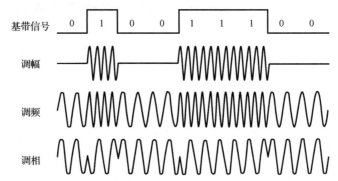

图 3-29　调制过程

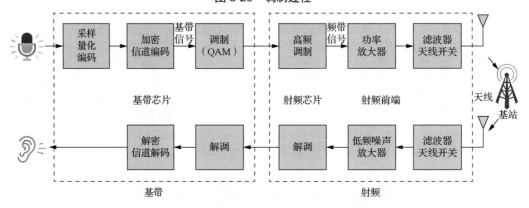

图 3-30　手机与基站之间的数字通信过程

基站信号转换流程

一张移动通信网络应该是什么样子的呢？我们知道手机与基站通过无线进行通信，通信过程就是之前讲到的基带信号到射频信号的变换过程，然后基站通过传输网络的光纤维（承载网）将信号送到上一级电信机房或是更上一级的电信机房，直到省会城市的中心机房，中心机房再送到骨干机房，这样一级一级地送上去。同理，一张移动通信网络其实就是由接入网、核心网和承载网这个三网组成的，如图 3-31 所示。接入网是指把用户接入网络中的设备（又称基站设备），一个典型的基站系统（图 3-31），外面是一个天线，里面是电源、蓄电池、空调、监控设备及基站的主设备 BBU 和 RRU。

模块 3　基站开通

基站的大小与发射功率的大小有关,按照功率的大小分为宏基站、微基站、皮基站和飞基站。核心网类似于一个控制中心,就像大脑一样,是整个网络的管理中枢。承载网是整个移动通信网络的躯干和血管,负责承载各个网络设备之间的数据连接。

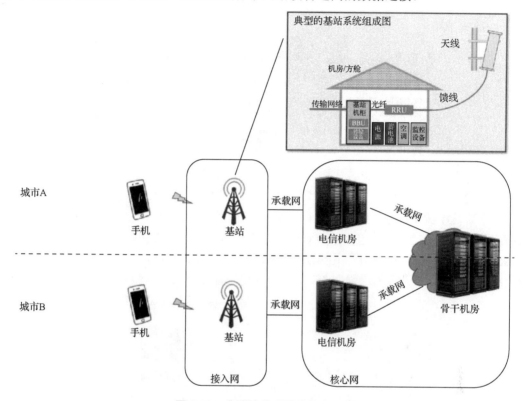

图 3-31　典型的移动通信网络组成

3.2.2　5G 组网模式

1. SA(独立组网)和 NSA(非独立组网)

从 3G 到 4G,接入网和核心网整体演进到 4G 时代,但到了 5G 时代,因为 5G 不仅是为了移动宽带而设计的,还要面向 eMBB(增强型移动宽带)、uRLLC(超可靠低时延通信)和 mMTC(大规模机器通信)三大场景,所以 3GPP 组织把接入网和核心网拆开来,各自独立演进到 5G 时代,这样就有了 5G 时代不同的组网模式。

5G 组网建设背后的中国力量

5G 组网模式分为 SA 和 NSA 两种。他们有什么不同呢?我们先来看个例子:假设张三开了一家餐厅,请个主厨叫李四,随着顾客的日益增多,现有的菜品和规模难以满足顾客的需求,为了顺应发展趋势,老板决定拓展规模,开了一家更豪华的五星餐厅,聘请五星厨师王五(图 3-32)。这里的五星餐厅就像 5G 基站,五星厨师就像 5G 核心网,大厨决定了餐厅出品的菜色,5G 核心网也充分发挥了 5G 高速、低时延、广连接的优势,这种一对一的连接方案就类似于 5G 的 SA,核心网和基站全部新建,效果好但成本高。

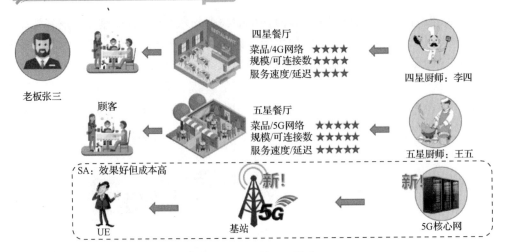

图 3-32 5G 的 SA 模式

继续看这个例子：为了让更多的用户体验到五星的服务，需要先扩店，提升用餐环境，缓解店面人满为患的压力，但为了节省成本，李四备感压力，要同时监管两个餐厅，这就是 NSA 模式，如图 3-33 所示。由 4G 核心网分管 4G、5G 基站，在实际建设中，运营商也会将部分 4G 基站升级为增强型 4G 基站，以更好地保障用户体验。

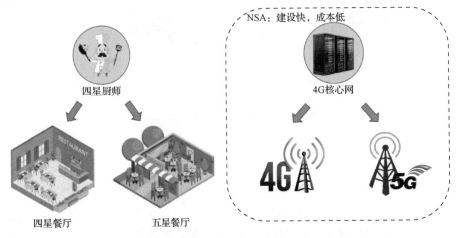

图 3-33 5G 的 NSA 网模式

NSA 和 SA 之间的关系，其实就是非独立组网走向独立组网的一个过程，也是国内外运营商铺设 5G 的必要手段。在 5G 的体验上，NSA 网使用了 5G 基站，更大的带宽、更多的连接数，能让更多的人快速用上超高的 5G 速率，但 NSA 只支持 eMBB 这种业务场景，不支持切片及新的垂直行业的应用。而拥有 5G 核心网的 SA 则更强，它具备更低的时延，保障高清视频通话，支持海量连接。不远的将来，它会是引领智慧城市的曙光，为智能城市提供更多的可能。

2. NSA 选项

在 NSA 模式下，5G 新空口 NR、5G 核心网（NGC）、4G 核心网（EPC）和 4G LTE

混合搭配组成了多种网络部署选项。3GPP 组织针对 NSA 定义了 Option3/3a/3x、Option7/7a/7x、Option4/4a 三个系列的选项。

1）Option3 选项系列

Option3 选项系列指的是先演进无线接入网，核心网保持 4G 核心网不动，4G 基站 eNB 为主站，5G 基站 gNB 为从站，双连接到 4G 核心网（EPC），如图 3-34 所示。对比 Option3 系列的 3 个选项不难发现，Option3/3a/3x 的控制面都是一样的，所有的控制面信令都由 eNB 转发，完全依赖现有的 4G 网络，仅在用户面存在区别。

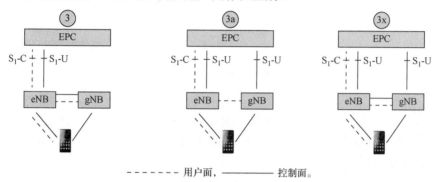

图 3-34　Option3 选项系列

Option3 组网模式的数据与信令流如图 3-35 所示。用户面数据从核心网下来传送到 eNB 的 PDCP 层进行分流，如果用户手机同时占用 4G 和 5G 的信道资源，那么用户面数据一路直接向下传送到 eNB 的 RLC 层，另一路则分流到 gNB 的 RLC 层并向下传送，这种情况是借助了 4G 基站 PDCP 层的分流能力，但是由于 4G 的 PDCP 层主要设计是给 LTE 用的，LTE 的最高速率也就 100Mbit/s，而 5G 的速率都是 G 级别的，比 LTE 的速率也高 10～100 倍，远远超出了 PDCP 层的处理能力，此时就需要对 4G 基站进行软件升级，所以不是最优选。

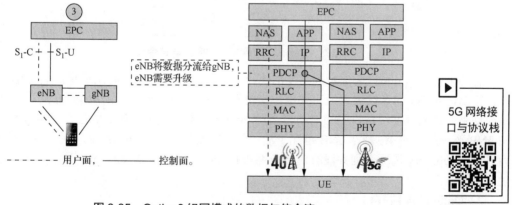

图 3-35　Option3 组网模式的数据与信令流

对于 Option3a 组网模式来说，4G 和 5G 的用户面数据各自直通 4G 核心网（EPC），由核心网（EPC）直接进行数据分流，如图 3-36 所示。虽然无须进行硬件升级，但 4G 核心网需要进行更大升级，且只支持 RAB 级别的分流，因此目前大部分的设备都不支持 Option3a。

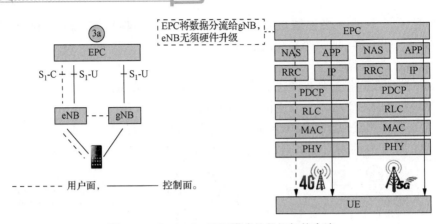

图 3-36　Option3a 组网模式的数据与信令流

相比于前两者，Option3x 组网模式是将用户面数据分流放在了 gNB 的 PDCP 层，如图 3-37 所示。这样一来，既避免了在运行的 4G 基站 eNB 和 4G 核心网 EPC 上做过多的改动，又充分利用了 5G 基站 gNB 速度快、能力强的优势，因此得到了业界的广泛青睐，成为 5G 的 NSA 的首选。

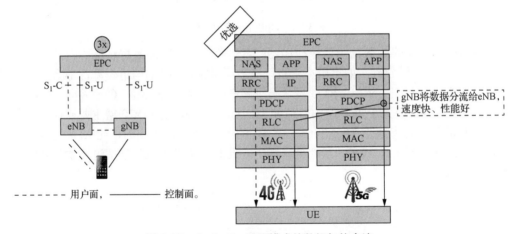

图 3-37　Option3x 组网模式的数据与信令流

总的来说，Option3 选项系列主要的优点：第一，标准化完成时间最早，利于市场宣传；第二，对 5G 的连续覆盖没有要求，支持双连接来进行分流，用户体验好；第三，网络改动小，建网速度快，投资相对小。当然 Option3 选项系列也有不足之处，因为 5G 基站 gNB 要跟现有的 4G 基站 eNB 搭配干活，所以需要是同一厂商的产品，灵活性不够好，而且因为 Option3 选项系列并没有对核心网进行升级，所以无法支持 5G 核心网引入的新功能和新业务。

2）Option7 选项系列

Option7 选项系列与 Option3 选项系列基本是一样的，只是把 4G 核心网（EPC）换成了 5G 核心网（NGC），如图 3-38 所示。所以 Option7 选项系列比 Option3 选项系列向 5G 演进更进了一步，在该选项系列中，核心网已经切换到了 5G 核心网，为了 5G 核心网进行连接，4G 基站也升级为增强型的 4G 基站。但是，Option7 选项系列的控制面锚点还在

4G 上，适用于 5G 部署的早中期阶段 5G 站点覆盖还不连续的情况。在这种情况下，可以由升级后的增强型 4G 基站提供连续覆盖，5G 作为热点覆盖以提高容量，所以 Option7 选项系列因为已经部署了 5G 核心网，除了可以保证最基本的移动宽带之外，还能支持 mMTC 和 uRLLC，5G 无线自身的业务能力大大增强。

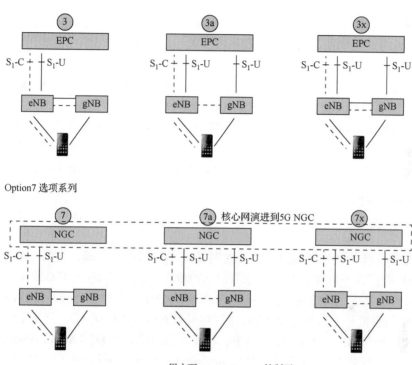

图 3-38　Option3 选项系列与 Option7 选项系列对比图

3）Option4 选项系列

Option4 选项系列如图 3-39 所示。相比 Option3 选项系列和 Option7 选项系列，Option4 选项系列的核心网和接入网都已经演进到 5G，并且是以 5G 基站 gNB 为控制面锚点。Option4 选项系列包含 Option4 和 Option4a 两个选项，从图 3-39 中可以看出，它们的区别仅在于数据分流点是在 5G 基站还是 5G 核心网。因为 Option4 选项系列要求 5G 已经实现连续覆盖，所以较适合 5G 网络部署的中后期阶段。

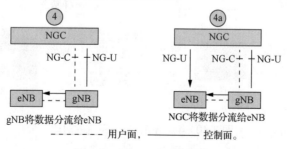

图 3-39　Option4 选项系列

3. SA 选项

5G 网络的终极目标是 SA 模式。3GPP 组织定义了 Option2、Option5 和 Option6 三种独立组网选项系列，其中 Option6 仅升级 5G 的空口，已经被 3GPP 组织放弃，Option5 只考虑核心网演进到 5G，接入网还是 4G，4G 基站跟 5G 基站相比，在峰值、时延和容量等方面还是有明显差别，不一定能支持后续的优化和演进，所以 Option2 选项系列是运营商进行独立组网的最优选。Option2 选项系列一步到位引入 5G 基站和 5G 核心网，支持 5G 新功能和新业务，但初期部署难以实现连续覆盖，存在 4G 和 5G 之间的系统切换，用户体验不好，而且部署成本相对较高。

因此，5G 网络升级路线普遍为以 NSA 的 Option3x 为起始升级为 Option4，最终到 SA 的 Option2，或是 Option3x→Option7x→Opiton4→Option2，两者的区别主要是需不需要 Option7x 的过渡。Option4 与 Option7x 的区别在于 Option7x 虽然核心网已经演进到了 5G，但依旧是以 4G 基站 eNB 为锚点，也就是说在 5G 基站覆盖还不够连续的情况下，考虑先由 Option7x 过渡，当 5G 覆盖好时，再用 Option4 以 5G 基站 gNB 做锚点。

3.2.3 5G 网络架构

1. 5G 基站架构

移动通信系统的网络架构通常由接入网及核心网两部分组成，那么 5G 网络架构与 4G 网络架构有什么不同呢？我们先来看接入网部分，从图 3-40 上不难发现，4G 基站系统=BBU+RRU+天线，天线负责接收和发送信号，RRU 负责射频处理、调制和放大信号，BBU 则负责基带信号处理和基站控制。而 5G 基站系统=BBU+AAU，首先是原先 BBU 的一部分物理层处理功能下沉到 RRU，RRU 和天线结合成为 AAU（Active Antenna Unit，有源天线单元）；然后把 BBU 拆分为 DU（Distribute Unit，分布单元）和 CU（Centralized Unit，集中单元），DU 负责处理物理层协议和实时服务，CU 则融合了一部分从核心网下沉的功能，作为集中管理节点存在，负责处理非实时协议和服务。

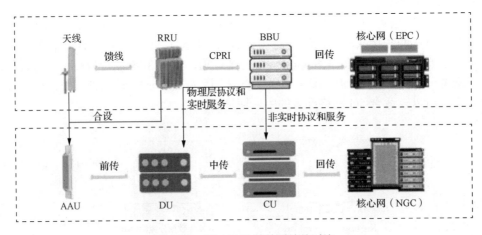

图 3-40 4G 与 5G 基站系统的对比

如图 3-41 所示，4G 每个基站都有一套 BBU，并通过 BBU 直接连到核心网，如果基站数量更多，连接数将呈指数级增长，这就会导致 4G 基站间干扰难以协同。而 5G 将 CU 和 DU 分离，每个基站都有一套 DU，多个站点共用同一个 CU 进行集中式管理。这样做的好处是实现集中管理，利于基带资源共享，当各个基站忙闲时段不一致时，传统的做法是给每个站都配置成最大容量，而这个最大容量在大多数时候是达不到的。比如学校的教学楼在白天话务量很高，到了晚上就会很空闲，而学生宿舍的情况则正好相反，但这两个地方的基站却都要按最大容量设计，造成很大的资源浪费。如果教学楼和宿舍的基站能够统一管理，把 DU 集中部署，并由 CU 统一调度，就能够节省一半的基带资源。但 CU 和 DU 分离首先带来的就是时延的增加。网元的增加会带来相应的处理时延，再加上增加的传输接口带来的时延，增加的虽然不算太多，但也足以对超低时延业务带来很大的影响。5G 不同业务对时延的要求不同：eMBB 对时延不是特别敏感，看高清视频只要流畅不卡顿，延迟多几毫秒是完全感受不到的；mMTC 对时延的要求就更宽松了，智能水表上报读数，有几秒的延迟都可以接受；而 uRLLC 则不同，对于关键业务，如自动驾驶，可能就是"延迟一毫秒，亲人两行泪"。

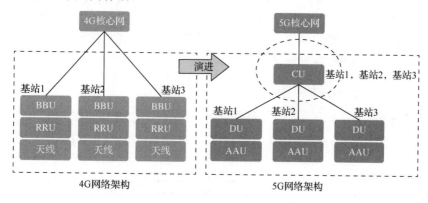

图 3-41　5G 接入网 CU 与 DU 分离

因此，对于 eMBB 和 mMTC 业务，可以把 CU 和 DU 分开在不同的地方部署，而要支持 uRLLC，就必须 CU 和 DU 合设。这样一来，不同业务的 CU 位置不同，网络本身的复杂度及管理的难度大大增加。CU 和 DU 虽然可以在逻辑上分离，但物理上是否要分开部署，还要看具体业务的需求才行。

拓展讨论

党的二十大报告提出，增进民生福祉，提高人民生活品质。5G 基站建设作为重点民生工程项目也在加快推进，从高不可攀的珠峰到深不见底的地下矿井，从荒无人烟的戈壁滩到一望无垠的大海，5G 基站正在"上珠峰""下矿井""入海港""进工厂"……5G 网络将万物互连，革新生产方式，改善人民生活。那么建设并开通一个基站需要有哪些流程呢？

2. 5G 核心网络架构

4G 与 5G 核心网络架构对比如图 3-42 所示。最明显的区别就是原来 4G 的网元不见了，而是多了很多以"F"为结尾的缩写，这些是虚拟的网络功能 VNF。比如 LTE 核心网的 MME、HSS、SGW 都是实体的网络设备，而 5G 的核心网可能只有一台服务器，然后在这一台硬件设备上虚拟出 PCF、AMF 等各个不同功能的网元，这种架构我们称为 SBA 基于服务化的架构。

5G 核心网 3 个比较重要的网络功能，分别是 AMF、SMF 和 UPF。AMF 为接入与移动性管理功能，相当于 4G MME 功能的一部分，可以实现无线侧与核心网控制面 N_2 信令接口的一个终结，提供 NAS 层加密和完整性保护，同时还具有注册管理、连接管理、移动性管理等功能。SMF 为会话管理功能，相当于 MME+SGW+PGW 中会话管理等控制面功能，主要负责接入网与 UPF 之间隧道的维护、UE IP 地址的分配与管理及 UPF 的选择和控制等功能。UPF 为用户面功能，相当于 SGW 和 PGW 的用户面，主要完成用户面的转发处理。另外还有 AUSF 认证服务器功能，相当于 MME 的鉴权功能；PCF 为策略控制功能，相当于 PCRF 策略与计费功能；UDM 为统一数据管理，相当于 HSS 和 NEF 网络开放功能（所谓开放，就是将网络能力安全地开放给每三方业务供应商）；NSSF 为网络切片选择功能，这是 5G 特有的功能，这里要注意的是不是所有的 5G 网络架构都可以实现网络切片功能，只有 SA 的 5G 网络才有此功能。

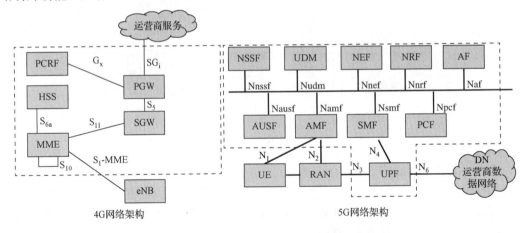

图 3-42 4G 与 5G 核心网络架构对比

建安市 B 站点的设备配置

3.2.4 接入侧设备安装

1. BBU 及 ITBBU 安装

（1）打开 IUV-5G 全网仿真软件，单击下方"网络配置-设备配置"按钮，如图 3-43 所示。

模块 3　基站开通

图 3-43　机房地理位置布置图

（2）选择相应站点机房：找到"建安市 B 站点无线机房"并单击进入，主界面显示为建安市 B 站点无线机房外部场景，如图 3-44 所示。

图 3-44　建安市 B 站点无线机房外部场景

（3）将鼠标指针移至主界面的机房门箭头处，机房门出现高亮颜色提示，单击该机房门进入机房内部，如图 3-45 所示。该机房内从左往右分别为 BBU、ITBBU 设备机柜，SPN 设备机柜，以及 ODF 设备机柜。

（4）添加 BBU 及 ITBBU 机框：单击进入机房内左侧的第一个 BBU、ITBBU 设备机柜，在主界面右下角的"设备资源池"中，先单击并按住"BBU"，将其拖至机柜对应的提示框处；用同样的方法单击并按住"5G 基带处理单元"，将其拖至机柜内对应的提示框处。添加成功后在右上角的"设备指示"里会新增"BBU"和"ITBBU"两个网元，如图 3-46 所示。

（5）添加相应的 BBU 单板：单击主界面"设备指示"中的"BBU"网元进入 BBU 机框内部，其结构如图 3-47 所示，我们可以发现这里的 BBU 单板是自动内置的。

81

图 3-45 建安市 B 站点无线机房内部场景

图 3-46 BBU 及 ITBBU 机框安装

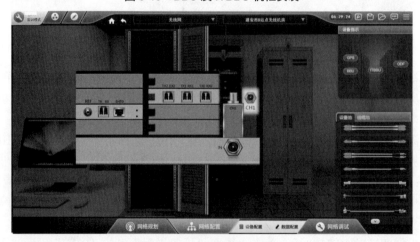

图 3-47 BBU 机框内部结构

（6）添加相应的 ITBBU 板卡：单击主界面"设备指示"中的"ITBBU"网元进入 ITBBU 机框内部，此时我们需要在右下角的"设备池"中依次选择"5G 基带处理板""虚拟通信计算板""虚拟电源分配板""5G 虚拟环境交换板"拖至 ITBBU 对应的提示框处，添加完相应板卡后的 ITBBU 机框内部结构如图 3-48 所示。（注意：此处可以选择不添加 BBU 设备而在 ITBBU 上添加 4G 基带处理板来实现 4G 和 5G 基站的共存，初学者建议选择保留 BBU 设备。）

2. 承载网路由设备安装

1）SPN 安装

BBU 与 ITBBU 的网元 CU-CP、CU-UP 与 DU 之间，BBU、ITBBU 与部署的小区之间也都需要通过 SPN（Slicing Packet Network，切片分组网络）进行数据的交换。SPN 是中国移动在承载 3G/4G 回传的 PTN（Packet Transport Network，分组传送网络）技术基础上，面向 5G 和政企专线等业务随载需求，融合创新提出的新一代切片分组网络技术。

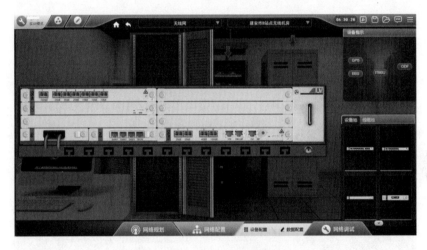

图 3-48　ITBBU 机框内部结构

单击主界面左上角的"返回"按钮退回机房内界面，单击第二个机柜进入 SPN 设备机柜视图。在主界面右下角"设备资源池"中有 6 种设备可选，分别为大、中、小型的 SPN 和 RT 设备，此处单击并选中"小型 SPN"，将其拖至主界面机柜内对应的提示框处，如图 3-49 所示，添加成功后在右上角的"设备指示"里会新增"SPN1"网元。

2）ODF 安装

ODF（Optical Distribution Frame，光纤配线架），是为通信机房设计的光纤配线设备，具有光缆固定和保护功能、光缆终接和跳线功能。单击主界面左上角的"返回"按钮退回机房内界面，单击第三个机柜进入 ODF 设备机柜，此时"设备指示"里会自动添加增"ODF"网元，继续单击可以进入 ODF 内部结构，如图 3-50 所示。

图 3-49　SPN 安装

图 3-50　ODF 内部结构

3. 添加 AAU 或 RRU 设备

在 Opiton3x 组网模式中，需要安装 4G 和 5G 的 AAU。单击主界面的"返回"按钮回到建安市 B 站点无线机房外部场景图，将鼠标指针移至基站设备铁塔，单击此处的高亮提示，进入 AAU 安装界面，从右下角的"设备资源池"中依次选择三副"AAU 4G"和三副"AAU 5G 低频"拖至铁塔对应提示框处，完成所有 AAU 的安装，如图 3-51 所示。（注意：这里的三副"AAU 4G"分别对应"设备指示"里的"AAU4""AAU5"和"AAU6"，而三副"AAU 5G 低频"则对应"设备指示"里的"AAU1""AAU2"和"AAU3"。）

模块 3　基站开通

建安市B站点之AAU

图 3-51　AAU 安装

3.2.5　接入侧设备线缆连接

在完成设备配置的前提下进行设备线缆连接时，可以通过单击站点机房界面右上角显示的"设备指示"中的不同网元实现不同设备间的切换。

1. BBU 与 AAU 之间的线缆连接

（1）在"设备指示"中单击"BBU"网元，进入 BBU 内部结构，在主界面的"线缆池"中选择"成对的 LC-LC 光纤"，将其一端连接在 BBU 三个光口中的"TX0/RX0"光口，然后在"设备指示"中单击"AAU4"网元进入其内部，将光纤的另一端连接在 AAU4 的 OPT1 口上，如图 3-52 所示。连接成功后，在"设备指示"里可以看到 BBU 与 AAU4 之间的连线。

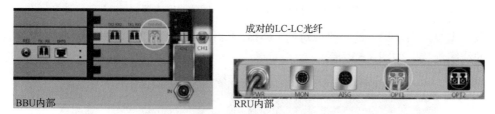

图 3-52　BBU 与 AAU4 之间的线缆连接

（2）重复步骤（1），选择"成对的 LC-LC 光纤"，分别完成 BBU"TX1/RX1"光口与 AAU5 的 OPT1 口，BBU"TX2/RX2"光口与 AAU6 的 OPT1 口之间的线缆连接，如图 3-53 所示。

2. ITBBU 与 AAU 之间的线缆连接

（1）单击"设备指示"中的"AAU1"网元进入 AAU 内部，可以看到，AAU 有 25GE、10GE 和 100GE，此时单击右下角"线缆池"，选择"成对的 LC-LC 光纤"，将其一端连接在 AAU 上的 25GE 口上，然后单击"设备指示"中的 ITBBU，将线缆的另一端连接在 ITBBU 上 BP5G（5G 基带处理板）的 25GE 口上，如图 3-54 所示。

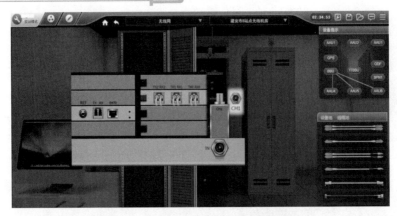

图 3-53 BBU 与 AAU 之间的线缆连接

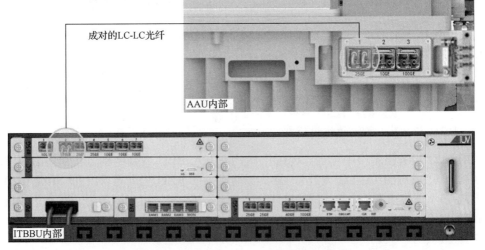

图 3-54 ITBBU 与 AAU1 之间的线缆连接

（2）重复步骤（1），选择"成对的 LC-LC 光纤"，分别完成 ITBBU 与 AAU2、AAU3 之间的线缆连接，如图 3-55 所示。

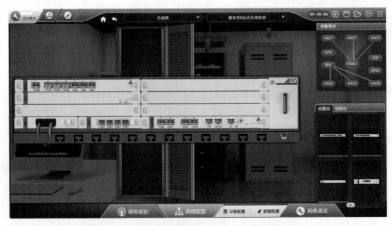

图 3-55 ITBBU 与 AAU 之间的线缆连接

模块 3　基站开通

3. ITBBU 与 GPS 之间的线缆连接

单击"设备指示"中的"ITBBU"网元，在"线缆池"里找到并单击"GPS 馈线"，将其一端连接在 ITBBU 上的 ITGPS 端口，然后单击"设备指示"中的"GPS"网元，将 GPS 馈线的另一端连接在这个 GPS 上，如图 3-56 所示。（注意：这里的 GPS 设备是预置的，在现网中是必须安装的。）

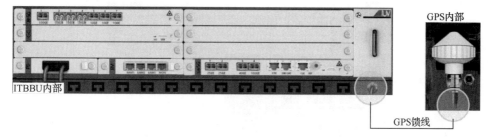

图 3-56　ITBBU 与 GPS 之间的线缆连接

4. ITBBU、BBU 与 SPN 之间的线缆连接

1）ITBBU 与 SPN1 之间的线缆连接

单击"设备指示"中的"ITBBU"网元，在"线缆池"里找到并单击"成对的 LC-LC 光纤"，将其一端连接在 ITBBU 的 5G 虚拟交换板上的 25GE 口上，然后单击"设备指示"的"SPN1"网元，将线缆的另一端连接在 SPN1 的 25GE 口上，如图 3-57 所示。

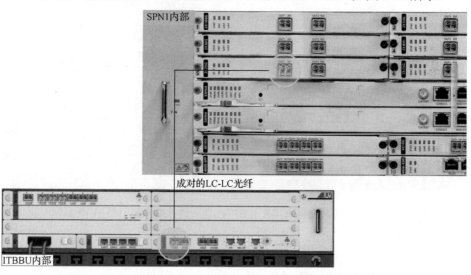

图 3-57　ITBBU 与 SPN1 之间的线缆连接

2）BBU 与 SPN1 之间的线缆连接

单击"设备指示"中的"BBU"网元，在"线缆池"里找到并单击"以太网线"，将其一端连接在 BBU 的 ETH0 口上，然后单击"设备指示"中的"SPN1"网元，将线缆的另一端连接在 SPN1 的 FE/GE1 口上，如图 3-58 所示。（注意：此处 SPN1 与 BBU 之间的线缆连接可以用以太网线，也可以用成对的 LC-LC 光纤，如果用光纤，就必须连接在 BBU

87

的 TX/RX 口上，并且后面的数据配置必须与这里的硬件连线相吻合。）

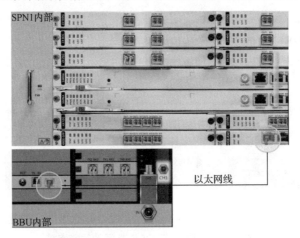

图 3-58　BBU 与 SPN1 之间的线缆连接

3）ODF 与 SPN1 之间的线缆连接

单击"设备指示"中的"SPN1"网元，在"线缆池"里找到并单击"成对的 LC-FC 光纤"，将其一端连接 SPN1 的 100GE 口上，然后单击"设备指示"中的"ODF"网元，将线缆的另一端连接在 ODF 的建安市 3 区汇聚机房端口 5 上，如图 3-59 所示。

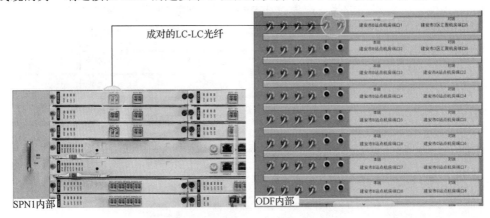

图 3-59　ODF 与 SPN1 之间的线缆连接

揭秘天线

3.2.6　揭秘天线

1. 天线的组成

天线就是用在空间某特定方向上发射和接收无线电磁波的装置，天线

模块 3 基站开通

之所以能传递信息，是因为它能把载有信息的电磁波发射到空气中，以光速进行传播，最终抵达接收天线。如果将信息比作乘客，电磁波比作运送乘客的载体工具，那么天线就相当于车站，负责管理调度电磁波的发送，也就是说天线就是一个"转换器"，将传输线上的导行波变换成自由空间中传播的电磁波，或者进行相反的变换。

目前，绝大部分的基站上都用的是定向天线，大体看上去像一个板子，所以叫作板状天线，实际应用中一般需要三副板状天线来完成 360°覆盖。打开板状天线保护罩，其内部构造主要包含有底板（也就是反射板）、辐射单元（又称振子）和功率分配网络（又称馈电网络），如图 3-60 所示。

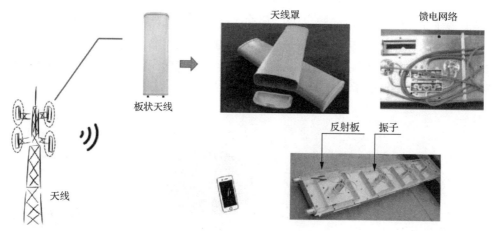

图 3-60 天线及其内部构造

2. 天线工作原理

1）半波振子

天线是如何实现把电磁波送出去的呢？如图 3-61 所示，两根平行导线有交变电流时会形成电磁波辐射；随着两根导线慢慢张开，辐射增强；当两根导线完全掰直时，电波无法从一根导线回到另一根导线，只好往外传播，此时这种产生电磁波的导线就叫做"振子"。一般情况下，振子的大小在 1/2 个波长的时候效果最好，所以也经常被称作"半波振子"。

天线工作原理

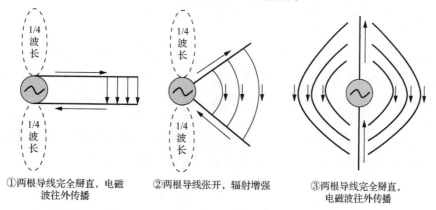

图 3-61 半波振子的工作原理

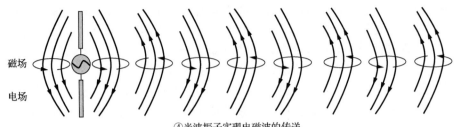

④半波振子实现电磁波的传送

图 3-61 半波振子的工作原理（续）

半波振子所产生的天线辐射方向图，如图 3-62 所示。半波振子把电磁波源源不断地向空间传播，但信号强度在空间上的分布却并不均匀。如果将其画成静态的立体图，就像是轮胎一样的环形，分别从上往下看及从前往后看，画出这个立体图的水平剖面图和垂直剖面图后不难发现，半波振子的水平方向信号强，但垂直方向很弱。

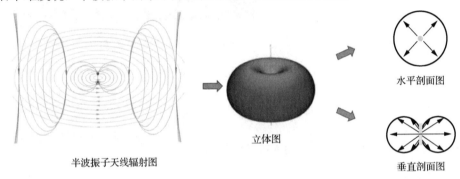

图 3-62 半波振子天线辐射方向图

2）天线阵列

实际应用中，基站的覆盖需要在水平方向上更远一些，毕竟需要打电话的人都在地上，那么怎样才能让天线的辐射距离更远呢？即怎样才能增强半波振子水平方向的能量呢？根据能量守恒原理，能量既不会增加也不会减少，如果要提高水平方向的发射能量，就要削弱垂直方向的能量，也就是要把标准半波振子的天线辐射方向图"拍扁"，如图 3-63 所示。从天线理论的角度，要实现这一效果就要增加振子。

将从 1 个半波振子到 8 个半波振子的辐射方向图对比可以发现，多个振子的发射在中心汇聚起来，边缘的能量得到了削弱，集中水平方向能量，从而达到增加信号覆盖距离的目的。但此时的能量是向周围 360°发散的，也就是全向天线。全向天线特别适合荒郊野外，在城市人群密集，建筑林立，通常需要使用定向天线对指定范围进行信号覆盖。

3）定向天线

如果要实现天线振子的能量只朝一侧发射，就需要给振子增加反射板，把本该向另外一边辐射的信号反射回来。增加反射板后的天线辐射图，如图 3-64 所示。

模块 3　基站开通

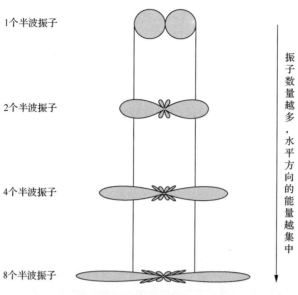

图 3-63　振子数量对天线辐射方向图的影响

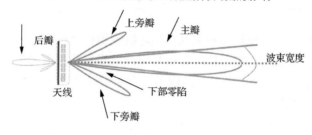

图 3-64　增加反射板后的天线辐射图

水平方向上辐射强度最大的瓣称为主瓣，但垂直方向产生了上旁瓣和下旁瓣。同时由于反射不完全，后面还有个尾巴，称为后瓣。后瓣的存在破坏了定向天线的方向性，是要极力缩小的。前后波瓣之间的能量比值叫作"前后比"，这个值越大越好，是天线的重要指标。上旁瓣角度较高，影响距离较远，很容易造成越区干扰（即信号会影响到别的小区），而且上旁瓣宝贵的功率白白向天空发射也是不小的浪费，所以在设计定向天线时要尽量把上旁瓣抑制到最小。通常以"波束宽度"来衡量天线的覆盖范围，主瓣上中心线两侧电磁波强度衰减到一半时的范围即波束宽度。由于强度衰减一半刚好是 3dB，所以波束宽度也叫"半功率角"或是"3dB 功率角"。半功率角越窄，主瓣方向信号就能传播得越远。主瓣和下旁瓣之间有一些空洞，也称"下部零陷"，导致离天线较近的地方信号不好，所以在设计天线的时候要尽量减少这些空洞，称作"零点填充"。

半波振子天线辐射图与理想点源辐射图的对比，如图 3-65 所示。通过增加反射板，可以控制天线的发射方向；通过增加振子数量，可以让水平方向的能量更集中，从而让电磁波在水平方向上传得更远，这样定向天线的雏形就诞生了。

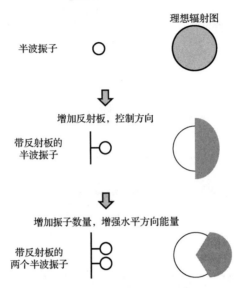

图 3-65 半波振子天线辐射图与理想点源辐射图的对比

3. 天线的电气指标

衡量天线的指标分为机械指标和电气指标。机械指标是指与设计安装相关的指标,如外形大小、质量和抗风能力;电气指标是指与天线射频性能相关的指标,如带宽、增益、波束宽度等。下面详细介绍一下影响天线辐射与覆盖的重要电气指标:方向图、波束宽度、天线增益、挂高、下倾角和极化方向。

1) 方向图

天线在不同的空间方向上接收和辐射信号的强度不一样,方向图就是描述随着空间变化天线辐射强度的变化。方向图有水平方向图和垂直方向图。全向天线在水平面内所有方向上辐射出来的电磁波能量都是相同的,但在垂直面内不同方向上辐射出的电磁波能量是不同的,如图 3-66 所示。

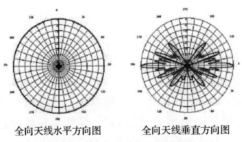

图 3-66 全向天线方向图

2) 波束宽度

从天线的方向图里要获取的重要参数就是波束宽度,如图 3-67 所示。因为天线在不同方向上的辐射强度是不同的,所以波束宽度(又称半功率角)定义为比最大辐射方向上的功率下降 3dB 的两个方向上的夹角。

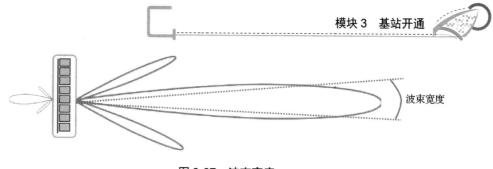

图 3-67　波束宽度

3）天线增益

通过增加天线振子的数量可以使波束宽度变窄，天线振子数量越多，波束宽度越窄，能量在水平方向越聚集。天线增益可以用来衡量能量聚集的程度。

天线是无源器件，因此不能产生能量，只能改变能量，增益实际上就是表征将能量有效集中到特定方向辐射和接收的能力。这就好比用软管给花浇水，在出水流不变的情况下，可以通过调整出水口的大小来浇灌更远的花，出水口越小，波束宽度越小，明显水的集中度更高，增益越大，射程就更远了。因此天线增益是指在输入功率相等的条件下，实际天线与理想辐射单元在空间同一点处所产生的信号的功率之比。

如图 3-68 所示，假设输入功率为 10W，如果是理想方向性点源作为发射天线，在离它 10m 处的手机接收到的功率为 1W；如果是 180°定向天线，在离它 10m 处的手机接收到的功率为 2W，因此相比理想点源，这个 180°定向天线的增益就为 $10\log(2W/1W)=3dBi$；同样，如果是 60°定向天线，若离它 10m 处的手机接收到的功率为 4W，则增益就为 $10\log(4W/1W)=6dBi$。显然，相比于理想无方向点源，定向天线的波束宽度越小，能量越集中，增益越大，覆盖距离也就可以更远了。但增益也不能无限制提高，因为天线的增益是由振子叠加而产生的，增益越高，天线就越长。

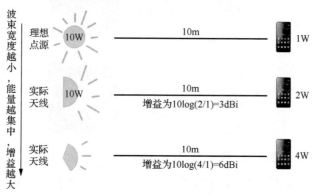

图 3-68　不同波束宽度对天线增益的影响

天线增益的选取应以波束宽度和目标区相配为前提，为了提高增益而过分压窄垂直面波束宽度是不可取的。另外要注意的是，这里我们所说的增益是以理想点源作为参考基准，单位是 dBi，而在实际应用当中，还有一种计算方法是以半波振子的天线作为比较参考对象，单位是 dBd，即同一个增益下，dBi=dBd+2.15。

4）挂高

在移动通信工程设计中，确定基站天线的挂高是确定基站覆盖点的关键。基站天线挂高合理与否，直接关系到移动通信网络的无线覆盖效果和全网的通信质量。天线要怎么安装才能最大化利用好主瓣的能量进行信号覆盖呢？天线挂高越高，基站信号所能达到的距离（即覆盖范围）越远，而且高处的障碍物也更少。但天线挂高也不是越高越好，首先天线越高所需要的馈线越长，馈线损耗直接损耗天线的增益；其次天线过高会严重影响网络质量，主要体现在以下三方面。

（1）话务不均衡。基站天线过高，该基站的覆盖范围变大，基站话务量也更大，而与之相邻的基站由于覆盖范围小被其覆盖，话务量较小，不能发挥应有的作用。

（2）系统内干扰。基站天线过高，会造成越站干扰（主要包括同频干扰及邻频干扰），引起掉话、串话和有较大杂音等现象，从而导致整个无线通信网络的质量下降。

（3）孤岛效应。当基站天线过高，范围覆盖到大型水面或多山地区等特殊地形时，由于水面或山峰的反射，使基站在原覆盖范围不变的基础上，在很远处出现了新的覆盖区，而与之有切换关系的相邻基站却因地形阻挡覆盖不到，这样就造成了这些地区与相邻基站之间没有切换关系而成为一个孤岛，此时如果手机在这片区域占用信号，很容易因为没有切话而引起掉话。

5）下倾角

当天线挂高确定好后，为了能覆盖基站下方的用户，必须做的一项措施是机械下倾，使主波主向下倾斜一定角度，这个角度即下倾角。但采用机械下倾的时候，天线垂直分量和水平分量的幅值是不变的，所以天线方向图严重变形，如图3-69所示。因此一般要求机械下倾角不超过天线垂直的波束宽度。

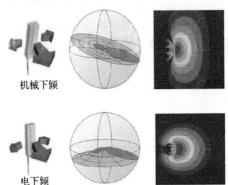

图 3-69 机械下倾与电下倾对天线方向图的影响

为了不影响信号覆盖，还可以采用另一种办法，即电调下倾，简称电下倾。电下倾就是保持天线本体的物理角度不变，通过调整天线的振子相位和幅度使主波束实现向下倾斜，改变场强强度。相比于机械下倾，电下倾的天线方向图变化不大，下倾角更大，且前瓣和后瓣都朝下，如图3-69所示。在实际使用中，经常会机械下倾和电下倾配合使用的。

在安装天线的时候，天线的挂高、下倾角和波束宽度确定了，我们就可以根据式（3-11）计算天线的覆盖距离。

$$\alpha = \arctan\left(\frac{H}{D}\right) + \frac{\beta}{2} \tag{3-11}$$

式中，α 为天线下倾角；H 为天线挂高；D 为天线的覆盖半径；β/2 为波束宽度。

6）极化方向

无线电磁波是一种信号和能量的传播形式。无线电磁波在空间传播时，电场和磁场在空间中相互垂直，且都垂直于传播方向，如图 3-70 所示。

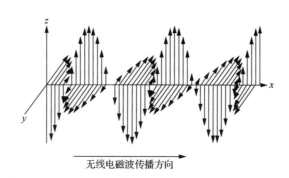

图 3-70　无线电磁波的传播

电场方向是按一定的规律而变化的，这种现象称为无线电磁波的极化。无线电磁波的极化是由电场矢量在空间运动的轨迹确定的。如图 3-71 所示，如果无线电磁波的电场方向垂直于地面，称为垂直极化；如果电磁波的电场方向与地面平行，则称为水平极化。另外，还有+/-45°极化，甚至电场的方向还可以是螺旋旋转的，叫作椭圆极化。

垂直极化　　水平极化　　+45°极化　　-45°极化　　椭圆极化

图 3-71　无线电波的极化方向

除此以外，还有双极化，就是由 2 个天线振子在一个单元内形成 2 个独立波，如图 3-72 所示。采用双极化天线，可以在小区覆盖时减少天线的数量，降低天线架设的条件要求，进而减少投资，同时能保证覆盖效果。

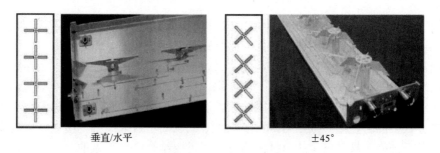

垂直/水平　　　　　　　　±45°

图 3-72　双极化天线

4. 天线选型

天线的选择会影响覆盖效果和服务质量。不同应用环境下，应根据网络的覆盖要求、话务量、干扰和网络服务质量等实际情况来选择天线。下面具体介绍市区（高楼多、话务量大）、农村地区（话务量少）、公路（带状覆盖）和山区（或丘陵，用户稀疏）4种典型场景下天线的选型。

1）市区

市区人口密集，所需要的站点较多，站与站之间的距离更短，基站较密，所以在市区需要尽可能控制基站的覆盖半径，减少基站之间的干扰，提高下载速率及频率复用率。基于以上特点，在选择天线的类型时，首先极化方式选择双极化天线，因为单极化安装的位置较宽，而市区基站站址选择困难且安装位置及空间有限，同时采用宽频天线，这样天线可以支持多个网络或多个频段；再看方向图，方向图也就是水平波瓣宽度，在密集城区可选取较小的方向角，因为市区站点较多，选太大信号就会杂乱无章，方向角小一些可以更好地控制小区的覆盖范围从而抑制干扰，一般来说选择波束宽度为60°～65°的定向天线，实际工程中比较常用的是65°的定向天线；天线增益也选择中等水平，市区通常建议天线增益选用15～18dBi，如果是市区用作补盲的微蜂窝天线，天线增益可以更低，而且因为市区基站所要覆盖的距离较小，下倾角较大，而机械下调不能大于10°，所以需要采用固定电调下倾和电调电子下倾向。

2）农村地区

农村地区人口稀疏，所需要的站点相对较少，站与站的间距变得更大，每个站的覆盖半径更大，有的地方周围只有一个基站，所以覆盖成为最主要关注的问题，这时就应该结合基站周围需要覆盖的区域来考虑天线的选型。方向图的选择通常采用90°、105°、120°的定向天线。我们知道波束宽度越大，增益越小，但是在现实中却希望波束宽度越大，增益也越大，事实上这是做不到的。在农村郊区环境可选择增益更高的天线，如果是定向天线通常会选择16～18dBi的增益；如果是全向天线会选择9～11dBi的全向天线。同时由于农村地区的基站需要覆盖较远的范围，所以下倾角较小，不需要电调下倾，机械下倾即可。同时，天线挂高在50m以上且近端有覆盖要求时，可以优先选用零点填充的天线来避免塔下黑问题。

3）公路

公路大部分是分布在农村地区，所以公路跟农村地区的环境特点非常类似，业务量、用户量也比较低，但车辆运动速度较快，而且路都是比较窄的，此时要重点解决的是覆盖问题。通常公路要实现的是带状覆盖，因此公路的覆盖多采用双向小区；在穿过城镇、旅游景点的地区也要综合采用全向小区。再者强调广覆盖，要结合站址及站型的选择来决定采用的天线类型。不同的公路环境差别很大，有较为平直的公路，如高速公路、国道、省道等，推荐在公路旁建站，采用S1/1/1或S1/1配以高增益天线实现覆盖。有蜿蜒起伏的公路，如盘山公路、县级自建的山区公路等，就需要结合公路附近的乡村覆盖，选择高处建站。在初始规划时，天线选型应尽量选择覆盖距离远、增益高的天线。公路的天线选型原则也跟农村地区选型原则类似，但比农村地区的波束宽度更小，在以覆盖公路沿线为目标的地站，可以采用窄波束高增益的定向天线，如33°的定向天线即可，而且由于公路的人比较少,需要天线的覆盖较远,天线增益也会较大。如果选择定向天线,天线增益为18~22dBi,如果选择全向天线,天线增益为11dBi。公路覆盖的下倾角也是较小,只需机械下倾角即可,在50m以上且有近端覆盖要求时,可以优先选用零点填充的天线来解决塔下黑问题。此外,由于公路覆盖大多数用户都是快速移动的,为了保证信号切换的正常进行,定向天线的前后比不宜过高。

4)山区

山区覆盖与农村地区类似,业务量较少,但在山区由于山或丘陵较多,山体会阻挡电波的信号,电磁波的传播衰落会相对较大,覆盖也更难。通常采用广覆盖,在基站很广的覆盖半径内分布零散用户,话务量较小。基站一般建在山顶上、山腰间、山脚下或山区里的合适位置,需要区分不同的用户分布、地形特点来进行基站选址、天线选型,比较常见的有盆地型山区建站、高山上建站、半山腰建站和普通山区建站等。方向图也需视基站的位置、站型及周围覆盖需求来决定,可以是全向天线,也可以是定向天线,对于建在山上的基站,若需要覆盖的地方位置相对较低,则应选择垂直波束宽度较大的方向图,从而更好地满足垂直方向的覆盖要求。天线增益也需视覆盖的区域远近选择中等增益,通常采用9~11dBi的全向天线或15~18dBi的定向天线。如果是在山上建站而需要覆盖的地方在山下,则要选用具有零点填充或预置下倾角的天线,至于预置下倾角的大小,应视基站与需覆盖地方的相对高度做出选择,相对高度越大,预置下倾角也就应该选更大一些。

3.2.7 AAU 硬件认知

AAU(Acitive Antenna Unit,有源天线单元)是5G引入的新型设备。在4G网络发展的后期,为了支持更强的MIMO和分集接收能力,RRU需要支持的天线端口越来越多,从2端口发展到4端口甚至8端口,对天线的要求越来越高,连接也日趋复杂。这时人们想到,既然RRU需要和天线近距离安装,还必须用射频线连在一起,那何不把这对搭档合二为一,搞成一个模块,这样一来不但塔上的设备少了,也无须连接RRU和天线之间的跳线,而且没有任何馈线损耗。在这样的背景下,把RRU和天线融合在一起的设备AAU应运而生,如图3-73所示,AAU不仅可以有效整合运营商的天面资源,简化天面配套要求,而且可以通过不同波束赋表的方式达到改善无线信号覆盖质量及提升网络容量的目的。

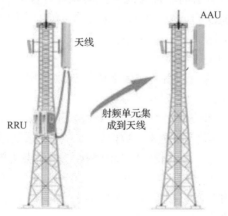

图 3-73 RRU 和天线集于一体的 AAU

1. 松耦合式 AAU

虽然 AAU 优点很多，但要求天线和射频完全耦合，在产品架构上需要重新进行产品设计。在 4G 时代，各种 RRU 和天线已经很成熟了，AAU 的使用范围有限，设备商不太愿意花大力气重新设计全新的一体化产品，于是，出现了天线和射频松耦合式的 AAU 这样一种折中设计，如图 3-74 所示。

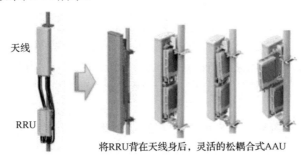

图 3-74 松耦合式 AAU

这种 AAU 采用定制的天线，直接把现成的高频段 RRU 安装在天线背面，RRU 坏了也好更换，还可以跟普通天线一样用射频线外接低频段的 RRU，扩展性也很好。因其天线能和 RRU 无缝对接，相当于天线需要供电，这就是其名称中"有源"的来源；同时它用来外接 RRU 的端口叫作"无源"端口，所以这是一种有源跟无源结合的方案。在 4G 时代这种 AAU 还能勉强使用，但到了 5G 时代就完全招架不住了。

2. 支持 Massive MIMO 技术的 AAU

在 4G 时代，主流的 RRU 支持 4T4R，也就是下行最多支持发射 4 路数据信号，跟手机做 4×4 MIMO，上行则支持 4 根天线同时接收一路相同的信号，用以增强上行覆盖。

而 5G Massive MIMO AAU 一般采用 192 个天线单元，支持 64 路发射和接收信号，下行可稳定支持 16 路数据信号同时发送，上行也能同时接收 8 路信号。Massive MIMO 的射频通道多，天线阵列规模大，复杂度提升，两个模块间的耦合更加紧密，所以必须把它们从硬件上合二为一，再辅以合适的软件算法才能实现良好性能。因此，在 5G 主流的 Sub6G 频段上，支持 Massive MIMO 的 AAU 成为了绝对的主流。我们以华为 AAU5613 为例来看 AAU 的系统逻辑，如图 3-75 所示，可以看到，AAU 主要是由 L1（物理层）处理单元、射频单元（RU）和天线（AU）组成。

（1）L1（物理层）处理单元：完成 5G NR 协议物理层上下行处理；通道加权；提供 eCPRI 接口，实现 eCPRI 信号的汇聚与分发。

（2）射频单元（RU）：接收通道对射频信号进行下变频、放大处理、模数变换及数字中频处理；发射通道完成下行信号过滤、数模转换、上变频处理、模拟信号放大处理；完成上下行射频通道相位校正；提供-48V DC 电源接口；提供防护及滤波功能。

（3）天线（AU）：采用 8×12 阵列，如图 3-76 所示。水平方向共 12 行，垂直方向有 8 列振子，再加上±45°双极化，一共就有 12×8×2=192 个振子（或者说是 96 个双极化阵子），完成无线电磁波的接收与发送。

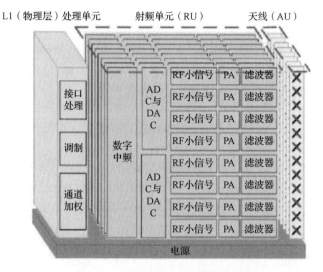

图 3-75　华为 AAU5613 的系统逻辑

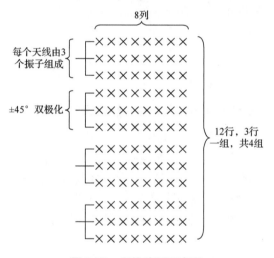

图 3-76　天线阵列示意图

3.2.8　Massive MIMO 技术

1. 天线阵列

Masssive MIMO

天线往外发射电磁波是通过内部的振子来完成的，单个振子的能力有限，发射方向也难以集中，因此天线一般由多个振子叠加而成。对于一般的天线来说，其内部是由多个振子组成的。通过这些振子上发射能量的叠加，天线增益可达 13～17dBi。对于 5G AAU 来说，由于广泛采用了 M-MIMO 技术，其内部集成的天线采用的振子数量更多。多个振子整整齐齐地排列着，严阵以待，因此称为天线阵列。天线振子虽多，但单个振子的能力太过弱小，并且如果每个振子都和

AAU 内部的功放连接独立发送信号的话,实现上也过于复杂。因此,一般 3 个振子或者 6 个振子划为一组,成为逻辑上的单个天线。比如我们前面提到的 Sub6G 频段的 AAU,总共 192 个振子。每 3 个振子为一组,称为一个天线,则该 M-MIMO AAU 共有 192/3=64 个天线;如果每 6 个振子组成一个天线,则该 AAU 就有 192/6=32 个天线。目前业界主流的 5G AAU 均为 192 振子,有 64 天线和 32 天线两种型号,其中 64 天线的产品性能要更好一些。

2. 通道数

天线数再多,也是无源器件,没法直接发射信号。因此,AAU 需要将这些天线跟其内部的射频链路相连,最终就形成了 64 个或 32 个可发射信号的通道,如图 3-77 所示。

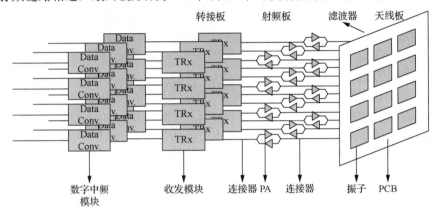

图 3-77　振子、天线数与通道数之间的对应关系

Sub6G 频段的 AAU 采用全数字波束赋形,可以认为其天线数、发射通道数、功放(PA)数是一样的。显而易见,天线数和通道数越多,AAU 内部的功放数也就越多,对基带资源的消耗也会越大,设备的成本也就越高。因此,64 天线的设备主要用于密集城区,在普通城区和郊区使用 32 天线就可以满足需求了。对于更为偏远的地区,对容量的要求不高,主要解决覆盖问题,这时甚至连 Massive MIMO 都用不上,直接上 8 端口 RRU 接上天线即可。

3. Massive MIMO 技术原理

Massive MIMO(大规模天线,又称 Large Scale MIMO)技术是 5G 中提高系统容量和频谱利用率的关键技术。最早由美国贝尔实验室研究人员提出,研究发现,当小区的基站天线数目趋于无穷大时,加性高斯白噪声和瑞利衰落等负面影响全都可以忽略不计,数据传输速率能得到极大提高。我们可以从以下两方面理解。

1)天线数

传统的 TDD 网络的天线基本是 2 天线、4 天线或 8 天线,而 Massive MIMO 指的是通道数达到 64/128/256 个,64 天线或大规模天线如图 3-78 所示。

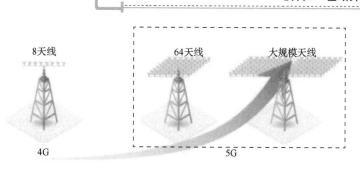

图 3-78 Massive MIMO 天线数

2）信号覆盖维度

传统的 MIMO 称为 2D-MIMO，以 8 天线为例，实际信号在做覆盖时，只能在水平方向移动，垂直方向是不动的，信号类似从一个平面发射出去。而 Massive MIMO 是信号在水平维度空间基础上引入垂直维度的空域进行利用，信号的辐射状是一个电波束，所以 Massive MIMO 又称 3D-MIMO，如图 3-79 所示。Massive MIMO 可以在不增加发射功率和带宽的前提下，成倍提升通信系统的通信质量和数据传输速率，但同时也需要相应的功率控制技术来控制干扰。比如上行功率控制，就是通过调整 UE 上行信道的发射功率，在保证基站接收性能的条件下，用最小的发射功率，使到达基站的干扰最小，以满足容量和覆盖的要求。

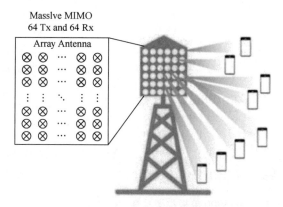

图 3-79 Massive MIMO 信号覆盖维度

上行功率控制

3.2.9 华为 BBU5900 硬件组成

1. BBU5900 逻辑结构

BBU 由基带子系统、整机子系统、传输子系统、互联子系统、主控子系统、监控子系统和时钟子系统组成，如图 3-80 所示，各个子系统又由不同的单元模块组成。

（1）基带子系统：基带处理单元。

（2）整机子系统：背板、风扇、电源模块。

（3）传输子系统：主控传输单元。

（4）互联子系统：主控传输单元。
（5）主控子系统：主控传输单元。
（6）监控子系统：电源模块、监控单元。
（7）时钟子系统：主控传输单元、时钟星卡单元。

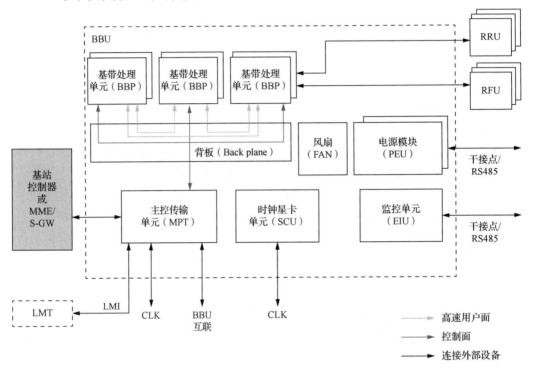

图 3-80　BBU5900 逻辑结构图

2. BBU5900 单板组成

BBU5900 单板主要由主控板、基带板、星卡板、风扇板、电源板和环境监控板组成，在不区分制式和具体配置的前提下，BBU5900 单板类型及其适配的单板如表 3-8 所示。

表 3-8　BBU5900 单板类型及其适配的单板

单板类型	BBU5900 适配单板
主控板	UMPTb（UMPTb3/ UMPTb4/ UMPTb8） UMPTe（UMPTe4/ UMPTe5）
基带板	UBBPd（UBBPd8/ UBBPd9） UBBPe（UBBPe8/ UBBPe9/ UBBPe12） UBBPei2/ UBBPei12 UBBPem/UBBPf0/UBBPf1 UBBPF1 UBBPfw1

续表

单板类型	BBU5900 适配单板
星卡板	USCUb14/USCUb11
风扇板	FANf
电源板	UPEUe
环境监控板	UEIUb

1）UMPT 单板

UMPT（Universal Main Processing & Transmission Unit）单板为通用主控传输单元，其面板外观如图 3-81 所示。

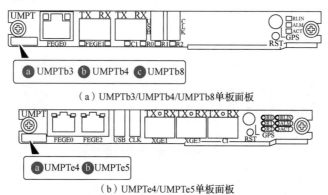

图 3-81 UMPT 单板面板外观

UMPT 单板的功能如下。

（1）完成基站的配置管理、设备管理、性能监视、信令处理等功能。

（2）为 BBU 内其他单板提供信令处理和资源管理功能。

（3）提供 USB 接口、传输接口、维护接口，完成信号传输、软件自动升级、在 LMT 或 U2020 上维护 BBU 的功能。

UMPT 单板接口含义如表 3-9 所示。

表 3-9 UMPT 单板接口含义

面板标识	连接器类型	说明
E1/T1	DB26 母型连接器	E1/T1 信号传输接口
UMPTb：FE/GE0 UMPTe：FE/GE0，FE/GE2	RJ45 连接器	FE/GE 电信号传输接口 由于 UMPTe 的 FE/GE 电接口具备防雷功能，在室外机柜采用以太网电传输场景下，无须配置 SLPU 防雷盒
UMPTb：FE/GE1 UMPTe：XGE1，XGE3	SFP 母型连接器	FE/GE/10GE 光信号传输接口

续表

面板标识	连接器类型	说明
GPS	SMA 连接器	UMPTb3、UMPTb4、UMPTb8、UMPTe4、UMPTe5 上的 GPS 接口用于将天线接收的射频信息传输给星卡板
USB	USB 连接器	可以插优盘对基站进行软件升级，同时与调试网口 LMT 复用
CLK	USB 连接器	接收 TOD 信号

2）UBBP 单板

UBBP（Universal BaseBand Processing Unit）单板为通用基带处理单元，其 UBBPfw1 单板型号的面板外观如图 3-82 所示。

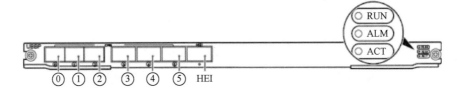

图 3-82　UBBPfw1 单板面板外观

UBBP 单板的主要功能如下。

（1）提供与射频模块通信的 CPRI 接口的功能。

（2）完成上下行数据的基带处理功能。

（3）支持制式间基带资源重用，实现多制式并发。

UBBP 单板接口含义如表 3-10 所示。

表 3-10　UBBP 单板接口含义

面板标识	面板接口类型	连接器类型	接口数量	说明
CPRI3～CPRI5	CPRI 接口	QSFP 连接器	3	传输接口，支持光传输信号的输入、输出
HEI	HEI 接口	QSFP 连接器	1	基带互联接口，实现基带间数据通信

3）USCU 单板

USCU（Universal Satellite card and Clock Unit）单板为通用星卡时钟单元，单板类型为 USCUb，其面板外观如图 3-83 所示。

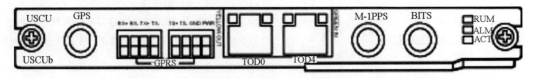

图 3-83　USCUb 单板面板外观

模块 3　基站开通

USCU 单板作为星卡时钟单元，传输 1PPS+TOD 的输入输出和 Metro1000 设备 RS232+TTL 的输入。

USCU 单板接口含义如表 3-11 所示。

表 3-11　USCU 单板接口含义

面板接口类型	用途
GPS 接口	不使用
RGPS 接口	不使用
TOD 接口	支持 1PPS+TOD 时钟信息的输入和输出
M-1PPS 接口	不使用
BITS 接口	不使用

4）FAN 单板

FAN 单板是 BBU5900 的风扇模块，型号为 FANf，其面板外观如图 3-84 所示。

FAN 单板的主要功能如下。

（1）为 BBU 内其他单板提供散热功能。

（2）控制风扇转速和监控风扇温度，并向主控板上报风扇状态、风扇温度值和风扇在位信号。

（3）支持电子标签读写功能。

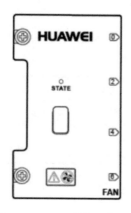

图 3-84　FANf 单板面板外观

5）UPEU 单板

UPEU（Universal Power and Environment interface Unit type）单板为通用电源环境接口单元。单板型号为 UPEUe，其面板外观如图 3-85 所示。

UPEU 单板的主要功能如下。

（1）将-48V DC 输入电源转换为+12V 直流电源。

（2）提供 2 路 RS485 信号接口和 8 路开关量信号接口，开关量输入只支持干接点和 OC（Open Collector）输入。

UPEU 单板接口含义如表 3-12 所示。

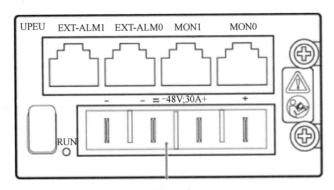

图 3-85 UPEUe 单板面板外观

表 3-12 UPEU 单板接口含义

面板标识	连接器类型	说明
"-48V；30A+"	HDEPC	-48V 直流电源输入
EXT-ALM0	RJ45 连接器	0～3 号开关量信号输入端口
EXT-ALM1	RJ45 连接器	4～7 号开关量信号输入端口
MON0	RJ45 连接器	0 号 RS485 信号输入端口
MON1	RJ45 连接器	1 号 RS485 信号输入端口

6）UEIU 单板

UEIU（Universal Environment Interface Unit type）单板为环境监控单元，单板型号为 UEIUb，其面板外观如图 3-86 所示。

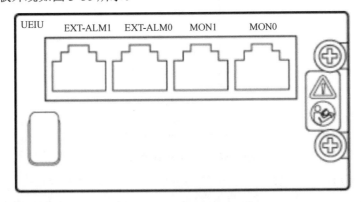

图 3-86 UEIUb 单板面板外观

UEIU 单板的主要功能如下。

（1）提供 2 路 RS485 信号接口和 8 路开关量信号接口，开关量输入只支持干接点和 OC 输入。

（2）将环境监控设备信息和警告信息上报给主控板。

UEIU 单板接口含义如表 3-13 所示。

表 3-13　UEIU 单板接口含义

面板标识	连接器类型	接口数量	说明
EXT-ALM0	RJ45 连接器	1	0～3 号开关量信号输入端口
EXT-ALM1	RJ45 连接器	1	4～7 号开关量信号输入端口
MON0	RJ45 连接器	1	0 号 RS485 信号输入端口
MON1	RJ45 连接器	1	1 号 RS485 信号输入端口

3. BBU5900 单板槽位分配原则

BBU5900 单板槽位分布如图 3-87 所示。

Slot 16	UBBP Slot 0	UBBP Slot 1	Slot 18 UPEU/UEIU
FAN	UBBP Slot 2	UBBP Slot 3	
	UBBP Slot 4	UBBP Slot 5	Slot 19 UPEU
	UMPT Slot 6	UMPT Slot 7	

图 3-87　BBU5900 单板槽位分布

BBU5900 单板中星卡板和环境监控板不是必配单板，其余都是必配单板。单板需要按照一定规则安装到对应的槽位上，主控板最大配置数为 2 块，占用 6 号、7 号槽位，优先配置 7 号槽位；半宽基带板最大配置数为 6 块，优先配置左半边槽位，从下向上配置，4 号槽位优先级最高，5 号槽位优先级最低；星卡板最大配置数为 1 块；风扇板最大配置数为 1 块，占用 16 号槽位；电源板最大配置数为 2 块，优先配置 19 号槽位；环境监控板最大配置数为 1 块，占用 18 号槽位。

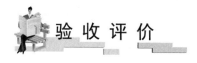

验 收 评 价

任务名称　接入侧设备安装					
班级		小组			
评价要点	评价内容	分值	得分	备注	
知识	明确工作任务和目标	5			
	5G 组网模式	10			
	5G 网络架构	10			
	天线基础知识	10			
	AAU 硬件认知	5			

续表

任务名称 接入侧设备安装				
班级		小组		
评价要点	评价内容	分值	得分	备注
知识	Massive MIMO 技术	5		
	华为 BBU5900 硬件组成	10		
技能	设备选型与安装	15		
	线缆选择与连接	15		
操作规范	规范操作，防止设备损坏	5		
	环境卫生，保证工作台面整洁	5		
	安全用电	5		

任务 3.3　数据配置

任务描述

前期已经完成建安市区基站的设备安装调试，本次任务需要按照运营商的要求对基站进行无线数据规划，并根据规划数据完成无线接入网的 BBU/ITBBU 数据配置、AAU 射频数据配置及与现有核心网侧对接的相关数据配置。要求数据配置完成以后，用户能正常接入此基站并能正常使用相关 5G 业务。

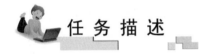

资讯清单

知识点	技能点
5G 频点计算（新知）	BBU 参数规划及数据配置流程
小区标识的定义（新知）	ITBBU 参数规划及数据配置流程
跟踪区的定义（新知）	AAU 参数规划及数据配置流程
无线帧结构（旧知）	
5G 物理资源的定义及配置（新知）	
FDD 与 TDD 的区别（旧知）	

模块 3　基站开通

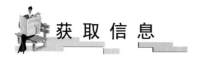 获 取 信 息

5G 频谱及部署策略

3.3.1　5G 频点计算

1. 5G 频段

频段、频率、带宽和频点之间的区别，如图 3-88 所示。频段（Band）是频率范围（Frequency Range）。频率是频段上的一个点。比如 1850～1910MHz 是频段，而其中的 1910MHz 就是一个频率。带宽（Bandwidth）是真正用来通信的一小段频段。比如 4G 的最大带宽是 20MHz。频点（EARFCN）是一个号码，又称频点号，代表了一定带宽的一小段频率。比如修了一段路，马路越宽，跑的车越多，车流量越大，那么马路的宽度相当于带宽，而马路的车道号码就相当于频点。

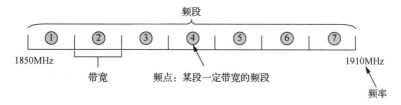

图 3-88　频段、频率、带宽和频点之间的区别

频率对所有移动通信系统都是非常宝贵的资源。5G 为了更好地满足成千倍的流量增长需求，既要合理高效地利用现有的频谱资源，还要开发更高的频谱资源以满足未来通信的需求。根据 3GPP R16 版本的定义，5G NR 包括了两大频段，如表 3-14 所列。FR1 频段覆盖现有的 2G、3G、4G 在用频率，也是 5G 的核心频段，尤其是在 3.5GHz 附近（也称 C 波段）的频段是 5G 部署的黄金频段。为了更好地支持万物互联和超可靠低时延这两类物联网应用，5G 将低于 1GHz 以下的超低频段称为"Sub 1G"。

表 3-14　5G 不同频段对应的带宽

频段分类	对应的频率范围	支持带宽
FR1	450～6000MHz	5MHz、10MHz、15MHz、20MHz、25MHz、40MHz、50MHz、60MHz、80MHz、100MHz
FR2	24250～52600MHz	50MHz、100MHz、200MHz、400MHz

FR2 频段又称毫米波，毫米波的特点是超大带宽，一段频谱有好几个 GHz 的带宽，相当于"路"拓宽了，数据传输速率就更快了，5G 20Gbit/s 的峰值速率就需要用到毫米波。但是，频率越高，信号在传播过程中的衰减越大、损耗越高，并且对射频器件性能要求高。所以 FR2 主要作为 5G 的辅助频段，重点用于速率需要提升的热点区域。5G 三大业务场

景对应的频谱分配原则是 eMBB 采用 FR1 和 FR2 频段，mMTC、URLLC 采用 FR1 频段。

2. 5G 支持的带宽

相比于 LTE 系统所支持的 1.4MHz、3MHz、5MHz、10MHz、15MHz、20MHz 的小区带宽，5G 取消了处于 5GMHz 以下小带宽的设置，FR1 频段可支持的小区带宽包括 5MHz、10MHz、15MHz、20MHz、25MHz、30MHz、40MHz、50MHz、60MHz、80MHz、90MHz、100MHz；FR2 频段可支持的小区带宽包括 50MHz、100MHz、200MHz、400MHz。从这里我们进一步理解了带宽就是真正用于通信的一小段频段。

3. 5G 频点

移动通信系统利用 ARFCN（Absolute Radio Frequency Channel Number，绝对频点）标识各频段的编号，只不过 GSM 系统称为 ARFCN，UMTS/WCDMA 称为 UARFCN，LTE 系统称为 EARFCN，到了 5G 系统称为 NR-ARFCN。

5G 频点的计算方法与 LTE 不一样，不再需要根据使用的频段号和对应的起始频点来查表计算，而是为了 UE 能够更快速地搜索小区，引入了频率栅格的概念，就是中心频点不能随意配置，必须满足一定的规律。由于 5G 频段范围很广，首先定义了全局栅格（Global Raster）来计算 5G 频点。全局栅格定义了 0～100GHz 内的所有参考频率 F_{REF}，这组参考频率主要用来确定无线信道、同步信号块 SSB 和其他资源的位置。全局栅格的粒度用 ΔF_{Global} 表示，频段越高，栅格粒度越大，包括 5kHz、15kHz 及 60kHz。频点的计算如式（3-12）所示。

$$F_{REF} = F_{REF-Offs} + \Delta F_{Global}(N_{REF} - N_{REF-Offs}) \quad (3-12)$$

式中，F_{REF} 为中心频率；N_{REF} 为绝对频点；ΔF_{Global} 为子载波间隔，与工作频段无关，可以查表获得，如表 3-15 所列；$N_{REF-Offs}$ 为绝对频点起始值，也可查表 3-15 获得；$F_{REF-Offs}$ 为中心频率的起始值，也可查表 3-15 获得。

表 3-15 不同频段的绝对频点

频段/MHz	ΔF_{Global}/kHz	$F_{REF-Offs}$/MHz	$N_{REF-Offs}$	N_{REF} 取值范围
0～3000	5	0	0	0～599999
3000～24250	15	3000	600000	600000～2016666
24250～100000	60	24250	2016667	2016667～3279167

例 1：假设绝对频点 NR-ARFCN 的参考编号 N_{REF} 为 1000 的频点，求实际中心频率。
由于 N_{REF}=1000，经查表属于 0～3000 的频段，代入式（3-12）可知：
实际中心频率 F_{REF}=0+5kHz×(1000−0)=5000kHz。

例 2：已知绝对频点 NR-ARFCN 的参考编号 N_{REF} 为 2100000 的频点，求实际中心频率。
由于 N_{REF}=2100000，经查表属于 24250～100000 的频段，代入式（3-12）可知：
实际中心频率 F_{REF}=24250.08MHz+60kHz×(2100000−2016667)=29250.06MHz

（这里要注意单位！）

模块 3　基站开通

从以上例子，我们知道了从绝对频点可以推导出实际中心频率，我们再来看看从中心频率如何推导出绝对频点。

例 3：已知某小区的中心频率是 4800MHz，求对应的绝对频点 NR-ARFCN 的参考编号值。

由于 F_{REF}=4800MHz，经查表属于 3000～24250 的频段，代入式（3-12）可知：

绝对频点 N_{REF} 参考编号=（4800−3000）MHz/0.015MHz+600000=720000

（这里要注意单位！）

3.3.2　小区参数详解——小区标识

4G 基站称为 eNodeB、5G 基站称为 gNodeB，通常由室外 RRU 射频处理单元和室内 BBU 基带处理单元两部分组成，一个站点通常为标准的 3 扇区配置，如图 3-89 所示。即一个站点上通常会配置 3 副 RRU 设备及 3 副天线分别覆盖不同的扇区。这时一副天线和 RRU 或是一副 AAU 所对应的覆盖区域就是"小区"。每个小区是基站覆盖范围的基本单位，服务范围为几十米到几百米。

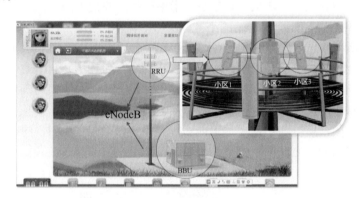

图 3-89　基站与小区

1. CGI（Cell Gloabal Identifier，小区全球标识）

小区参数是小区自身正常工作及与其他小区间配合工作的无线参数。那么小区与小区间要怎么才能相互区分开呢？首先需要的就是小区全球标识，即 CGI。CGI 是全球范围内无线网络小区的唯一标识，不同运营商不同网络可以有不同的 CGI 编号规则。LTE 的 CGI 叫 ECGI，包含网络号和小区编号两部分，如图 3-90 所示。网络号 PLMN ID 用来在全球范围内唯一标识一个网络，包含移动国家码 MCC 和移动网络号 MNC。MCC（mobile Country Code）用来区别不同的国家，比如中国是 460。MNC（Mobile Netwrok Code）用来区别不同的运营商，比如 00 表示中国移动的 GSM 网络，07 表示中国移动的 TD 网络，01 表示中国联通的 GSM 网络。小区编号 ECI 由基站号 eNB ID 和 CELL ID 组成，有的运营商在编号时还会在末尾加入一位载频数量的信息，比如 121 号基站的第 3 个小区下配置了 2 个载频，那么小区编号就可以写成"12132"。

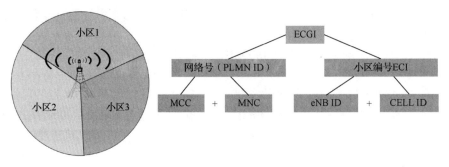

图 3-90　ECGI 组成

2. PCI（Physical Cell Identifier，物理小区标识）

PCI 是在小区搜索过程中，方便终端区分不同小区无线信号的小区标识。如何区分 PCI 和 CGI，首先，一个小区的 PCI 和 CGI 的关系，就如同一个人的姓名和身份证号之间的关系，二者使用的场合不同。虽然有很多人是同名同姓，但身份证号是唯一的，同理，一个小区的 CGI 是全球唯一，而一个小区的 PCI 则可能和一定距离外的其他小区的 PCI 相同。

其次，PCI 和 CGI 的作用不同。PCI 是用于手机和无线接入网之间区别不同的小区，而 CGI 则是用于网络侧区分不同基站的小区。换句话说，不同运营商要管理自己管辖区域内所有基站下的所有小区，必须使用 CGI 来区分小区，因此理论上讲 CGI 可以有无数多个才能足够区分全球不同小区，并且命名是 MCC、MNC、eNB ID 和 CEU ID 的顺序组合。而 PCI 对应的是同步过程使用的不同序列，由小区组 ID 和组内 ID 共同确定的，小区组 ID 总共就 168 个，每个小区组由 3 个 ID 组成，于是总共有 168×3=504 个独立的物理小区。正因为 PCI 数量有限，所以我们需要尽可能多地复用有限数量的 PCI，同时避免 PCI 复用距离过小而产生相同 PCI 之间的干扰。

3. PCI 规划

PCI 在规划的时候需要注意以下问题。

（1）要避免 PCI 冲突，也就是要尽量避免两个相邻小区分配相同的 PCI。如图 3-91 所示，小区 A 中手机在初始小区搜索的时候收到来自两个不同小区的相同 PCI，手机难以解调导频信道的信息，就可能无法接入这两个小区，即使接入其中一个小区，干扰也会非常大。

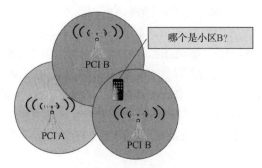

图 3-91　PCI 冲突：相同 PCI 小区覆盖同一区域

（2）要避免 PCI 混淆，也就是要避免某一个小区相邻的两个小区分配相同的 PCI。如图 3-92 中的小区 B 的两个相邻小区 PCI 相同，此时如果处于小区 B 的手机要切换到 PCI 为 A 的小区 A，手机就搞不清楚究竟哪个才是目标小区。所以除了相同 PCI 小区保证足够的复用距离外，还需要保证每个小区的邻区列表中的所有小区 PCI 不能相同，尽量保证一个小区的邻区的邻区（二层邻区）的 PCI 也不要相同。

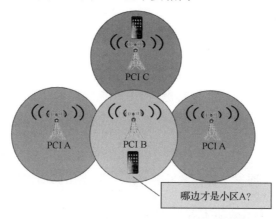

图 3-92　PCI 混淆：某小区的相邻小区分配了相同的 PCI

（3）要避免组内 ID 相同的 PCI 分配在相对或是相邻的小区上。PCI=3×（小区组 ID）+组内 ID，组内 ID 有 0、1、2 三种取值。因此，PCI 的编号与 3 相除的余数就是组内 ID。如图 3-93 所示，若一个基站覆盖的三个小区的 PCI 分别为 60、61 和 62，那么这三个小区的组内 ID 分别为 60、61、62 与 3 相除的余数，即 0、1、2。组内 ID 的值决定了导频符号的频率位置，如果组内 ID 相同，就意味着 LTE 导频符号在频域上的位置相同，互相干扰的可能性就大，这就是我们常说的 Mod3 干扰。因此组内 ID 相同的 PCI 不能分配在相邻或是相对的小区上。

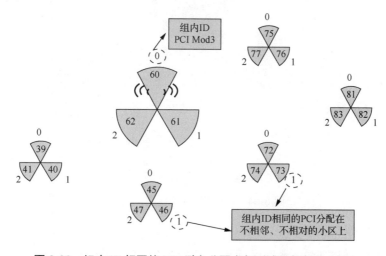

图 3-93　组内 ID 相同的 PCI 避免分配在相对或是相邻的小区上

3.3.3 小区参数详解——跟踪区

1. 跟踪区的作用

手机总是在小区间不断移动的，如果核心网络 CN 侧需要寻呼某用户，网络侧是怎么找到手机的呢？是全网寻呼还是在某一片区域内寻呼呢？显然，如果全网寻呼，需要占用太多的信道资源，也不科学，因此通常是事先知道用户在某一片区域，然后只在那片区域的站点下寻呼，寻呼的那片区域就是 TA（Tracking Area，跟踪区）。TA 是 LTE 系统为 UE 的位置管理新设立的概念，是 LTE 核心网发送寻呼消息的区域，同时也是 UE 不需要更新服务的自由移动区域。网络侧是通过用户向网络报告自己所在位置找到用户的，但用户是在不断移动的，没必要 24 小时都报告，比如用户张三从学校里的 A 站点小区移动到学校里的 B 站点小区，或是再移动到学校附近的 C 站点小区，如果这些小区属于同一个 TA，那么手机就不需要向网络侧报告位置更新，而如果此时网络侧需要呼叫"张三"，网络侧则会在属于相同的 TA 的所有站点下广播找人。

从图 3-94 中可知，一个基站 eNB/gNB 下通常会带三个小区，不同的小区可以属于不同的 TA，也可以属于相同的 TA，从而组成了若干个 TA，若干 TA 组成了 MME 的服务区，若干个 MME 的服务区就构成了 PLMN 服务区。PLMN 服务区一般特指某个运营商的网络覆盖区，比如中国移动的 46000 服务区，下面是由分省独立的 MME 服务区构成的。从图 3-95 中我们不难发现，小区<基站区<TA<MME 服务区<PLMN 服务区，同一个 eNB 下的小区可以属于不同的 TA，TA 可以包含多个 eNB 的小区。

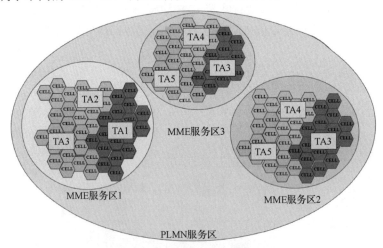

图 3-94 小区与 TA 的区别与联系

2. 跟踪区标识（TAI）

不同的 TA 是通过 TAI（跟踪区标识）来区分的。TAI 用于在整个 PLMN 服务区中唯一标识一个 TA，由 E-UTRAN 分配。TAI 由 MCC、MNC 及 16bit 的 TAC（跟踪区码）三部分组成，如图 3-95 所示。TA 用于在同一个 PLMN 服务区中区分不同的 TA，TA 之间是没有重叠区域的。

图 3-95　跟踪区标识的组成

3. TA 的大小定义

一个 TA 究竟包含有多少小区，是越大越好还是越小越好呢？TA 的大小取决于寻呼负荷和位置更新的信令开销。寻呼负荷就是在 TA 范围内，核心网发送的寻呼消息的数量。TA 越大，区域内的用户数就越多，寻呼负荷就越大，如果寻呼负荷超过了 MME 的最大负荷能力，就会导致很多寻呼失败问题，所以从这个角度是希望 TA 越小越好。另一方面，终端在移动过程中发生所属 TA 的变化，就会通过位置更新消息给网络报告自己的位置，如果 TA 太小，终端就需要频繁地发出位置更新消息，不断告知网络新的位置在哪里，导致过多的位置更新信令开销。就好像一个调皮的小孩，不断地告诉妈妈"我把我的座位换在这儿了"，然后妈妈说："只要不出这个院子，就不用告诉我你在哪了。"这就相当于把寻呼区域扩大，减少了位置更新的信令开销，从这个角度则希望 TA 越大越好。因此，TA 规划需要在寻呼负荷和位置信令开销两者间做一个均衡，如图 3-96 所示。此外，为降低位置更新的频率，TA 边界不应设在高话务量区域及高速移动等区域，应尽量设在天然屏障如山川河流等处。在实际现网当中，基站数目在 100 个左右的小城市只需要规划一个 TA 就足够了，但是很多大中城市，基站数目多达数百个或数千个，这时就需要根据寻呼负荷和信令开销情况进行权衡，100～200 个全基站划分为一个 TA。

4. 跟踪区列表（TAList）

在 4G 里为了减少 TA 更新对信令所带的开销设计了 TAList（跟踪区列表）。一个 TAList 包含 1～16 个 TA，在同一个 TAList 中，用户的移动不需要进行 TA 更新。网络对用户的寻呼，如果用户空闲的话，寻呼是在整个 TAList 下发，也就是此时 TAList 替代了之前 TA 的功能。那为什么不直接使用 TAList 定义 TA？我们之前讲过一个小区只能属于一个 TA，TA 之间是没有重叠区的，而从图 3-97 中可以看出，TAList 是可以重叠的，如果只有 TAList 没有 TA，在两个 TAList 边缘用户比较多（如十字路口、高铁等快速通行段），就会存在大量的位置更新；而如果有 TA，就可以把 TA 放在两个 TAList 里面，相当于延长了位置更新的时间，减小了网络负荷。

TAList 的规划同 TA 一样，不能过大也不能过小，同时应尽量设置在低话务区，如图 3-97 所示。当用户终端进入一个新的 TAList 时，需要执行位置更新，这时 MME 会通过 ATTACH ACCEPT 或 TAU ACCEPT 消息为用户重新分配一组 TA（TAList），用户就会将 TA 与 TAList 的对应关系存在手机里。

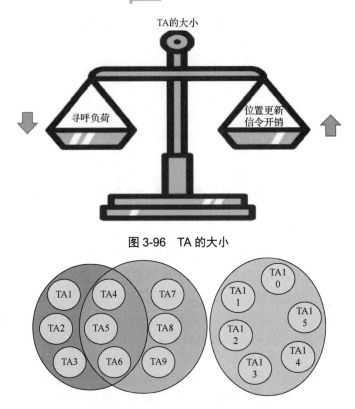

图 3-96 TA 的大小

图 3-97 TA 与 TAList 的区别与联系

在明确接入网规划参数（图 3-98 和图 3-99）的基础上，利用虚拟仿真平台进行数据仿真验证。

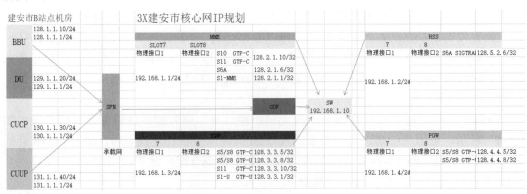

图 3-98 参考 IP 规划

模块 3　基站开通

	移动国家号MCC	移动网络号MNC	网络模式	AAU频段									
5G NR小区	460	00	NSA	3400-3800MHZ									
	DU小区	小区ID	TAC	PCI	频段	中心载频	下行Point A	上行Point A	系统带宽	SSB测量频点	测量子载波间隔	系统子载波间隔	小区KB参考功率	UE最大发射功率	实际频段
	小区1	1	1122	7	78								15.6dbm	23	3450
	小区2	2	1122	8	78	630000	626724	626724	273	629986	30	30	156dbm	23	3450
	小区3	3	1122	9	78								15.6dbm	23	3450
	移动国家号MCC	移动网络号MNC	AAU频段	小区	小区标识	TAC	PCI	频段指示	中心载频	带宽		小区参考功率			
LTE BBU小区	460	00	3400-3800MHZ	小区1	1	1122	1	43	3610	20		23			
				小区2	2	1122	2	43	3610	20		23			
				小区3	3	1122	9	43	3610	20		23			

图 3-99　无线接入侧参考无线参数规划

（1）根据规划参数，完成大型城市无线接入网的 BBU、ITBBU 数据配置。

（2）根据规划参数，完成大型城市无线接入网的无线射频、无线小区及邻区数据配置。

3.3.4　BBU 数据配置

（1）打开 IUV-5G 全网仿真软件，单击下方"网络配置"→"数据配置"按钮，并在上面的下拉列表选择"无线网""建安市 B 站点无线机房"，进入建安市 B 站点无线机房的数据配置界面，如图 3-100 所示。

天线性能参数详解

建安市 B 站点机房之 BBU

图 3-100　建安市 B 站点无线机房的数据配置界面

（2）单击左上角"网元配置"→"BBU"，左下方会显示 BBU 的相关配置；单击"网元管理"，完成相关数据配置，如图 3-101 所示。

图 3-101　BBU 网元管理数据配置

»»»»对应参数说明

- 基站标识：全网唯一，代表基站在全网中的编号。
- 无线制式：根据无线参数规划选定，因为我们这里的频段是"3400~3800MHz"，频段指示为43，因此查询表3-16后可知这里的无线制式应当选择"TDD"。

表3-16　LTE频点和频段对照表

E-UTRA Operating Band	Uplink(UL) operating band BS receive UE transmit F_{UL_low}—F_{UL_high}	Downlink (DL) operating band BS transmit UE receive F_{DL_low}—F_{DL_high}	Duplex Mode
1	1920~1980MHz	2110~2170MHz	FDD
2	1850~1910MHz	1930~1990MHz	FDD
3	1710~1785MHz	1805~1880MHz	FDD
4	1710~1755MHz	2110~2155MHz	FDD
5	824~849MHz	869~894MHz	FDD
6	830~840MHz	875~885MHz	FDD
7	2500~2570MHz	2620~2690MHz	FDD
8	880~915MHz	925~960MHz	FDD
9	1749.9~1784.9MHz	1844.9~1879.9MHz	FDD
10	1710~1770MHz	2110~2170MHz	FDD
11	1427.9~1447.9MHz	1475.9~1495.9MHz	FDD
12	699~716MHz	729~746MHz	FDD
13	777~787MHz	746~756MHz	FDD
14	788~798MHz	758~768MHz	FDD
15	Reserved	Reserved	FDD
16	Reserved	Reserved	FDD
17	704~716MHz	734~746MHz	FDD
18	815~830MHz	860~875MHz	FDD
19	830~845MHz	875~890MHz	FDD
20	832~862MHz	791~821MHz	FDD
21	1447.9~1462.9MHz	1495.9~1510.9MHz	FDD
22	3410~3490MHz	3510~3590MHz	FDD
23	2000~2020MHz	2180~2200MHz	FDD
24	1626.5~1660.5MHz	1525~1559MHz	FDD
25	1850~1915MHz	1930~1995MHz	FDD
26	814~849MHz	859~894MHz	FDD
27	807~824MHz	852~869MHz	FDD
28	703~748MHz	758~803MHz	FDD
...			
33	1900~1920MHz	1900~1920MHz	TDD
34	2010~2025MHz	2010~2025MHz	TDD

续表

E-UTRA Operating Band	Uplink(UL) operating band BS receive UE transmit F_{UL_low}—F_{UL_high}	Downlink (DL) operating band BS transmit UE receive F_{DL_low}—F_{DL_high}	Duplex Mode
35	1850~1910MHz	1850~1910MHz	TDD
36	1930~1990MHz	1930~1990MHz	TDD
37	1910~1930MHz	1910~1930MHz	TDD
38	2570~2620MHz	2570~2620MHz	TDD
39	1880~1920MHz	1880~1920MHz	TDD
40	2300~2400MHz	2300~2400MHz	TDD
41	2496~2690MHz	2496~2690MHz	TDD
42	3400~3600MHz	3400~3600MHz	TDD
43	3600~3800MHz	3600~3800MHz	TDD
44	703~803MHz	703~803MHz	TDD

Note 1: Band 6 is not applicable.

■ MCC、MNC：MCC 是移动国家码，中国为 460；MNC 为移动国内码，表示所使用的是哪个运营商的基站。

■ 时钟同步模式：用于 BBU 与 ITBBU 之间进行传输数据时的时间同步，如果时间不同步，会造成丢包，影响传输速率甚至业务不同，频率同步和相位同步分别对应的是调频和调相。（注意：这里的选择必须与 ITBBU 里相对应。）

■ NSA 共框标识：取值范围是 1~12。当用户接入 BBU 设备后，BBU 就需要指示用户是到哪一个 DU 小区，而 DU 小区又是在 ITBBU 设备下的，所以这里需要一个共框标识，这个共框标识与我们需要去的 DU 小区所在的 ITBBU 共框标识一样。

（3）单击"4G 物理参数"，完成 BBU 网元物理参数配置，如图 3-102 所示。

图 3-102　BBU 网元物理参数配置

»»»对应参数说明

■ AAU4、AAU5、AAU6 链路光口使能：只有选择"使能"，小区的信号才能发送出去；如果选择"不使能"，小区信号是发送不出去的。

■ 承载链路端口：这里的配置必须与硬件连线保持一致，因为在物理连线的时候 BBU 与 SPN 之间采用的网线连接，所以选择网口，但是如果采用光纤连接，这里就要选择"光口"。

（4）单击"IP 配置"，完成 BBU 的 IP 地址配置，如图 3-103 所示。

图 3-103　BBU 的 IP 地址配置

»»»对应参数说明

■ IP 地址、掩码和网关配置的都是 4G BBU 的 IP 相关数据，依照 IP 规划表配置即可。

（5）单击"对接配置"，首先进入"SCTP 配置"。因为 SCTP 配置走的是控制面的接口，静态路由走的是用户面接口，BBU 与 MME 之间的 S1-C 接口、BBU 与 ITBBU 的 CUCP 之间的 X2-C 是控制面接口，所以我们需要单击"+"号，新增 2 条 SCTP 配置。

如图 3-104 所示，这条 SCTP 偶联对应的是 BBU 与 MME 之间的 S1-C 接口，所以此处 BBU 的 SCTP1 数据配置必须与 MME 上的 SCTP 数据配置相对接。

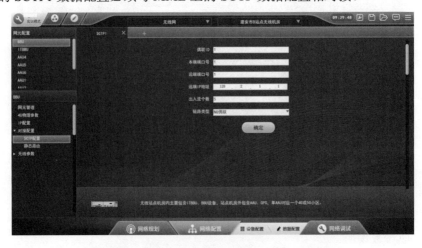

图 3-104　BBU 与 MME 之间的控制面路由配置

»»»对应参数说明

- 偶联 ID：取值范围 0～63。
- 本端端口号：指的是 BBU 这一侧与 MME 相连接所用的端口号。
- 远端端口号：指的是 MME 侧与 BBU 相连接的 SCTP 链路所用的端口号。
- 远端 IP 地址：指的是 MME 上的 S1-MME/S1-C 的接口 IP。
- 出入流个数：取值范围 2～6，这个数值不影响业务。
- 链路类型：BBU 与 MME 之间虽然走的是 S1-C 控制面链路，但是为了方便，软件里把 Option3x 和 Option2 的接口都做成了 NG 偶联。

图 3-105 这条 SCTP 偶联对应的是 BBU 与 ITBBU 的 CUCP 之间的 X2-C 接口，所以此处 BBU 的 SCTP2 数据配置必须与 CUCP 上的 SCTP 数据配置相对接。

»»»对应参数说明

- 偶联 ID：取值范围 0～63，但在本 BBU 设备上不重复。
- 本端端口号：指的是 BBU 这一侧与 CUCP 相连接所用的端口号。
- 远端端口号：指的是 CUCP 侧与 BBU 相连接的 SCTP 链路所用的端口号。
- 远端 IP 地址：指的是 CUCP 的 IP 地址。
- 出入流个数：取值范围 2～6，这个数值不影响业务。
- 链路类型：BBU 与 CUCP 之间走的是 X1-C 控制面链路，所以选择"XN 偶联"。

图 3-105　BBU 与 CUCP 之间的控制面路由配置

（6）单击"对接配置"→"静态路由"（此条静态路由可省略不配置）。

这里的静态路由指的是 BBU 与 SGW 之间传输用户数据的通路，路由都是双向的，这里需要具有去往 SGW 的静态路由，同样在 SGW 上也需要配置 1 条到 BBU 的静态路由。但是，因为 BBU 是通过网口与 SPN 相连接的，并且在 BBU 的 IP 配置里 BBU 有自己的网关，而网关具有路由和转发的功能，BBU 如果要 ping SGW 时，这个请求会发送到网关，网关会在自身设备上查找是否存在去往 SGW 的路由，如果存在，则直接通过网关转发，所以这里 BBU 去往 SGW 的静态路由可以省略，但 SGW 到 BBU 的静态路由还是需要配置的。

（7）单击"无线参数"→"eNB 配置"，完成 eNB 的相关数据配置，如图 3-106 所示。

»»»»对应参数说明

- 网元 ID：指的是在进行"网元管理"配置时所配置的"基站标识"。

图 3-106　eNB 数据配置

- eNB 标识：指的是基站的命名，可以是数字，也可以是字符串，也可以与网元 ID 一致。

- 业务类型 QCI 编号：QCI 就是服务质量控制，这个数值必须与建安市核心网机房 HSS 的"APN 管理"里所配置的 QoS 分类识别码相对接，通常 9 对应的是业务，5 是 IMS 信令承载，1 是 VoIP。

- 双连接承载类型：MCG 代表 Master Cell Group 主小区组，SCG 代表 Secondary Cell Group 辅小区组，MCG 和 SCG 是双连接（DC，Dual Connectivity）下的概念，可以简单理解为 UE 首先发起随机接入（RACH）的小区所在的 Group 就是 MCG。双连接有 NE-DC 和 EN-DC 两种方式，N 代表 NR，即 5G 新无线；E 代表 E-UTRA，即 4G 无线接入网；DC 代表双连接。NE-DC 的 N 在前 E 在后指的是以 NR 作为主要的数据汇聚和分发点；EN-DC 的 E 在前 N 在后指的是以 LTE 作为主服务小区。如果没有进行双连接，也就没有 MCG 和 SCG 的概念，或者可以理解为，如果没有进行双连接，那么该小区组就对应 MCG。这里的 MCG 模式指的是数据只在主站 eNB 上，对应 NSA option3/3a 场景；SCG 模式指的是数据只在辅站 gNB 上，对应 NSA option3a/3x 场景，SCG Split 指的是数据经辅站 gNB 空口分流，而 eNB 只处理分流过来的数据，对应 NSA option3x 场景。

（8）单击"无线参数"→"TDD 小区配置"，完成 eNB 站点下的小区数据配置。因为之前我们在配置 BBU"网元管理"的时候将 4G 的 3 个小区都设置为 TDD 制式，所以这里单击"TDD 小区配置"，然后单击"+"，新增 3 个 TDD 小区，数据配置分别如图 3-107、图 3-108 和图 3-109 所示。

»»»»对应参数说明

- 小区标识、小区 eNB 标识、TAC、PCI、小区参考信号功率、频段指示、中心载频、小区的频域带宽这些参数都是事先规划好的，这里只需要根据"无线参数规划表"填写即可，注意 PCI 避免 Mod3 干扰。

■ AAU：这里指的是当前配置的 TDD 小区所对应的 4G AAU 设备，3 个小区分别对应 3 副 4G AAU。

图 3-107　eNB 站点下的 TDD 小区 1 数据配置

图 3-108　eNB 站点下的 TDD 小区 2 数据配置

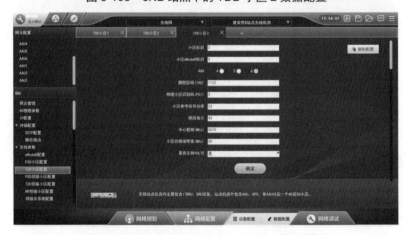

图 3-109　eNB 站点下的 TDD 小区 3 数据配置

（9）单击"无线参数"→"NR 邻接小区配置"，因为这里有 3 个 5G 小区相邻接，然后单击"+"，新增 3 个 NR 邻接小区，数据配置分别如图 3-110、图 3-111 和图 3-112 所示。

图 3-110　eNB 的 NR 邻接小区 1 数据配置

图 3-111　eNB 的 NR 邻接小区 2 数据配置

图 3-112　eNB 的 NR 邻接小区 3 数据配置

»»»对应参数说明

- 邻接 DU 标识：这里邻接的 3 个小区是指邻接的 ITBBU 上的 3 个小区，邻接 DU 标识指的是 ITBBU 上配置的 DU 标识，这里的所有无线参数配置需要事先规划，并且与 ITBBU 上的小区无线参数配置保持一致。

（10）单击"无线参数"→"邻接关系表配置"，然后单击"+"，新增 3 个关系表数据，配置分别如图 3-113、图 3-114 和图 3-115 所示。

»»»对应参数说明

- 本地小区标识：这里是指 4G BBU 的第一个小区标识。
- FDD 邻接小区、TDD 邻接小区：因为这里没有规划 FDD 和 TDD 的邻接小区，所以可以填任意数字。
- NR 邻接小区：因为这里的 AAU1 和 AAU4 覆盖的是同一个小区，AAU5 和 AAU2 覆盖的是同一个小区，AAU6 和 AAU3 覆盖的是同一小区，所以需要分别建立 3 条邻接关系，将 4G 的 3 个小区与 5G 的 3 个小区连接起来。其描写规则是"DU 标识-DU 小区标识"，因为这里邻接的 DU 小区标识配的是 2，邻接小区就分别为 2-1，2-2 和 2-3。

图 3-113 AAU4 覆盖小区与 AAU1 覆盖小区之间的邻接关系数据配置

图 3-114 AAU5 覆盖小区与 AAU2 覆盖小区之间的邻接关系数据配置

图 3-115　AAU6 覆盖小区与 AAU3 覆盖小区之间的邻接关系数据配置

3.3.5　ITBBU 数据配置

（1）单击左上角"网元配置"→"ITBBU"，左下方会显示 ITBBU 的相关配置；单击"NR 网元管理"，完成 5G 站点的 ITBBU NR 网元管理数据配置，如图 3-116 所示。

»»»对应参数说明

- 网元类型：这里选择的 CUDU 合设指的是 CUDU 的单板放置在一个机框里的情况，而 CUDU 分离指的是 CU 单独放置在承载网机房里的情况。
- 基站标识：这里指的 5G 基站的命名。
- PLMN：PLMN=MCC+MNC。
- 网络模式：包含 NSA 和 SA，这里采用的是 Option3x，属于 NSA。

图 3-116　ITBBU NR 网元管理数据配置

- 时钟同步模式和 NSA 共框标识：这两个参数与"BBU"→"网元管理"里所配置的时钟同步模式和 NSA 共框标识一致。
- 网络制式：根据无线参数规划，这里 5G 的 3 个小区的频带编号是 78，查询 5G 频段与频点对应表，如表 3-17 所示，可知频带编号 78 对应的双工模式是 TDD。

表 3-17 5G 频段与频点对应表

NR 频带编号	上行频段 UE transmit FUL_low～FUL_high	下行频段 BS transmit FDL_LOW～FDL_high	双工模式
n1	1920～1980MHz	2110～2170MHz	FDD
n2	1850～1910MHz	1930～1990MHz	FDD
n3	1710～1785MHz	1805～1880MHz	FDD
n5	824～849MHz	869～894MHz	FDD
n7	2500～2570MHz	2620～2690MHz	FDD
n8	880～915MHz	925～960MHz	FDD
n20	832～862MHz	791～821MHz	FDD
n28	703～748MHz	758～803MHz	FDD
n38	2570～2620MHz	2570～2620MHz	TDD
n41	2496～2690MHz	2496～2690MHz	TDD
n50	1432～1517MHz	1432～1517MHz	TDD
n51	1427～1432MHz	1427～1432MHz	TDD
n66	1710～1780MHz	2110～2200MHz	FDD
n70	1695～1710MHz	1995～2020MHz	FDD
n71	663～698MHz	617～652MHz	FDD
n74	1427～1470MHz	1475～1518MHz	FDD
n75	N/A	1432～1517MHz	SDL
n76	N/A	1427～1432MHz	SDL
n77	3300～4200MHz	3300～4200MHz	TDD
n78	3300～3800MHz	3300～3800MHz	TDD
n79	4400～5000MHz	4400～5000MHz	TDD
n80	1710～1785MHz	N/A	SUL
n81	880～915MHz	N/A	SUL
n82	832～862MHz	N/A	SUL
n83	703～748MHz	N/A	SUL
n84	1920～1980MHz	N/A	SUL

（2）单击"5G物理参数"，配置ITBBU网元的相关物理参数，如图3-117所示。

图3-117　ITBBU网元物理参数配置

»»»对应参数说明

■　AAU1、AAU2、AAU3链路光口使能：指的是ITBBU上所连接的AAU1、AAU2、AAU3，只有在"使能"状态才能收发数据。

■　承载链路端口：因为在ITBBU上进行硬件连线的时候，采用的是光纤与SPN1进行连接，所以这里选择"光口"。

（3）单击"DU"→"DU对接配置"→"以太网接口"，完成DU数据传输参数配置，如图3-118所示。

»»»对应参数说明

■　接收带宽和发送带宽：与小区业务验证的下载和上传速率有关，接收带宽是下载速率，发送带宽是上传速率，这两个数值在值域范围内越大越好。

■　应用场景：增强移动带宽类型对应的是eMBB；超高可靠超低时延对应的是URLLC；这里可以根据需求选择。

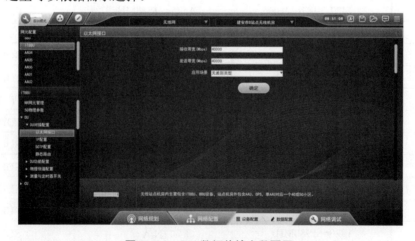

图3-118　DU数据传输参数配置

(4)单击"IP 配置",完成 ITBBU 上 DU 的 IP 地址配置,如图 3-119 所示。

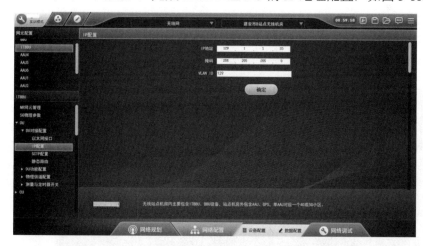

建安市
B 站点之
ITBBU-DU

图 3-119　ITBBU 上 DU 的 IP 地址配置

»»»对应参数说明

- IP 地址、掩码和 VLAN ID:这里对应的都是 DU 的 IP,是预先规划好的,其中 VLAN ID 需要与承载网 B 站点无线机房的 SPN 配置相对接。

(5)单击"SCTP 配置",完成相关数据配置,如图 3-120 所示。

»»»对应参数说明

- 本端端口号:指的是 DU 与 CUCP 对接的端口号。
- 远端端口号:指的是 CUCP 上与 DU 对接的端口号,所以必须与 CUCP 上的 SCTP 配置相对接。
- 远端 IP 地址:根据网络架构图我们知道,DU 只需要与 CUCP 进行对接,所以这里的 SCTP 链路指的就是 DU 与 CUCP 的链路,远端 IP 地址自然就是 CUCP 的 IP 地址。
- 偶联类型:DU 与 CUCP 之间是 F1-C 接口,因此这里选择 F1 偶联。

图 3-120　DU 与 CUCP 的控制面路由配置

这里需要注意的是，当 CU 和 DU 合设时，CU 和 DU 都在同一个设备，不需要配置静态路由，但是当 CU 和 DU 分离时，CUCP 和 CUDP 都在承载网机房，此时需要另外配置静态路由，单击"静态路由"进行相关数据配置。

（6）单击"DU 功能配置"→"DU 管理"，完成相关数据配置，如图 3-121 所示。

图 3-121　DU 管理数据配置

»»»对应参数说明

- 基站标识：这里指的是 5G 基站标识，必须与"ITBBU"→"NR 网元管理"里所配置的基站标识一致。
- DU 标识：必须与"BBU"→"无线参数"→"NR 邻接小区配置"里所配置的邻接 DU 小区标识一致。

（7）单击"QoS 业务配置"，然后单击"+"，新增 3 个 QoS 业务，数据配置分别如图 3-122、图 3-123 和图 3-124 所示。

图 3-122　DU 上的 QoS 1 数据配置

模块 3　基站开通

图 3-123　DU 上的 QoS 2 数据配置

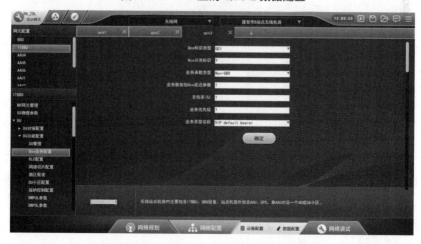

图 3-124　DU 上的 QoS 3 数据配置

»»»对应参数说明

■ QoS 标识类型：包含 5QI 和 QCI 两种。5QI 是一个标量，用于指向一个 5G QoS 特性，如果核心网是 5G 的核心网，QoS 标识选择 5QI；QCI（QoS Class Identifier）为 QoS 分类标识，每个业务数据流都需要设置 QCI，如果核心网是 4G 的核心网，QoS 标识选择 QCI。因为这里是 Option3x 组网模式，核心网是 4G，所以选择 QCI。

■ QoS 分类标识：这里配置了 3 个 QoS 分类标识，与建安市核心网机房"HSS"→"APN 管理"→"QoS 分类识别码"一致，分别为 1、5、9。

QCI 是用来衡量 EPS 承载服务质量的等级标识，每种 QoS 业务需要不同等级的 QCI 传输质量进行保证，QCI 与 QoS 业务的对应关系如表 3-18 所示。

表 3-18 QCI 与 QoS 业务的对应关系

QCI	业务承载类型	业务优先级	数据延迟	数据丢包率	服务示例
1	GBR	2	100ms	10^{-2}	语音会话
2	GBR	4	150ms	10^{-3}	视频会话
3	GBR	3	50ms	10^{-3}	实时游戏
4	GBR	5	300ms	10^{-6}	非实时视频会话（缓冲流）
5	Non-GBR	1	100ms	10^{-6}	IMS 信令
6	Non-GBR	6	300ms	10^{-6}	视频（缓冲流）基于 TCP 的 WWW、电子邮件、聊天、FTP、P2P 文件共享、视频等
7	Non-GBR	7	100ms	10^{-3}	实时语音、视频（互动游戏）
8	Non-GBR	8	300ms	10^{-6}	视频（缓冲流）基于 TCP 的 WWW、电子邮件、聊天、FTP、P2P 文件共享、视频等
9	Non-GBR	9	300ms	10^{-6}	视频（缓冲流）基于 TCP 的 WWW、电子邮件、聊天、FTP、P2P 文件共享、视频等

VoLTE 的信令 IMS 消息使用 QCI 为 5 的 Non-GBR 服务；语音业务使用 QCI 为 1 的 GBR 服务，视频业务使用 QCI 为 2 的 GBR 服务；对于不支持 VoLTE 的 UE，只有数据业务默认承载，通常 QCI 为 9；对于支持 VoLTE 的 UE，会在附着或是从 2G/3G 返回的 TAU 过程后发起 IMS 域注册，并建立 IMS 信令默认承载，通常 QCI 为 5。

■ 业务承载类型：根据 QCI 的不同，承载（Bearer）划分为两大类：GBR（Guaranteed Bit Rate，保证比特速率）类承载和 Non-GBR 类承载。GBR 类承载用于对实时性要求较高的业务，需要调度器对该类承载保证最低的比特速率，其 QCI 的范围是 1～4。Non-GBR 类承载用于对实时性要求不高的业务，不需要调度器对该类承载保证最低的比特速率，其 QCI 的范围是 5～9。在网络拥挤的情况下，业务需要承受降低速率的要求。这里我们创建的 3 个 QCI 分别是 1、5、9，所以对应的业务承载类型分别是 GBR、Non-GBR 和 Non-GBR。

■ 业务类型名称：与所选择的 QCI 相一致。

■ 业务数据包 QoS 延迟参数、丢包率、业务优先级：在取值范围内越低越好。

（8）单击"DU 小区配置"，然后单击"+"，新增 3 个 DU 小区，3 个 DU 小区的参数只有"DU 小区标识""AAU"及"物理小区 ID"这 3 个参数的数据配置不同，其他的配置可以相同，数据配置分别如图 3-125、图 3-126 和图 3-127 所示。

模块 3　基站开通

图 3-125　DU 小区 1 数据配置

图 3-126　DU 小区 2 数据配置

图 3-127　DU 小区 3 数据配置

»»»对应参数说明

- DU 小区标识：与无线参数规划表一致。
- 小区属性：与 5G AAU 硬件所选的属性一致，因为前面设置的 AAU 硬件是低频的，所以这里的参数配置也选择低频。
- AAU：一个 DU 小区对应一副 AAU。
- 频段指示：与无线参数规划表一致。
- 下行中心载频：绝对频点。
- 上、下行 Point A 频点：由公式计算而来，表示第 0 个子载波中心对应的频率。
- 物理小区 ID：与无线参数规划表一致，但注意 PCI 规划要避免 Mod3 干扰。
- 跟踪区域码：TAC，与无线参数规划表一致。
- 小区 RE 参考功率（0.1dBm）：小区的发射功率。
- 小区禁止接入指示：如果允许小区接入，就选择非禁止。
- UE 最大发射功率：与无线参数规划表一致。
- 系统带宽（RB 数）、SSB 测量频点、测量子载波间隔、系统子载波间隔：与无线参数规划表一致。

（9）单击"接纳控制配置"，每个小区都需要配置一个接纳控制，数据配置如图 3-128 所示。

模块 3 基站开通

图 3-128 DU 小区接纳控制配置

»»»对应参数说明

- DU 小区标识：与无线参数规划表一致。
- 小区用户数接纳控制门限：是指允许多少用户接入小区。
- 基于切片用户数的接纳控制开关：如果配置了网络切片，选择打开。这里没有配置网络切片，选择关闭。
- 小区用户数接纳控制预留比例（%）：是指预留多少用户数未来接入。比如小区用户数接纳控制门限设为 1000，这里的小区用户数接纳控制预留比例如果为 1%，则说明预留 1000×1%=10 的用户数未来接入，目前只有 990 个用户可以接入。

（10）单击"BWPDL 参数"，每个小区都需要配置，如图 3-129、图 3-130 和图 3-131 所示。3 个小区的下行 BWP 起始 RB 位置可以不同，下行 BWP RB 个数也可以不相同，RB 个数越多，网速越快。

图 3-129 DU 小区 1 部分带宽配置

图 3-130　DU 小区 2 部分带宽配置

图 3-131　DU 小区 3 部分带宽配置

（11）单击"物理信道配置"→"PRACH 信道配置"，每个小区都需要配置，如图 3-132、图 3-133 和图 3-134 所示。

图 3-132　DU 小区 1 的 PRACH 信道配置

模块3 基站开通

图 3-133　DU 小区 2 的 PRACH 信道配置

图 3-134　DU 小区 3 的 PRACH 信道配置

»»»对应参数说明

- 起始逻辑根序列索引：全网唯一。
- UE 接入和切换可用 preamble 个数：必须少于前导码个数。
- PRACH 功率攀升步长：可配置 0dB、1dB、2dB，任选一个，例如选择 0dB。
- 基于逻辑根序列的循环移位参数（Ncs）：可配置 0 或 2 或 3 或 1。

（12）单击"SRS 公用参数"，每个小区都需要配置，如图 3-135、图 3-136 和图 3-137 所示。

»»»对应参数说明

- SRS 的 slot 序号：因为 SRS 是上行探测参考信号，所以 SRS 必须是在上行时隙里。这里的序号 4 与"测量与定时器开关"里面设置的 2.5ms 单周期的 DDDSU 和 DDSUU 帧结构有关，4 号时隙为上行时隙。

图 3-135　DU 小区 1 SRS 公用参数配置

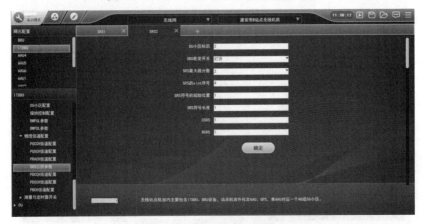

图 3-136　DU 小区 2 SRS 公用参数配置

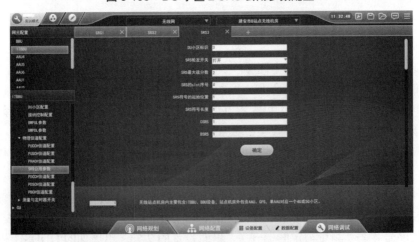

图 3-137　DU 小区 3 SRS 公用参数配置

模块 3　基站开通

（13）单击"测量与定时器开关"→"小区业务参数配置"，每个小区都需要配置，如图 3-138、图 3-139 和图 3-140 所示。

图 3-138　DU 小区 1 业务参数配置

图 3-139　DU 小区 2 业务参数配置

图 3-140　DU 小区 3 业务参数配置

»»»对应参数说明

- 帧结构第一个周期的帧类型：这里的 3 个小区都配置成 2.5ms 单周期帧结构，其帧类型的设置，DU 小区 1 为 11120，对应 DDDSU 帧结构；DU 小区 2 为 11200，对应 DDSUU 帧结构；DU 小区 3 为 11120，对应 DDDSU 帧结构。对于 DDDSU 帧结构，上行时隙是 4 号时隙；对于 DDSUU 帧结构，上行时隙是 3 号时隙和 4 号时隙，所以在"物理信道配置"→"SRS 公用参数"→"SRS 的 slot 序号"中可以都配成 4，当然也可以配成 3。

- 第一个周期 S slot 上的 GP 符号数、上行符号数和下行符号数：这里指的是 S 转换时隙里 14 个 OFDM 符号的分配情况，2.5ms 单周期 S 时隙里对应的符号分配是 DDDDDDDDDDGGUU，因此，第一个周期 S slot 上的 GP 符号数为 2，上行符号数为 2，下行符号数为 10，这 3 种符号总数和为 14。

- 帧结构第二个周期帧类型是否配置：如果选择否，就说明是单周期；如果选择是，则第二个周期的帧结构数据可以参照第一个周期填写。

（14）单击 "CU" → "gNBCUCP 功能" → "CU 管理"，进行相关数据配置，如图 3-141 所示。

图 3-141 CU 管理数据配置

»»»对应参数说明

- 基站标识：与"ITBBU"→"NR 网元管理"里所配置的"基站标识"保持一致。
- CU 承载链路端口：与"ITBBU"→"5G 物理参数"里所配置的"承载链路端口"保持一致。

（15）单击"IP 配置"，配置 CUCP 的 IP 地址，如图 3-142 所示。

图 3-142 CUCP 的 IP 地址配置

（16）单击"SCTP 配置"，根据网络架构图，CUCP 需要与 BBU、DU、CUUP 进行偶联，因此这里需要添加 3 条 SCTP 链接，如图 3-143、图 3-144 和图 3-145 所示。

»»»»对应参数说明

- 偶联 ID：取值为 1 代表 CUCP 上的第 1 条 SCTP 偶联。
- 本端端口号、远端端口号：这里配置的是 CUCP 与 BBU 之间的偶联，所以本端端口号和远端端口号必须与"BBU"→"对接配置"→"SCTP 配置"里所配置的 BBU 与 CUCP 偶联参数一致。
- 偶联类型：BBU 与 CUCP 之间是通过 X2-C 接口相连接，所以这里选择 XN 偶联。
- 远端 IP 地址：这里指的是 BBU 的 IP 地址，如图 3-143 所示。

图 3-143　CUCP 与 BBU 之间的控制面路由配置

»»»»对应参数说明

- 偶联 ID：取值为 2 代表 CUCP 上的第 2 条 SCTP 偶联。
- 本端端口号、远端端口号：这里配置的是 CUCP 与 DU 之间的偶联，所以本端端口号和远端端口号必须与"ITBBU"→"DU"→"SCTP 配置"里所配置的 DU 与 CUCP 偶联参数一致。
- 偶联类型：DU 与 CUCP 之间是通过 F1-C 接口相连接，所以这里选择 F1 偶联。
- 远端 IP 地址：这里指的是 DU 的 IP 地址，如图 3-144 所示。

图 3-144　CUCP 与 DU 之间的控制面路由配置

»»»对应参数说明

- 偶联 ID：取值为 3 代表 CUCP 上的第 3 条 SCTP 偶联。
- 本端端口号、远端端口号：这里配置的是 CUCP 与 CUUP 之间的偶联，所以本端端口号和远端端口号必须与"ITBBU"→"CU"→"gNBCUUP 功能"→"SCTP 配置"里所配置的 CUUP 与 CUCP 偶联参数一致。
- 偶联类型：CUUP 与 CUCP 之间是通过 E1 接口相连接，所以这里选择 E1 偶联。
- 远端 IP 地址：这里指的是 CUUP 的 IP 地址，如图 3-145 所示。

CUCP 不需要配置静态路由，只有当 CU 和 DU 分离的时候才需要配置静态路由。

图 3-145　CUCP 与 CUUP 之间的控制面路由配置

（17）单击"CU 小区配置"，新建 3 个 CU 小区进行数据配置，如图 3-146、图 3-147 和图 3-148 所示。

»»»对应参数说明

- CU 小区标识和对应 DU 小区 ID：一个 CU 小区下面可以挂多个 DU 小区，但是一个 DU 小区只能被一个 CU 小区管理。这里采用的配置是 CU 小区与 DU 小区一一对应，当然也可以 3 个不同的 DU 小区的 CU 小区都配置成 1。

图 3-146　CU 小区 1 数据配置

图 3-147 CU 小区 2 数据配置

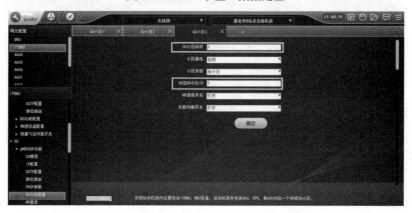

图 3-148 CU 小区 3 数据配置

（18）单击"ITBBU"→"CU"→"gNBCUUP 功能"→"IP 配置"，配置 CUUP 的 IP 地址，如图 3-149 所示。

建安市 B 站点之 ITBBU-CU

图 3-149 CUUP 的 IP 地址配置

»»»对应参数说明

- IP 地址、掩码和 VLAN ID：这里指的是 CUUP 的 IP 地址。

（19）单击"SCTP 配置"，将 CUUP 与 CUCP 偶联，如图 3-151 所示。

图 3-150　CUUP 与 CUCP 之间的路由配置

»»»对应参数说明

- 偶联 ID：取值为 1 代表 CUUP 上的第 1 条 SCTP 偶联。
- 本端端口号、远端端口号：这里配置的是 CUUP 与 CUCP 之间的偶联，所以本端端口号和远端端口号必须与"ITBBU"→"CU"→"gNBCUCP 功能"→"SCTP 配置"里所配置的 CUCP 与 CUUP 偶联参数一致。
- 偶联类型：CUCP 与 CUUP 之间是通过 E1 接口相连接，所以这里选择 E1 偶联。
- 远端 IP 地址：这里指的是 CUCP 的 IP 地址。

（20）单击"静态路由"进行静态路由配置，根据网络架构图，CUUP 有两条用户面链路，一条通过 X2-U 与 BBU 相连，另一条通过 S1-U 与 SGW 相连，所以这里需要配置 2 条静态路由，如图 3-151 和图 3-152 所示。

这里的 CUUP 需要配置静态路由，而 BBU 上不需要配置，这是因为 BBU 是一个独立的网元，连接到承载网上，而 CUUP 是基于 GC 功能虚拟出来的网元。

图 3-151　CUUP 与 BBU 之间的静态路由配置

»»»对应参数说明

- 静态路由编号：取值为 1 表示 CUUP 上的第 1 条静态路由。
- 目的 IP 地址：这里指的是 CUUP 去往 BBU 的 X2-U 链路，所以目的 IP 地址就是 BBU 的 IP 地址。
- 网络掩码：采用 32 位子网掩码，表示路由唯一。
- 下一跳 IP 地址：在 CUUP 侧要前往 BBU，因为两个网元不在同一个网段，所以首先要跳到网关，这里的下一跳 IP 地址就是 CUUP 的网关地址。

图 3-152　CUUP 与 SGW 之间的静态路由配置

»»»对应参数说明

- 静态路由编号：取值为 2 表示 CUUP 上的第 2 条静态路由。
- 目的 IP 地址：这里指的是 CUUP 去往 SGW 的 S1-U 链路，所以目的 IP 地址就是 SGW 上的 S1-U 接口 IP 地址。
- 网络掩码：采用 32 位子网掩码，表示路由唯一。
- 下一跳 IP 地址：在 CUUP 侧要前往 SGW，因为两个网元不在同一个网段，所以首先要跳到网关，这里的下一跳 IP 地址也是 CUUP 的网关地址。

3.3.6　AAU 射频数据配置

AAU 射频数据配置如图 3-153～图 3-158 所示，这里因为安装了 6 副 RRU，所以需要一一进行数据配置。

模块3 基站开通

图 3-153　AAU4 射频数据配置

图 3-154　AAU5 射频数据配置

图 3-155　AAU6 射频数据配置

图 3-156　AAU1 射频数据配置

图 3-157　AAU2 射频数据配置

图 3-158　AAU3 射频数据配置

3.3.7 承载网对接配置

单击"网络配置"→"数据配置",在界面上部的下拉选项中选择"承载网"和"建安市 B 站点机房",进入建安市 B 站点机房的 SPN1 数据配置界面,如图 3-159 所示。

图 3-159 建安市 B 站点机房的 SPN1 数据配置界面

1. 配置 BBU 的网关

单击"SPN1"→"物理接口配置"。这里可以先查看 SPN1 的物理设备配置,在物理配置中 BBU 是通过网线与 SPN1 上的 10 号板卡上的 4×GE 的第一个接口相连接,所以这里的 BBU 网关必须配置在 RJ45-10/1 上,如图 3-160 所示。

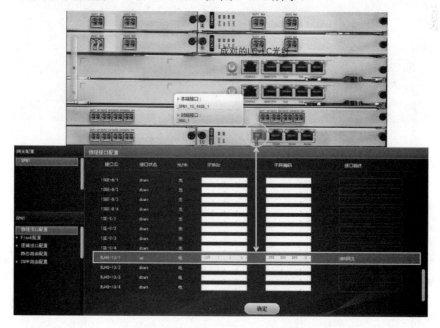

图 3-160 BBU 的网关数据配置

2. 配置 ITBBU 的网关

单击"网络配置"→"设备配置",在"设备指示"里双击"ITBBU"进入 ITBBU 内部,可以看到,ITBBU 只通过一根 25GE 的光纤与 SPN1 上 5 号单板 25GE 的 1 号光口相连接,但是需要配置 DU、CUCP 和 CUUP 的 3 个网关,那么这里就需要通过配置逻辑接口里的子接口来实现。

(1) 单击"SPN1"→"逻辑接口配置"→"配置子接口",单击"+",添加 DU 的网关。

(2) 继续单击"+",添加 CUCP 的网关。

(3) 继续单击"+",添加 CUUP 的网关。

(4) 这 3 个逻辑接口均对应 25GE-5/1,ITBBU 的网关数据配置如图 3-161 所示。

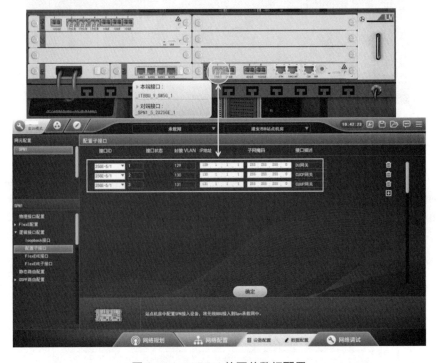

图 3-161 ITBBU 的网关数据配置

知识解读

3.3.8 5G NR 帧结构与 LTE 帧结构的异同

5G NR 帧结构

手机和基站进行通信,需要发送一系列数据,这一系列数据排好队,然后一个一个地向基站发送,在时间上,这些数据是分开的,有规律的。这样"有组织有纪律"的"部队",就是帧。那么,5G 新空口 NR 的帧结构及子载波与 LTE 有什么异同呢?

5G NR 无线帧的长度与 4G 的一样都是 10ms，如图 3-162 所示，每个 10ms 的无线帧也都用系统帧号 SFN 进行编号，SFN 的取值范围是 0～1023，大约 10ms 后开始循环，每个无线帧可分为 10 个 1ms 的子帧。在 LTE 里，1 个子帧可分为 2 个 0.5 时隙，每个时隙根据所使用的 CP 不同可分为 7 个或 6 个 OFDM 符号。但是 5G 空口统一规定在常规 CP 时，14 个 OFDM 符号为 1 个时隙，而 1 个子帧可以划分为多少时隙是不确定的，这就是 5G 的灵活性。5G NR 帧结构里的时隙长度与每个符号的时长有关，这也是 5G 帧结构与 4G 帧结构的主要区别所在。

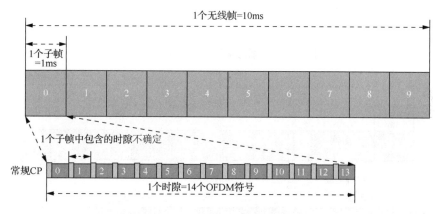

图 3-162 5G NR 无线帧结构组成

5G 帧结构的 OFDM 符号长度可以长短不一，是因为 3GPP 组织在 R15 版本中引入灵活系统参数（Numerology），定义了 5 种不同的子载波间隔（Subcarrier Spacing，SCS），以 LTE 的 15kHz 子载波间隔为基础，按照 2μ（$\mu=0, 1, 2, 3, 4$）进行扩展，即 SCS=15kHz×2μ，不同的子载波间隔对应不同的时域帧结构，如表 3-19 所示。

表 3-19 不同的子载波间隔对应的不同时域帧结构

μ	SCS	CP 循环前缀	符号数	时隙数/子帧
0	15kHz	常规	14	1
1	30kHz	常规	14	2
2	60kHz	常规	14	4
2	60kHz	扩展	12	4
3	120kHz	常规	14	8
4	240kHz	常规	14	16

以子载波间隔为 30kHz 为例，1 个 10ms 的无线帧包含 10 个 1ms 的子帧，每个子帧包含 2 个时隙，每个时隙包含有 14 个 OFDM 符号，且采用常规 CP，如图 3-163 所示。

再来看当子载波间隔为 60kHz 的情况，如图 3-164 所示，如果采用常规 CP，1 个 10ms 的无线帧包含 10 个 1ms 的子帧，每个子帧包含 4 个时隙，每个时隙包含 14 个 OFDM 符号。其他子载波间隔的帧结构以此类推。

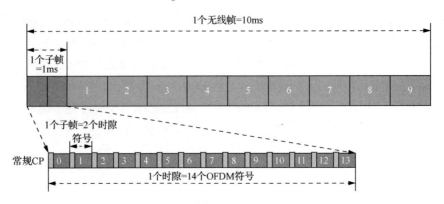

图 3-163　子载波间隔为 30kHz 的帧结构

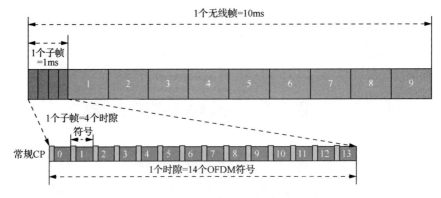

图 3-164　子载波间隔为 60kHz 的帧结构

子载波间隔与 OFDM 符号的关系可用式（3-13）表示。

$$子载波间隔=1/符号长度 \tag{3-13}$$

由式（3-13）可知，子载波间隔越大，OFDM 符号持续时间越短。5G 帧结构中 1 个时隙固定有 14 个符号，符号持续时间越短，1ms 子帧里所能包含的时隙数自然就更多了，如图 3-165 所示。

OFDM 符号将信道分成若干正交子信道，将高速数据流转换成并行的低速子数据流，调制到在每个子信道上进行传输。如图 3-166 所示，如果输入端高速数据流的速率是 100M 符号/s，那么每个基带符号的持续时间是 1/100M=0.01μs，假设串并转换器可以将串行数据流转换成 10 路并行低速数据流，这意味着系统可以一次处理 10 个基带符号，低速数据流上每个符号的持续时间是基带符号的 10 倍，即 1/10M=0.1μs。如果使用 20 个子载波，相对于固定的系统带宽来说子载波间隔变小了，这时串并转换器可以将串行数据流转换成 20 路并行低速数据流，这意味着系统可以一次处理 20 个基带符号，低速数据流上每个符号的持续时间是基带符号的 20 倍，即 1/5M=0.2μs。然后，每个低速数据符号被调制到一个子载波上，经过模数转换后汇合成一个复杂的包含了 10 个频域信号的 OFDM 符号，被发送到空口。这个复杂的 OFDM 符号的持续时间是 0.2μs。由此可见，子载波间隔越大，子载波数量越少，OFDM 符号的持续时间就越短了。

模块 3　基站开通

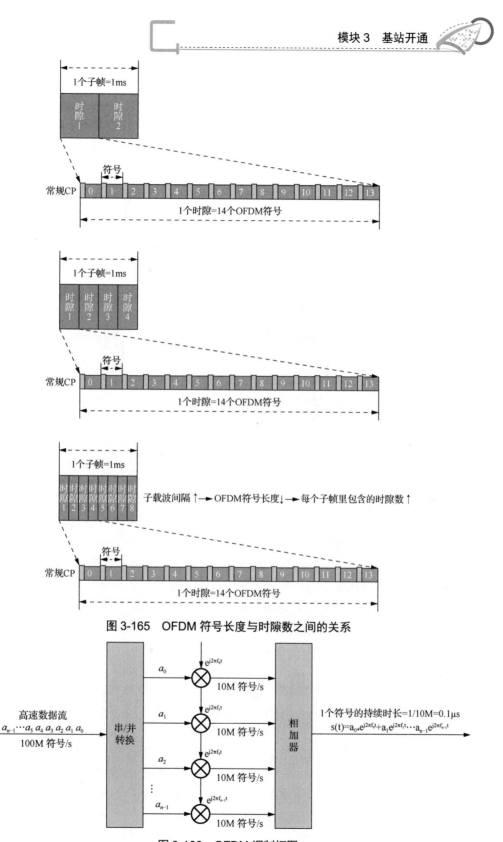

图 3-165　OFDM 符号长度与时隙数之间的关系

图 3-166　OFDM 调制框图

子载波间隔、帧、子帧、时隙、符号之间的对应关系,如图 3-167 所示。

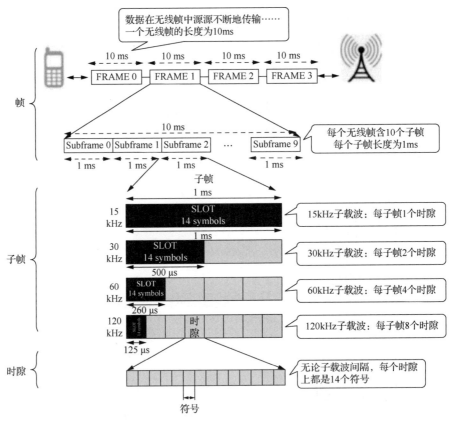

图 3-167　子载波间隔、帧、子帧、时隙、符号之间的对应关系

在实际应用中,需要根据不同的 5G 业务类型、频段、移动速度等对子载波的诉求选择不同的子载波间隔。不同的子载波间隔对覆盖、时延、移动性、相噪的影响不同,其应用场景也不同,如图 3-168 所示。比如对于时延要求低的场景,通常希望符号周期较小,因为符号周期越小,信号接收处理越快,反应更灵敏,根据式(3-13),符号周期越小,子载波间隔就越大。再比如高频段的场景,5G 为了拓宽频段已经升级到了毫米波,通常用于覆盖像演唱会这样的热点区域,但毫米波带来了较大的相位噪声,会影响解调信号的相位,所以需要较大的子载波间隔来抵抗相位噪声。而在高速移动场景下,我们知道不同的移动速度产生的多普勒频移不同,更高的移动速度产生更大的多普勒频移。假设多普勒频移产生的 1kHz 的频移,对于子载波间隔为 100kHz 的影响为 1%,而对于子载波间隔为 2kHz 的影响为 50%,相对就更大了。所以通过增大子载波间隔,可以大大提升系统对频移的鲁棒性。在低频段(广覆盖)场景,例如水表、电表及埋在地下的管道监测仪等,它们对信号的覆盖要求较高,所以符号周期必须长一点儿,因为符号周期长,CP 循环前缀就会相应变长,支持的小区覆盖半径也就越大了。同样,对于大连接的场景,子载波间隔越小,子载波数目更多,覆盖范围更广,支持的接入数就更多了。

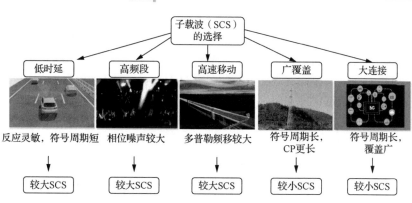

图 3-168 不同应用场景子载波间隔的选择

5G 系统中,可以采用单独时隙的自包含帧结构,也可以采用多个时隙组合来形成更长周期的帧结构,如 2ms 或 2.5ms 的组合帧结构。2ms 组合帧结构,采用 4 个 0.5ms 的时隙进行组合,可以形成 2ms 周期的帧结构,常见的组合包括 DDSU 或 DSDU 等,其中 D 表示全下行时隙,S 则包含保护间隔和上下行转换符,U 表示全上行时隙,如图 3-169 所示。2ms 组合帧结构支持 2~4 个符号的 GP 配置(图中为 4 个符号的 GP)。每 2ms 内,时隙#0 和#1 固定作为 DL,时隙#2 为下行主导时隙,其格式为 DL-GP,时隙#3 固定作为 UL 时隙,上行接入信道(PRACH)可以在时隙#3 上传送。

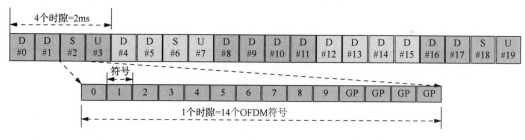

图 3-169 2ms 组合帧结构

2.5ms 周期帧结构是将 5 个 0.5ms 时隙组合在一起,在不同覆盖和容量要求下,可以考虑采用 2.5ms 单周期或者双周期方式。2.5ms 单周期帧结构如图 3-170 所示,传送周期为 2.5ms,每 2.5ms 内帧格式都相同,采用类似 LTE 系统的 DDDSU 格式,每 2.5ms 内,时隙#0、#1 和#2 固定作为 DL,时隙#3 为下行主导时隙,其格式为 DL-GP-UL,时隙#4 固定作为 UL 时隙,上行接入信道(PRACH)可以在时隙#4 上传送。

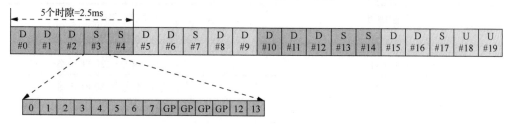

图 3-170 2.5ms 单周期帧结构

2.5ms 双周期帧结构，如图 3-171 所示。传送周期为 5ms，每 5ms 内前后 2.5ms 的帧格式略有差异，如前 2.5ms 采用 DDDSS 格式，后 2.5ms 采用 DDSUU 格式。对于第一个 2.5ms，时隙#0、#1 和#2 固定作为 DL，时隙#3 为下行主导时隙，其格式为 DL-GP，时隙#4 固定作为 UL 主导时隙，上行接入信道（PRACH）可以在时隙#4 上传送；对于第二个 2.5ms，时隙#5 和#6 固定作为 DL，时隙#7 为下行主导时隙，其格式为 DL-GP，时隙#8 和#9 固定作为 UL 时隙，上行接入信道（PRACH）可以在时隙#8 和#9 上传送。

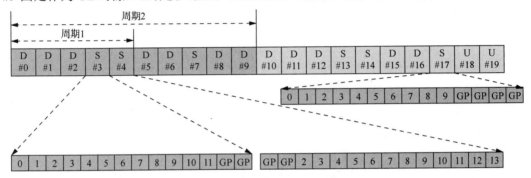

图 3-171　2.5ms 双周期帧结构

3.3.9　5G 物理资源

1．天线端口

在 4G LTE 系统中，由于天线引入 MIMO 技术，对应有天线端口的概念，而 5G NR 的天线端口与 LTE 的天线端口的概念是一样的。天线端口是与物理层（L1）相关的逻辑概念，而不与塔上可见的类似于 RF 天线的物理概念有关。天线端口指的是能进行信道估计和分辨的端口数，每一个天线端口都有自己的物理资源单元和对应的特定参考信号集，因此，在同一天线端口上传输的不同的信号所经历的信道环境变化是一样的。换句话说，只要不同的信号经过相同的信道，就认为这些信号都经历了相同的逻辑天线端口。对于接收者来说，一个天线端口就是一个独立的能解析的逻辑过程，这个过程就是接收机利用参考信号的物理资源特性进行信道估计，并进一步实现对接收信号的解调。

3GPP 组织定义了天线端口编号的结构，并在 5G NR 中对各物理信道和信号进行了更明确的逻辑天线端口的工分，不同目的的天线端口具有不同范围内的编号，如表 3-20 所示。

表 3-20　5G NR 的天线端口编号

信道/信号	天线端口编号
PDSCH	天线端口编号从 1000 开始
PDCCH	天线端口编号从 2000 开始
CSI-RS	天线端口编号从 3000 开始
SS/PBCH（SSB）	天线端口编号从 4000 开始
PUSCH/DM-RS	天线端口编号从 0 开始

续表

信道/信号	天线端口编号
SRS	天线端口编号从 1000 开始
PUCCH	天线端口编号从 2000 开始
PRACH	天线端口编号为 4000

表 3-20 中的天线端口是一个逻辑抽象概念,不一定与特定的物理天线端口对接。一般情况下提到天线端口指的是逻辑天线端口。天线端口到物理天线端口的映射是由传输信号产生的波束来控制的,因此,有可能将两个天线端口映射到一个物理天线端口,或者是将一个天线端口映射到多个物理天线端口。比如基站要通过下行共享信道(PDSCH)给你的手机传输一张图片,这张图片经过预编码、调制等一系列操作形成波束,有可能是通过 3 个或 5 个或 N 个 "物理天线端口" 将这张图片的波束朝向你的手机,那么用于形成波束传输这张图片的这些 "物理天线端口" (上述的可能是通过 3 个或 5 个或 N 个 "物理天线端口") 可以理解为组成了一个 "逻辑天线端口"。天线端口和物理天线端口之间没有严格固定的映射关系,在符合 3GPP 协议规定范围内,一般由设备厂商自定。

5G NR 中,为了提高信道的利用效率去掉了小区参考信号(CRS)的设计,UE 根据与天线端口相关的 DMRS 进行下行共享信道(PDSCH)的信道估计,天线端口仍然是基于空口信道质量的一种逻辑概念划分。5G NR 中可能存在大量密集小站组网的场景或者射频单元拉远的场景,为了区分这些新型天线配置与传统宏站天线布放场景的区别,3GPP 协议中还明确了对于两个天线端口是否为逻辑上共站点的定义,即如果包括时延扩展、多普勒扩展、多普勒频移、平均天线增益、平均时延和接收机参数等其中之一或多个空间信道属性相同时,两个天线端口可以认为是逻辑上共站点。

2. 5G 时频物理资源

(1)资源单元(Resource Elements,RE)。

在 NR 中,资源单元 RE 的定义与 LTE 中一样,是传输的最小时频资源单位,在时域上占据 1 个 OFDM 符号,在频域上占据 1 个子载波。

(2)资源块(Resource Blocks,RB)。

资源块 RB 是数据信道资源分配的频域基本调度单位。LTE 中因为子载波间隔固定,时隙固定,故对应 RB 的大小也固定为 15×12=180kHz,频域上是 12 个子载波。但 5G 中因为子载波的间隔可变,从而时隙的长度可变,所以 5G 的 NR 是一个频域概念,没有定义时域,RB 在时域上的大小也是可变的。

3GPP 组织规定,每个信道带宽和子载波间距的传输带宽配置的 RB 数由系统带宽对应的不同频段来确定,如表 3-21 所示(表中空白表示不存在此种配置)。

表 3-21 FR1 和 FR2 中 RB 数的配置

频段	子载波间隔/kHz	带宽/MHz													
		5	10	15	20	25	30	40	50	60	70	80	90	100	200	400
		RB 数														
FR1	15	25	52	79	106	133	160	216	270							
	30	11	24	38	51	65	78	106	133	162	189	217	245	273		
	60		11	18	24	31	38	51	65	79	93	107	121	135		
FR2	60									66				132	264	
	120								32					66	132	264

以 100MHz 的带宽为例,在该带宽下,FR1 频段取 30kHz 的子载波间隔,可以传送的 RB 数为

N_{RB}=100MHz(带宽)÷30kHz(子载波间隔)÷12(子载波数)≈277 个

但通过查阅表 3-21 我们发现,在 FR1 频段,当带宽为 100MHz,子载波间隔为 30kHz 时,系统实际只配置了 273 个 RB。这是因为系统在有效带宽内,每个信道带宽两边各预留了一定的保护带宽,如图 3-172 所示。

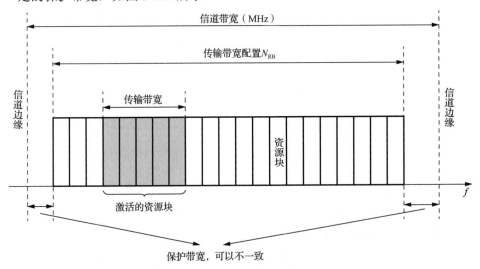

图 3-172 信道带宽、保护带宽和传输带宽配置间的关系

再来计算下频谱利用率:

[(273×12×30kHz)/100MHz]×100%≈98%

可见,5G 频谱利用率比 4G 的 90%提高了不少。这里要注意的是,5G 定义的最小保护带宽不是固定的,5G 在某些不同应用下信道两边的保护带宽是非对称的,而 4G 保护带宽是固定的。

RB 有 PRB(Physical Resource Block,物理资源块)和 VRB(Virtual Resource Block,

虚拟资源块）两个概念，分别是 RB 在物理层和 MAC 层对应的不同名称。PRB 是 L1 物理层时频资源概念，与 RB 的概念相同。在频域内，无论子载波间隔是多少，都可以将连续的 12 个子载波定义为一个 PRB。子载波间隔越大，一个 PRB 对应的实际带宽越大。如此定义的好处是简化了参考信号的设计，即在一个 PRB 内定义的参考信号图样将适用于所有的子载波间隔，不必为每个子载波间隔单独进行设计。此外，PRB 是资源在频域内进行分配的基本单位，将 PRB 固定为 12 个子载波也将使得不同子载波的数据间的 FDM 和 TDM 复用更加容易实现。如果一个载波内存在不同子载波间隔数据的时频域复用，不同子载波间隔的 PRB 构成的 PRB 网格之间相互独立。也就是说，每个子载波间隔的 PRB 独立地从最低频率到最高频率进行编号。一种子载波间隔为 UE 分配了资源，UE 不需要知道其他子载波间隔的资源分配情况就可以确定资源。不同子载波间隔的 PRB 网格之间呈嵌套关系，即不同子载波间隔的 PRB 网格之间相互为超集或者子集的关系，如图 3-173 所示。

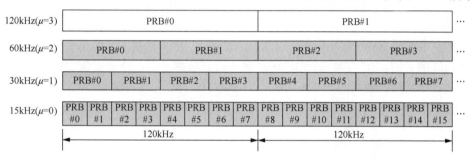

图 3-173　不同子载波间隔下的 PRB 网格

VRB 是 L2 MAC 层时频资源概念。MAC 层在分配资源的时候，是按 VRB 来分配的，然后将 VRB 映射到 PRB 上。

3. 部分带宽 BWP

在 4G LTE 系统中，每个载波的带宽为 5/10/15/20MHz，在终端 UE 与基站，其小区载波带宽是一样的，这称为对称载波带宽。然而 5G 的带宽最小可以是 5MHz，最大能到 400MHz，此时如果要求所有终端 UE 都支持最大的 400MHz，无疑会对 UE 的性能提出较高的要求，不利于降低 UE 的成本。同时，一个 UE 不可能同时占满整个 400MHz 带宽，如果 UE 采用 400MHz 带宽对应的采样率，无疑是对性能的浪费，大带宽意味着高采样率，高采样率意味着高功耗。在这样的大背景下，5G 技术提出了 BWP 技术。

BWP（Bandwidth Part，部分带宽，又称不对称载波带宽或 UE 带宽自适应），技术允许手机的载波带宽小于基站提供的整个小区的带宽。每个手机在随机接入时，提供自己载波带宽的能力，基站再根据手机支持载波带宽的能力，告诉手机所在的载波带宽在整个小区带宽中的位置，并根据此信息分配相应的时频资源，从而完美解决了手机带宽与小区带宽不一致的问题。

BWP 是小区总带宽的一个子带宽，是 UE 实际工作带宽。5G 把整个小区带宽划分为 N 个连续的公共的子带宽，每个公共子带宽称为 CRB（Common Resource Block），指特定信道带宽中所包含的全部 RB，每个 CRB 由 M 个 PRB 组成，而每个 PRB 由 12 个子载波组成，CRB 的大小与子载波间隔相关，如图 3-174 所示。

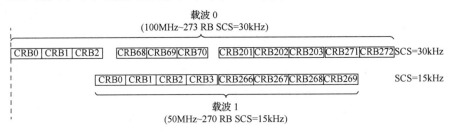

图 3-174　不同子载波上的 CRB 大小

基站根据手机支持带宽的大小，为不同的手机从对应带宽大小的 CBR 中为其选择 RE 资源。基站对整个小区带宽进行调制解调，而手机是根据各自支持的带宽进行调制解调。图 3-175 所示在 T_0 时段，UE 业务负荷较大且对时延要求不敏感，系统为 UE 配置大带宽 BWP_1（BW 为 40MHz，SCS 为 15kHz）；在 T_1 时段，由于业务负荷趋降，UE 由 BWP_1 切换至小带宽 BWP_2（BW 为 10MHz，SCS 为 15kHz），在满足基本通信需求的前提下，可达到降低功耗的目的；在 T_2 时段，UE 可能突发时延敏感业务，或者发现 BWP_1 所在频段内资源紧缺，于是切换到新的 BWP_3（BW 为 20MHz，SCS 为 60kHz）上；同理，在 T_3 和 T_4 等其他不同时段，UE 均根据实时业务需求，在不同 BWP 之间切换。

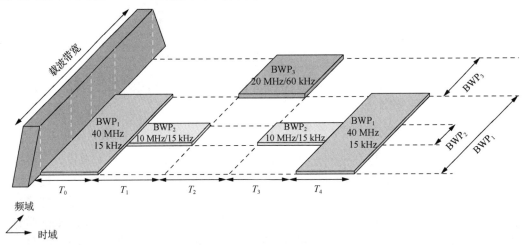

图 3-175　NR 终端带宽自适应

BWP 属于 UE 级概念，主要分为两类：初始 BWP 和专用 BWP。初始 BWP 主要用于 UE 在发起随机接入时接收系统信息；专用 BWP 主要用于数据业务传输，专用 BWP 的带宽一般比初始 BWP 大。一个 UE 可以通过 RRC 信令分别在上、下行链路各自独立配置最多 4 个专用 BWP，如果 UE 配置了 SUL，则在 SUL 链路上可以额外配置最多 4 个专用 BWP。需要特别指出的是，对于 NR TDD 系统，DL BWP 和 UL BWP 是成对的，其中心频点保持一致，但带宽和子载波间隔的配置可以不同。UE 在 RRC 连接态时，某一时刻有且只能激活一个专用 BWP，称为激活 BWP；当其 BWP 超时，UE 所工作的专用 BWP 称为缺省 BWP，如图 3-176 所示。

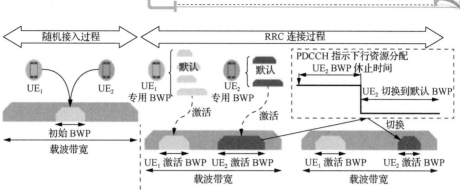

图 3-176　BWP 的分类及切换流程示意图

4. 参考点 Point A

我们再来观察表 3-21，以 10mHz 带宽为例，虽然 SCS15 的 RB 大小是 SCS30 的一半，但 SCS15 对应的 RB 数（52）并非 SCS30 对应的 RB 数（24）的 2 倍，其原因就是不同的 SCS 的系统带宽对应的保护带宽不同，这样不同 SCS 对应的传输大小和物理位置都不一样。而由于 NR 引入 BWP 的概念，每个 BWP 对应一个 SCS 下的一段实际 PRB，那如何知道各 BWP 的起始位置，并对不同 SCS 的 RB 数能用统一的方式来计算呢？这就需要一个公共基准点——Point A。

如图 3-177 所示，假设一个载波的带宽是 100MHz，UE 只工作在其中的一个 BWP，从 UE 的角度来看，只需要对该 BWP 内的 PRB 进行定义和编号即可，但从整个系统的角度来看，不同 UE 配置的 BWP 不同，甚至有可能是部分重叠的，同一个 PRB 在不同 UE 的 BWP 范围内的编号可能是不同的。为实现对 BWP 的配置和管理，需要在整个带宽内对 PRB 进行统一索引，CRB 从系统带宽内的一个参考点开始进行编号，该参考点就是 Point A。在系统带宽内，不同子载波间隔的 CRB 构成的 CRB 网格之间独立，也就是说，对于每种子载波间隔，其 CRB0 的子载波 0 都是和 Point A 对齐的。

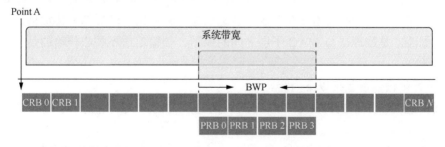

图 3-177　Point A 与 CRB 之间的关系示意图

Point A 相当于一个频域上的参考点。因为在 5G 中，频带宽度大幅增加，频域资源分配的灵活度增加，所以在 5G 中弱化了中心频点的概念，而使用 Point A 作为频域上的参考点来进行其他资源的分配，可以从以下两个参数中读取。

（1）offsetToPointA：这个参数定义了主小区下行链路中 Point A 和最低 RB 的最低子

载波之间的频率偏差。

（2）absoluteFrequencyPointA：这个参数直接定义了 Point A 的频率，单位是 ARFCN。

5. 5G 信道映射

物理层处理的起点是 MAC 层传下来的 TB，终点是生成基带 OFDM 信号，然后将基带 OFDM 信号变成射频信号，通过天线发射出去。5G 信道包括逻辑信道、传输信道和物理信道。

（1）逻辑信道。逻辑信道是 MAC 子层和 RLC 子层之间的信道，其只关注传输的信息是什么，根据传输的是控制信息还是业务信息，逻辑信道分为控制信道和业务信道。

① 控制信道用于传输控制面信息。

广播控制信道（BCCH，Broadcast Control Channel）：用于广播系统控制信息的下行信道。它在用户的实际工作开始之前，传送一些必要的通知信息。

寻呼控制信道（PCCH，Paging Control Channel）：用于传输寻呼信息和系统信息变化通知的下行信道。其是寻人启事类消息的入口，一般用于被叫流程。

公共控制信道（CCCH，Common Control Channel）：在 UE 和网络之间还没有建立 RRC 连接时，用于发送控制信息的信道，类似于主管和员工间协调工作用的渠道。

专用控制信道（DCCH，Dedicated Control Channel）：用于在 RRC 连接建立之后，UE 和网络之间发送一对一的专用控制信息的信道，类似于主管和亲信之间协调工作的渠道。

多播控制信道（MCCH，Multicast Control Channel）：点对多点的下行控制信息的传送信道，类似于领导给多个下属下达搬运货物的指示的渠道。

② 业务信道仅用于传输用户面信息。

专用业务信道（DTCH，Dedicated Traffic Channel）：专用于一个 UE 的点对点用户信息传输的信道，在上下行链路中都有。按照控制信道的命令或指示，把货物从这里搬到那里。

多播业务信道（MTCH，Multicast Traffic Channel）：点对多点的下行数据传送渠道。

（2）传输信道。传输信道是在对逻辑信道信息进行特定处理后加上传输格式等指示信息后的数据流，是物理层与 MAC 子层之间的信道。传输信道不关心传输的是什么，而是关心怎么传。

① 下行传输信道包括以下内容。

广播信道（BCH，Broadcast Channel）：通过广播的方式，给整个小区传输下行控制信息。

下行共享信道（DL-SCH，Downlink Shared Channel）：规定了待搬运货物的传送格式。其用于传送业务数据。

寻呼信道（PCH，Paging Channel）：用于传输寻呼信息。

② 上行传输信道包括以下内容。

上行共享信道（UL-SCH，Uplink Shared Channel）：规定了待搬运货物的传送格式。

其用于传送业务数据，方向为从终端到网络。

随机接入信道（RACH，Random Access Channel）：规定了终端接入网络时的初始协调信息格式。

（3）物理信道。物理信道就是信号实际传输的通道，是由特定的子载波、时隙、天线口确定的。

物理信道一般要进行两大处理过程：比特级处理（在二进制比特数字流上添加 CRC 校验；进行信道编码、交织、速率匹配、加扰）和符号级处理（调制、层映射、预编码、资源块映射、天线发送等）。在发送端，先进行比特级处理，再进行符号级处理；在接收端，顺序则反过来。

① NR 的下行物理信道缩减为 3 类。

物理广播信道（PBCH，Physical Broadcast Channel）：并不是所有广而告之的消息都从这里广播，部分是通过 PDSCH 传递。PBCH 承载的是小区 ID 等系统信息，用于小区搜索过程。

物理下行共享信道（PDSCH，Physical Downlink Shared Channel）：承载下行用户的业务数据。其是主要的下行物理信道。

物理下行控制信道（PDCCH，Physical Downlink Control Channel）：承载资源分配的控制信息，用于对 PDSCH 发号施令，寻呼指示以及随机接入响应需要用这个信道。

② 上行物理信道有以下 3 类。

物理随机接入信道（PRACH，Physical Random-Access Channel）：承载 UE 想接入网络时的信号——随机接入前导。

物理上行共享信道（PUSCH，Physical Uplink Shared Channel）：承载上行用户数据。其是主要的上行物理信道。

物理上行控制信道（PUCCH，Physical Uplink Control Channel）：上行方向对 PUSCH 发号施令。其承载着 HARQ 的 ACK/NACK、调度请求、信道质量指示等信息。

6. 5G NR 的物理层过程

5G NR 的物理层过程包括初始小区搜索过程、随机接入过程、波束管理过程和 UE 上报 CSI 的过程等。

（1）初始小区搜索过程：确定 CORESET 0 在时频域上的位置与确定初始 BWP 在时频域上的位置。SS/PBCH 块上的每个比特都含有至关重要的信息，并且在时频位置上也包含了关键的信息。

（2）随机接入过程：主要包括 4 个 Msg，重点是 SSB 波束和 PRACH 波束之间的关联。

（3）波束管理过程：NR 新引入的过程，主要目的是解决窄的上下行波束的配对问题，包括波束扫描、波束测量、波束报告、波束指示、波束恢复等过程。

（4）UE 上报 CSI 的过程：包括 gNB 发送参考信号、UE 测量 CSI、UE 报告 CSI 3 个步骤。

验收评价

任务名称 接入侧数据配置					
班级		小组			
评价要点	评价内容	分值	得分	备注	
知识	明确工作任务和目标	5			
	5G 频点计算	10			
	小区标识	5			
	跟踪区	10			
	5G NR 帧结构	10			
	5G 物理资源	15			
技能	BBU、ITBBU 及 AAU 等接入侧数据配置与调测	30			
操作规范	操作规范,防止设备损坏	5			
	数据配置标准、规范	5			
	安全用电	5			

模块 4
核心网数据维护

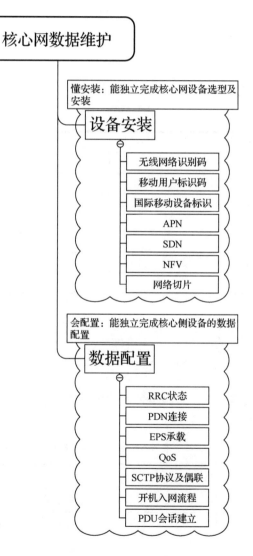

任务 4.1 设备安装

前期已经完成建安市区的基站设备硬件安装、数据配置及业务调试,本次任务需要按照运营商的要求完成核心网机房的设备配置。

知识点	技能点
无线网络识别码	核心侧设备安装
移动用户标识码	核心侧线缆连接
国际移动设备标识	
APN	
SDN	
NFV	
网络切片	

在通信系统中,需要定义一些网络标识的参数来区分终端、核心网等不同网元或网络,主要的网络标识,见表 4-1。

表 4-1 主要的网络标识

标识名称	说明
PLMN ID	公共陆地移动网络标识
IMSI	国际移动用户标识
MSISDN	移动用户 ISDN 号
IMEI	国际移动设备标识
GUTI	全球唯一临时标识

4.1.1 无线网络识别码

PLMN ID（Public Land Mobile Network Identity，公共陆地移动网络标识）是在某国家或地区，某运营商的某种制式的蜂窝移动通信网络。PLMN ID 是 PLMN 的全局唯一标识，由 MCC 和 MNC 两部分组成，MCC 全称 Mobile Country Code，移动国家代码，代表国家，MNC 全称 Mobile Network Code，移动网络代码，代表运营商。

4.1.2 移动用户标识码

1. 国际移动用户标识

国际移动用户标识（International Mobile Subscriber Identity，IMSI）是在移动网中唯一识别一个移动用户的号码，一般用户不可见，存储在 SIM 卡、HSS 中。IMSI=PLMN ID+MSIN=MCC+MNC+MSIN，总共 15 位，采取 E.212 编码格式，其结构如图 4-1 所示。

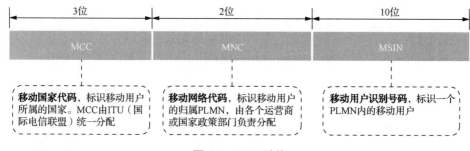

图 4-1 IMSI 结构

例如中国移动的某个用户的 IMSI 为 460 00 1234567890，460 代表中国，00 代表中国移动，1234567890 代表移动用户。

当手机开机后在接入网络的过程中有一个注册登记的过程，系统通过控制信道将经加密算法后的参数组传送给客户，手机中的 SIM 卡收到参数后，与 SIM 卡存储的经同样算法的客户鉴权参数对比，结果相同就允许接入，否则为非法客户，网络拒绝为此客户服务。

2. 移动用户 ISDN 号

移动用户 ISDN 号（Mobile Subscriber ISDN Number，MSISDN）是国际电信联盟电信标准局 ITU-T 分配给移动用户的唯一的识别号，也就是通常所说的"手机号码"，采取 E.164 编码方式，在 EPS 中，HSS 将签约的 MSISDN 带给 MME。MSISDN 由三部分组成，结构为 CC（Country Code，国家代码）＋NDC（National Destination Code，国内目的地码）＋SN（Subscriber Number，用户号码）。其组成结构如图 4-2 所示。

3. 全球唯一临时标识

全球唯一临时标识（Globally Unique Temporary Identity，GUTI）是全球范围内标识用户身份的临时号码，实际是用来代替 IMSI 的，为什么 IMSI 要被 GUTI 替代呢？是为了安全性考虑。在无线网络中空口是一个开放的接口，无论是对用户还是对运营商都不希望这个 IMSI 在空口中多次传输，所有手机在接入网络的过程中，我们会使用 GUTI 来代替

IMSI。GUTI 是由 MME 来进行分配的。通常在 attach accept，TAU accept，RAU accept 等消息中带给 UE。第一次 attach 时 UE 携带 IMSI，而之后 MME 会将 IMSI 和 GUTI 进行一个对应，以后就一直用 GUTI，通过 attach accept 带给 UE。GUTI 由五部分组成，结构为 MCC＋MNC＋MMEGI（MME Group ID）＋MMEC（MME Code，MME 编码）＋M-TMSI（MME-Temporary Mobile Subscriber Identity，MME 临时移动用户标识）。其结构组成如图 4-3 所示。

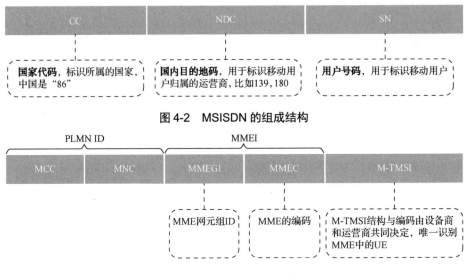

图 4-2　MSISDN 的组成结构

图 4-3　GUTI 的组成结构

既然 IMSI、MSISDN 和 GUTI 都可以用来标识用户，那么它们之间有什么不同呢？IMSI 是唯一识别一个移动用户，类似于身份证号；MSISDN：也是唯一识别一个移动用户，类似于人的姓名；每张 SIM 卡/USIM 卡的 IMSI 是唯一的，日常生活我们说的补卡，补的是 IMSI，而不是 MSISDN。GUTI 是为了防止 IMSI 被盗而用来替换使用的，类似于小名。

4.1.3　国际移动设备标识

国际移动设备标识（International Mobile Equipment Identity，IMEI）用于标识终端设备，它与每部手机一一对应，而且该码是全世界唯一的。每一部手机在组装完成后都将被赋予一个全球唯一的号码，这个号码从生产到交付使用都将被制造生产的厂商所记录，用于验证终端设备的合法性。拨 *#06# 可以查看手机对应的 IMEI。IMEI=TAC+FAC+SNR+SP，其结构组成如图 4-4 所示。

图 4-4　IMEI 的结构组成

4.1.4 APN

APN（Access Point Name，接入点名称）是在 4G EPS 网络中用来标识要使用的外部 PDN（Packet Data Network，分组数据网）网络。通过 DNS（Domain Name System，域名系统）将 APN 转换为 PDN-GW 的 IP 地址。APN 由两部分组成，包括 APN_NI（APN 网络标识符）和 APN_OI（APN 运营者标识符），并以".3gppnetwork.org"结尾，例如 ltetest.apn.epc.mnc001.mcc460.3gppnetwork.org，其结构组成如图 4-5 所示。

图 4-5 APN 的结构组成

拓展讨论

党的二十大报告提出，优化基础设施布局、结构、功能和系统集成，构建现代化基础设施体系。随着 5G 网络基础设施的布局，5G 技术将推动移动互联网、物联网、大数据、云计算、人工智能等关联领域裂变式发展，在制造业、农业、金融、教育、医疗、社交等垂直行业将赋予新应用，面对各垂直行业的差异化和碎片化的业务需求，5G 的核心网需要进行哪些改变呢？

4.1.5 5G 核心网架构

4G 核心网架构如图 4-6 所示，随着 5G 时代的流量陡增其存在如下局限。

（1）PGW 存在潜在的流量瓶颈：在 4G 网络中，所有的数据面（用户面）流量都通过 PGW，这种集中式的架构尽管便于管理和维护，但受限于网络回传流量。

（2）网络功能依赖于专用硬件。

（3）封闭的生态。

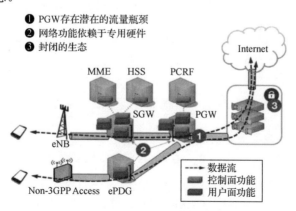

图 4-6 4G 核心网架构

因此，需对 4G 核心网架构进行重新设计，将其升级为 5G 核心网架构，如图 4-7 所示。

（1）控制面和用户面分离的分布式架构。

4G 核心网中的 MME 仅承担控制面功能，但是 SGW 和 PGW 既承担大部分用户面功能，又承担一部分控制面功能，这就使得用户面和控制面严重耦合，从而限制了 EPC 的开放性和灵活性。在这种架构下，很多网络元素必须运行于配备专用硬件的多个刀片式服务器上，这对于运营商来说是极大的开销。因此分布式的用户面可解决海量数据流量带来的瓶颈，同时集中化、简化的控制面可增强网络管理能力。

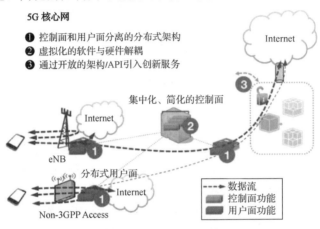

图 4-7　5G 核心网架构

毫米波芯片

（2）虚拟化的软件与硬件解耦。

（3）通过开放的架构/API 引入创新服务。

5G 核心网采用的是 SBA 架构（Service Based Architecture，即基于服务的架构）。SBA 架构，基于云原生架构设计，借鉴了 IT 领域的"微服务"理念。把原来具有多个功能的整体，分拆为多个具有独立功能的个体。每个个体，实现自己的微服务。4G 和 5G 网络架构对比，如图 4-8 所示。

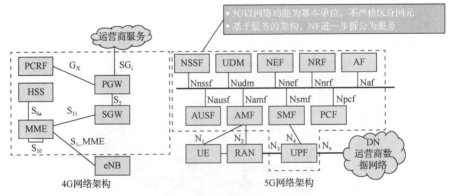

图 4-8　4G 和 5G 网络架构对比

移动核心网有三大功能，即移动管理、会话管理和数据传输。我们从其中不难发现 NF（网络功能）有 10 个（NSSF、UDM、NEF、NRF、AF、AUSF、AMF、SMF、PCF、UPF）。这是微服务思想的体现。

微服务是一种新的软件架构，它把一个大型的服务分解为若干个小型的独立服务，每个服务可独立运行、扩展、开发和演化。微服务架构的采用为 5G 核心网的维护和扩展提供了极大的便利性，也利于切片技术的实现。

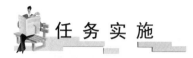

4.1.6 核心侧设备安装

（1）打开 IUV-5G 全网仿真，单击下方"网络配置—设备配置"，找出建安市核心网机房，如图 4-9 所示。

图 4-9 站点分布图

（2）单击进入建安市核心网机房，从左往右分别为 HSS、MME、SGW、PGW 设备机柜及 ODF 架。单击进入最中间的机柜，在主界面右下角显示的"设备资源池"中，提供大、中、小三种型号的 MME、SGW、PGW 设备可供使用。这里选择大型 MME、大型 SGW、大型 PGW，分别拖到机柜区域，设备会自动安装到机柜里，如图 4-10 所示。

图 4-10 建安市核心网机房 MME、SGW 和 PGW 设备机柜

（3）退回到机房完整界面，单击进入最左边的 HSS 设备机柜。由于上一步的 MME 设备选择为大型，其支持 SAU 数为 300 万，故 HSS 也应支持 SAU 数为 300 万，即此处就该选择大型 HSS，在右下角设备资源池中单击大型 HSS 设备，按住鼠标左键拖至机柜内对应提示框处，完成 HSS 设备安装，如图 4-11 所示。

图 4-11　建安市核心网机房 HSS 设备机柜

（4）退回到机房完整界面，单击进入最右边的白色机柜，进入 ODF 架界面，如图 4-12 所示。

图 4-12　建安市核心网机房 ODF 架

（5）单击主界面右上角"设备指示"中的 ODF 网元，进入 ODF 架内部结构显示界面，ODF 光纤配线架是专为光纤通信机房设计的光纤配线设备，具有光缆固定和保护功能，光缆终接和跳线功能，如图 4-13 所示。

模块 4　核心网数据维护

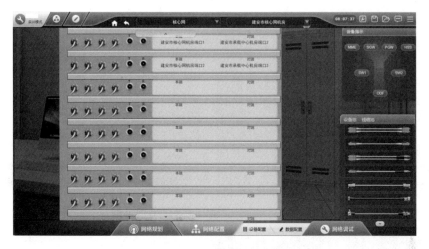

图 4-13　ODF 架内部结构

（6）单击"设备指示"中的 SW1，进入交换机物理界面，观察可知其内部有 6 个 10GE 光口，6 个 40GE 光口，6 个 100GE 光口及 6 个 GE 网口，其内部结构如图 4-14 所示。

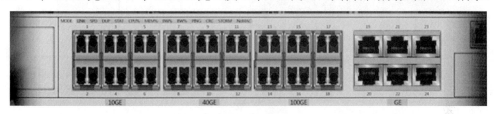

图 4-14　SW1 内部结构

4.1.7　核心侧线缆连接

（1）MME 与 SW1 之间的线缆连接。在完成所有核心网设备的安装后，单击主界面右上角"设备指示"中的 MME 进入 MME 内部结构，其中第 7 槽位和第 8 槽位的单板为 MME 物理接口单板。此处以第 7 槽位的单板为例，我们可以看到有 3 个 10GE 光口可供使用，从上到下编号为 1、2、3。在主界面右下角线缆池中单击"成对的 LC-LC 光纤"，将其一头连接在 MME 设备第 7 槽位单板的 1 号口上，然后单击"设备指示"中的 SW1 进入交换机内部，将线缆的另一头连接在 SW1 的任意 10GE 光口上，完成 MME 与 SW1 之间的线缆连接，如图 4-15 所示。

（2）SGW 与 SW1 之间的线缆连接。单击主界面右上角"设备指示"中的 SGW 进入 SGW 内部结构，其中第 7 槽位和第 8 槽位的单板为 SGW 物理接口单板。此处以第 7 槽位的单板为例，我们可以看到只有 1 个 100GE 光口可供使用。因此，在主界面右下角线缆池中单击"成对的 LC-LC 光纤"，将其一头连接在 SGW 设备第 7 槽位单板的 100GE 光口上，然后单击"设备指示"中的 SW1 进入交换机内部，将线缆的另一头连接在 SW1 的任意 100GE 光口上，完成 SGW 与 SW1 之间的线缆连接，如图 4-16 所示。

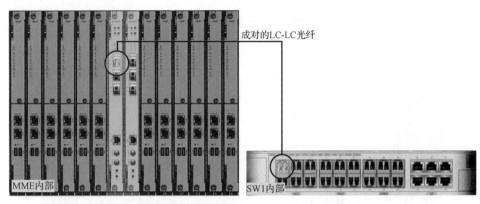

图 4-15　MME 与 SW1 之间的线缆连接

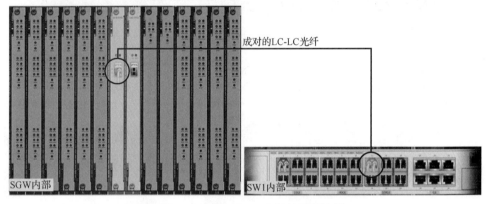

图 4-16　SGW 与 SW1 之间的线缆连接

（3）PGW 与 SW1 之间的线缆连接。单击主界面右上角"设备指示"中的 PGW 进入 PGW 内部结构，其中第 7 槽位和第 8 槽位的单板为 PGW 物理接口单板。此处以第 7 槽位的单板为例，我们可以看到只有 1 个 100GE 光口可供使用。因此，在主界面右下角线缆池中单击"成对的 LC-LC 光纤"，将其一头连接在 PGW 设备第 7 槽位单板的 100GE 光口上，然后单击"设备指示"中的 SW1 进入交换机内部，将线缆的另一头连接在 SW1 的任意 100GE 光口上，完成 PGW 与 SW1 之间的线缆连接，如图 4-17 所示。

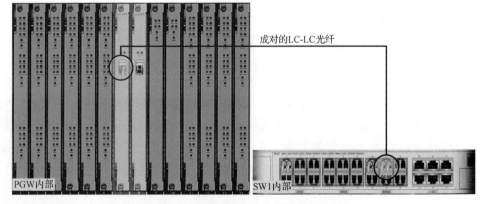

图 4-17　PGW 与 SW1 之间的线缆连接

(4) HSS 与 SW1 之间的线缆连接。单击主界面右上角"设备指示"中的 HSS 进入 HSS 内部，其中第 7 槽位和第 8 槽位的单板为 PGW 物理接口单板。此处以第 7 槽位的单板为例，我们可以看到只有 1 个 100GE 光口可供使用，编号为 1。因此，在主界面右下角线缆池中单击"以太网线"，将其一头连接在 PGW 设备第 7 槽位单板的 100GE 光口上，然后单击"设备指示"中的 SW1 进入交换机内部，将线缆的另一头连接在 SW1 的任意 GE 光口上，完成 HSS 与 SW1 之间的线缆连接，如图 4-18 所示。

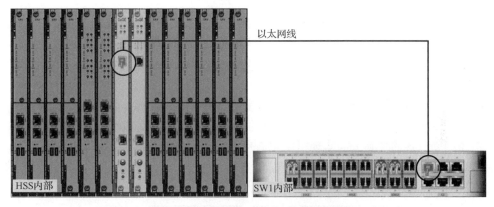

图 4-18　HSS 与 SW1 之间的线缆连接

(5) ODF 架与 SW1 之间的线缆连接。当核心网的所有网元均连接至 SW1 后，需要完成 ODF 架与 SW1 之间的线缆连接，实现核心网与承载网间的相互连接。单击"设备指示"中的 SW1 进入交换机内部，在右下角线缆池中单击"成对的 LC-FC 光纤"，将线缆的一头连接在 SW1 的任意 100GE 光口上，然后单击"设备指示"中的 ODF 网元，将线缆的另一头连接在 ODF 架第一对接口，将信号传递至承载中心机房 ODF 架端口 1，当然这里也可以选择第二对接口，取决于自身的网络规划，如图 4-19 所示。

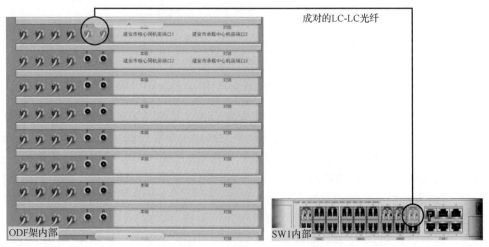

图 4-19　ODF 架与 SW1 之间的线缆连接

4.1.8 SDN

SDN（Software Defined Network，软件定义网络）是 5G 的关键技术之一。传统网络是分布式控制架构，通常部署网管系统作为管理平面，控制平面和数据平面分布在每台设备上。由于用于协议计算的控制平面和报文转发的数据平面位于同一台设备中，当路由计算和拓扑变化后，每台设备都要重新进行路由计算。每台设备独立收集网络信息，独立计算，并且只关心自己的选路，所有设备在计算路径时缺乏统一性。流量路径的调整需要在网元上配置流量策略来实现，对大型网络的流量进行调整不仅烦琐而且还很容易出现故障。不同厂家设备的控制平面实现机制也有所不同，所以新功能的部署周期较长，如果需要对设备软件进行升级，还需要在每台设备上一一进行操作，大大降低了工作效率。传统网络架构与 SDN 架构对比，如图 4-20 所示。

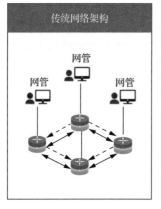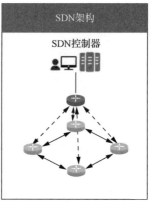

图 4-20 传统网络架构与 SDN 架构对比

SDN 是一种新型的网络架构，它的设计理念是通过某种网络协议将网络设备的控制平面与数据平面分离，也就是将路由器/交换机中的路由决策等控制功能从设备中独立出来，统一由集中控制器中的软件平台去实现可编程化控制底层硬件，实现对网络资源的按需分配。在 SDN 中负责单纯的数据转发的网络设备，可以采用通用的硬件，而原来负责控制的操作系统将提炼为独立的网络操作系统，负责对不同业务特性进行适配，而且网络操作系统和业务特性及硬件设备之间的通信都可以通过编程来实现。

5G 网络中引入 SDN 技术，能够快速实现控制与转发的分离、控制平面的集中部署和转发资源的全局调度，通过可编程接口为后续 5G 网络的智慧化运维提供技术手段。SDN 的典型架构分为应用层、控制层、基础设备层三层，如图 4-21 所示。

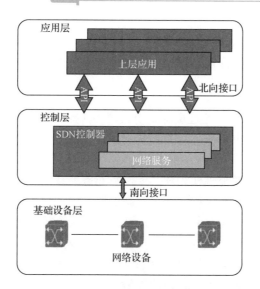

图 4-21 SDN 三层架构

应用层通过控制层提供的编程接口对底层设备进行编程，把网络的控制权开放给用户，基于北向接口开发各种业务应用，实现丰富多彩的业务创新应用。

控制层由 SDN 控制器组成，控制器集中管理网络中所有的设备，将整个网络虚拟化为资源池，根据用户不同的需求及全网拓扑网络，灵活地动态分配资源。SDN 控制器具有网络的全局视图，负责管理整个网络。其对下层，通过标准的协议与基础网络进行通信；对上层，通过开放接口向应用层提供对网络资源的控制能力。

基础设备层是硬件设备层，专注于单纯的数据业务物理转发。对于物理层我们关注的通常是控制层的安全通信，其处理性能一定要高，以实现高速数据转发。

南向接口是物理设备与控制器信号传输的通道，相关的设备状态、数据流表项和控制指令都需要经由 SDN 的南向接口传达，从而实现对设备的管控。

北向接口是通过控制器向上层业务应用开发的接口，目的是使业务应用能够便利地调用底层的网络资源。北向接口直接为业务应用服务，其设计需要密切联系业务应用需求，具有多样化的特征。

4.1.9 NFV（网络功能虚拟化）

1. NFV 的产生

运营商的网络通常采用的是专用的硬件设备，为了满足不断新增的网络服务，运营商还必须增加新的专有硬件设备，并为这些设备提供所需的存放空间及电力供应，随着能源成本和资本投入的增加，专有硬件的集成和操作复杂性增大，这种业务建设模式越来越不合理。

专有硬件设备存在一定的生命周期，并且需要不断经历"规划-设计-开发-整合-部署"的过程，而在此过程中并不会为整个业务带来收益，随着技术和需求的快速发展，硬件设备的可使用生命周期也越来越短，严重影响了电信网络业务的运营收益，同时也限制了新业务的技术创新。

为了解决这些问题，NFV 技术应运而生，NFV 采用虚拟化技术，将传统的电信设备与硬件解耦，可基于通用的计算、存储、网络设备实现电信网络功能。

2. NFV 的特点

NFV 强调功能而非架构，通过重用商用云网络（控制面、数据面、管理面的分离）支持不同的网络功能需求。NFV 技术可有效提升业务支撑能力，缩短网络建设周期，主要体现在以下三方面。

（1）业务拓展。网元功能演变为软实体，新业务加载及版本更新可自行完成；同时，网元功能提供给自费三方，可以根据需求动态调整容量大小。

（2）网络建设。网元功能与硬件解耦，可统一建设资源池，根据需要分配资源，快速加载业务软件；多种业务共享相同的硬件设备，降低建设成本。

（3）网络维护。多种业务共享虚拟资源，便于集中部署，同时集中化可以进一步发挥虚拟化资源共享、快速部署和动态调整的优势。

3. NFV 与 SDN 的关系

NFV 与 SDN 高度互补。NFV 可以不需要 SDN 独立实施，也可以两个方案配合使用。NFV 的目标是可以仅依赖当前数据中心的技术来实现，但是通过 SDN 技术可以将设备的控制面与数据面相分离，提升网络虚拟化的性能，易于兼容现存系统，且利于操作和维护。

NFV 可以通过提供给 SDN 软件运行的基础设施方式来支持 SDN，并且 NFV 与 SDN 一样可以使用服务器、交换机来实现。

4.1.10 网络切片

5G 网络要实现万物互联，但是不同类型的应用对网络的需求是有差异的，有的甚至是相互冲突的。通过单一网络同时为不同类型的应用场景提供服务，会导致网络架构异常复杂，网络管理效率和资源利用率低下，因此，5G 系统将使用逻辑的而不是物理资源，帮助运营商提供一种业务的基础网络构建，为灵活性网络需求提供量身定制的网络服务。

1. 网络切片的定义

网络切片是指一组网络功能，以及运行这些网络功能的资源、特定配置所组成的集合。这些网络功能及相应的配置形成一个完整的逻辑网络，这个逻辑网络包含特定业务所需要的网络特征，为此特定的业务场景提供相应的网络服务。网络切片的本质就是将物理网络划分为多个虚拟网络，这些虚拟网络是独一无二的，并且针对特定的服务或应用程序进行了优化。每个虚拟网络只能配置执行特定任务所需的特定资源，例如自动驾驶汽车、物联网设备和移动服务。这种技术最明显的优势是资源分配的优化和调整，以满足特定客户和细分市场的需求。客户端服务可以分为 eMBB、mMTC 和 urLLC，每个类别都有自己的吞吐量、带宽、延迟和鲁棒性要求。网络切片是通过结合使用 SDN、SDR、NFV、数据分析和自动化来实现的。

2. 网络切片的分类

网络切片是一个完整的逻辑网络,可以独立承担部分或是全部的网络功能。其根据承担的网络功能可以分成独立切片和共享切片。

1)独立切片

独立切片是指拥有独立功能的切片,包括控制面、用户面及各种业务功能模块,为特定用户群提供独立的端到端专网服务或者部分特定功能服务。

2)共享切片

共享切片是指其资源可供各独立切片共同使用的切片,共享切片提供的功能可以是端到端的,也可以只提供部分共享功能。

3. 网络切片的整体架构

5G 端到端网络切片是指网络资源灵活分配,网络能力按需组合,基于一个 5G 网络虚拟出多个具备不同特性的逻辑子网。每个端到端网络切片均由无线网、传输网、核心网的子切片组合而成,并通过端到端切片管理系统进行统一管理,如图 4-22 所示。

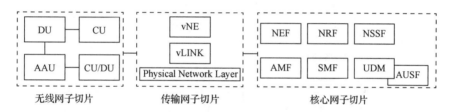

图 4-22　5G 端到端网络切片整体架构

5G 无线网基于统一的空口框架,根据不同业务对时延和带宽的要求,由有源天线单元(Active Antenna Unit,AAU)、分布单元(Distributed Unit,DU)、集中单元(Centralized Unit,CU)功能的灵活切分和部署组成不同的网络切片。

5G 传输网子切片是在网元切片构建的虚拟网元(virtual Network Embedding,vNE)和链路切片构建的虚拟链路(virtual Link,vLINK)形成的资源切片基础上,包含数据面、控制面、业务管理/编排面的资源子集、网络功能、网络虚拟功能的集合。通过网络的虚拟化,上层业务和物理资源相互独立,各切片之间能够实现安全隔离。

5G 核心网将控制面和数据面彻底分离,网元由多个网络功能(NetworkFunction,NF)构成,NF 接口通过总线型网络相互连接。核心网子切片采用网络切片选择功能(Network Slide Selection Function,NSSF)实现切片的选择,通过能力开放功能(Network Exposure Function,NEF)支持定制化的网络功能参数,既可以实现以公共陆地移动网(Public Land Mobile Network,PLMN)为单位部署的公共服务,也可以共享多个 NF 为多个切片提供服务,并实现各垂直行业的定制需求。

验 收 评 价

任务名称 核心设备安装				
班级		小组		
评价要点	评价内容	分值	得分	备注
知识	明确工作任务和目标	5		
	无线网络识别码	5		
	移动用户标识码	5		
	国际移动设备标识	10		
	APN	10		
	SDN	5		
	NFV	5		
	网络切片	10		
技能	设备选型与安装	15		
	线缆选择与连接	15		
操作规范	规范操作，防止设备损坏	5		
	环境卫生，注意安全用电	5		
	数据配置合理、标准、规范	5		

任务 4.2　数据配置

建安市核心网设备配置

任 务 描 述

建安市 B 站点运营商机房里的核心网设备安装和线缆连接已经全部完成，经过上电调试，所有的硬件告警也排查完成，需要完成核心网网元数据配置和对接配置。

模块 4 核心网数据维护

资讯清单

知识点	技能点
RRC 状态	核心网网元数据配置流程
PDN 连接	核心网网元数据配置参数规划
EPS 承载	
QoS	
SCTP 协议及偶联	
开机入网流程	
PDU 会话建立	

4.2.1 RRC 状态

1. 什么是状态？

为了尽可能地节约资源，我们需要为移动通信网络定义状态和流程。这里的资源包括无线信道资源和终端电池电力资源。通常我们希望：

（1）当终端没有业务需要就不需要注册到网络，这样发射天线和终端没有业务需要时就不用注册到网络，发射和接收天线都可以关闭。

（2）终端能只需开启接收天线就不要开启发射天线，因为发射天线更费电。

（3）能不占用专有信道就不占用专有信道，因为专有信道资源宝贵、数据传送频率更高，更加费电。有持续的数据传送需求时网络才给终端分配专有信道资源。

（4）在保证信令和数据传送不影响上层业务的情况下，能不连续传送就不连续传送，休息一下就会节约一些电量。

2. RRC

RRC（Radio Resource Control，无线资源控制）是指移动通信中基站与手机直接交互各种控制信息，从而手机才会收发信息。4G 中的 RRC，手机和基站之间有两种状态：RRC 连接态（RRC CONNECTED）和 RRC 空闲

手机通话流程

态(RRC IDLE),5G 为了应对万物互联,减少信令开销及功耗,引入了 RRC 去激活态(RRC INACTIVE),这三种状态有什么区别呢?如图 4-23 所示。

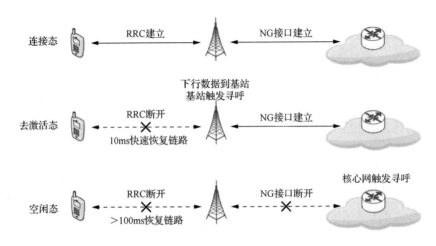

图 4-23　5G 终端的三种状态

连接态代表终端和基站,基站和核心网之间都为目标终端(手机)建立了连接,可以随时进行数据传输,这种状态无须建立时延,因此时延最短。

去激活态代表终端和基站之间未建立连接,而基站和核心网之间为终端建立了连接。手机处于省电"睡觉状态",即"半睡半醒"。保留部分 RAN 上下文(如安全上下文)、UE 能力信息等,始终保持与网络连接,一旦有数据需要发给终端,基站会下发寻呼,终端收到后快速与基站建立连接(10ms 快速恢复),终端由去激活态变成连接态。

空闲态代表终端和基站之间,基站和核心网之间都未给目标终端(手机)建立连接。手机一段时间没有数据收发,就自动断开无线通道,进入"睡眠模式",有利于省电,此时基站不知道手机的位置,有电话业务时,需要在跟踪区 TA 的一批基站下,寻呼定位手机。手机即使在空闲态,只要移动出 TA,就会主动与基站连接,向核心网报备新的所属 TA,从而基站不会和手机"失联"。如果有数据发给终端,或者终端需要发送数据,那么由空闲态转入连接态需要大于 100ms 的时延。

4.2.2　PDN 连接

LTE 网络是一个只有 PS 域的全 IP 移动网络,因此必须要连接到一个 PDN 才能执行数据通信。PDN 代表的是外部网络,我们使用 APN 来标识,比如中国移动对接 Internet 的 APN 叫 CMNET,对接 IMS 网络的 APN 叫 IMS,对接物联网的 APN 叫 CMIOT。PDN 连接则代表了访问外部网络的一个连接。PDN 连接如图 4-24 所示。

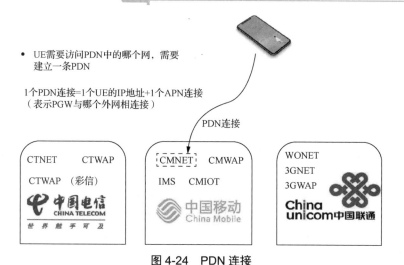

图 4-24　PDN 连接

4.2.3　EPS 承载

1. EPS 承载与 PDN 连接的关系

由于 PDN 连接不仅仅包括 IP 地址，还包括支撑这个 PDN 连接的 QoS 内容。这就有了 EPS 承载的概念。EPS 承载用来识别 UE 到某个外部 PDN 连接采用相同 QoS 控制的数据流。比如中国移动有 Internet 网，wap 网等，Internet 网里可能有网页浏览、在线视频和 FTP 下载等不同服务，我们就需要建立不同 QoS 的 EPS 承载，这些承载都关联到相同的 PDN，如图 4-25 所示。因此，EPS 承载可以理解为是 LTE 网络为用户即将进行的业务修建的一条道路，是 PDN 连接的一个子集。

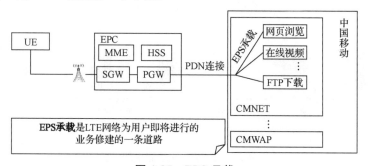

图 4-25　EPS 承载

2. GBR 承载和 Non-GBR 承载

根据 QoS 的不同，EPS 承载可以划分为两大类：GBR（Guaranteed Bit Rate）和 Non-GBR。GBR 是指承载要求的比特速率被网络"永久"恒定地分配，即使在网络资源紧张的情况下，相应的比特速率也能够保持。MBR（Maximum Bit Rate）参数定义了 GBR 承载在资源充足的条件下，能够达到的速率上限。MBR 的值有可能大于或等于 GBR 的值。相反，Non-GBR 指的是在网络拥挤的情况下，业务（或者承载）需要承受降低速率的要求，由于 Non-GBR 承载不需要占用固定的网络资源，因而可以长时间地建立。而 GBR 承载一般只是在需要时才建立。

3. 默认承载和专有承载

EPS 系统中，为了提高用户体验，减小业务建立的时延，真正实现用户的"永远在线"，引入了默认承载（Default EPS Bearer）的概念，即在用户开机，进行网络附着的同时，为该用户建立一个固定数据速率的默认承载，保证其基本的业务需求，默认承载是一种 Non-GBR 承载。

为了给相同 IP 地址的 UE 提供具有不同 QoS 保障的业务，如视频通话、移动电视等，需要在 UE 和 PDN 之间建立一个或多个专有承载（Dedicated EPS Bearer）。连接到相同 PDN 的其他 EPS 承载称为专有承载，运营商可以根据 PCRF（Policy And Charging Resource Function）定义的策略，将不同的数据流映射到相应的专有承载上，并且对不同的 EPS 承载采用不同的 QoS 机制。因此，一个 PDN 连接至少由一个 EPS 承载组成，根据不同的业务对 QoS 的需求可以建立更多的 EPS 承载，一个 PDN 连接默认承载只有一条，专有承载最多 10 条。默认承载只要用户附着在网络上就永久存在，而专有承载需要 UE 发起针对特定业务的访问来动态触发，专有承载可以是 GBR 承载，也可以是 Non-GBR 承载。专有承载的创建或修改只能由网络侧来发起，并且承载 QoS 参数值总是由核心网来分配。

4.2.4 QoS

LTE 网络中 QoS 的基本粒度为 EPS 承载，UE 到 PGW 之间具有相同 QoS 的业务流称为一个 EPS 承载。其包括 UE 到 eNB 空口间的无线承载，eNB 到 SGW 之间的 S1 承载，SGW 和 PGW 之间的 S5/S8 承载，其中无线承载与 S1 承载合称 E-RAB，如图 4-26 所示。

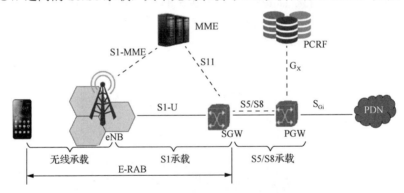

图 4-26　E-RAB 在承载中的位置

E-RAB 包括无线通信中最特别的无线介质部分，因此 E-RAB 建立的成功率是实际网络运维最重要的监控指标。LTE 网络中，承载是 QoS 处理的最小粒度，EPS 承载和无线承载之间是一对一的关系，有新建 QoS 需求时，需同时新建无线及有线承载，进行核心网控制承载的管理（包括建立/修改/释放），而 RAN 侧只能接受或拒绝来自核心网的承载管理请求。5G 核心网取消了承载的概念，引入了 QoS 流（QoS Flow）的概念，QoS 流是 5G QoS 处理的最小粒度，是执行策略和计费的地方。一个 QoS 流 ID（QFI）用于标识一条 QoS 流。如果一个或多个服务数据流 SDF 共享相同的策略和计费规则（相当于 LTE 网络中的 EPS 承载），而且刚好它们可以在同一个 QoS 流中传输，那么同一个 QoS 流中的所有流量都接受相同的处理。

模块 4　核心网数据维护

建安市核心网之 MME

4.2.5　配置 MME

1. 本局数据配置

MME 网元作为接入网络的关键控制节点，必须与网络中其他节点配合才能完成交换和控制功能，因此需要针对交换局的不同情况配置各自的局数据。本局数据包括全局移动参数和 MME 控制面地址。

回到主界面，单击"网络配置—数据配置"按钮，在上方的下拉框中选择"建安市核心网机房"，进入核心网机房数据配置界面，如图 4-27 所示。

图 4-27　建安市核心网机房数据配置界面

（1）设置全局移动参数：单击 MME→全局移动参数，如图 4-28 所示。

图 4-28　MME 全局移动参数数据配置界面

185

对应参数说明如下。

- MCC+MNC：对应于 IMSI 的一部分，MCC 为移动国家代码，MNC 为移动网络代码，代表运营商。
- CC+NDC：对应于 MSISDN 手机号的一部分，CC 同样代表国家代码，NDC 为国内目的地码，代表运营商。
- 群组 ID：当核心网机房存在多个 MME 时，会有一个 MME 池，所以我们需要知道当前 MME 属于哪个 MME 群组，以及它在这个群组里的代码是多少。

（2）设置 MME 的控制面地址：单击 MME→MME 控制面地址，如图 4-29 所示。

图 4-29　MME 控制面地址配置界面

对应参数说明：

- MME 控制面地址：这里指的是 MME 上 S10、S11 接口地址。

2. 网元对接配置

网元对接配置主要是配置 MME 与 eNB、HSS、SGW 之间的对接参数。

① 与 eNB 对接配置。

a. 单击"MME→与 eNB 对接配置→eNB 偶联配置"，如图 4-30 所示。

对应参数说明如下。

- 本地偶联 IP、对端偶联 IP：因为这条偶联指的是 BBU 与 MME 之间的偶联，MME 与 BBU 之间的接口是 S1-MME，所以本地偶联 IP 指的是 MME 上的 S1-MME 地址。对端偶联 IP 指的是 BBU 的 IP 地址。
- 本端偶联端口号、对端偶联端口号：这里的本端和对端端口号必须与"BBU→对接配置→SCTP 配置"里的本端和对端端口号相吻合。
- 应用属性：相对于 BBU 而言，MME 提供服务，所以这里选择"服务器"。

b. 单击"MME→与 eNB 对接配置→TA 配置"，单击"+"增加 TA，如图 4-31 所示。

模块 4　核心网数据维护

图 4-30　MME 与 eNB 偶联对接配置

图 4-31　MME 上的 TA 数据配置

对应参数说明如下。

- TAC：跟踪区码，为 4 位十六进制数。

② 与 HSS 对接配置。

a. 单击"MME→与 HSS 对接配置→增加 Diameter 连接"，单击"+"，增加一条 Diameter 连接，如图 4-32 所示。

对应参数说明如下。

- 偶联本端 IP：因为这条 Diameter 连接指的是 MME 与 HSS 之间的偶联，而 MME 和 HSS 是通过 S6a 接口进行连接的，所以偶联本端 IP 指的就是 MME 侧的 S6a 接口地址。
- 偶联本端端口号：这里本端指的就是 MME 侧，因为之前 MME 与 eNB 偶联占用了端口 1，所以这里的取值只要不重复即可。
- 偶联对端 IP：这里指的是 HSS 侧的 S6a 接口地址。
- 偶联对端端口号：这里指的是 HSS 上用于与 MME 对接的端口，不重复即可。
- 偶联应用属性：相对于 HSS，MME 是客户端。
- 本端主机名、域名和对端主机名、域名：自行定义，但必须与"HSS→与 MME

对接配置"里的参数配置相对应。

图 4-32　MME 与 HSS 之间的 Diameter 连接配置

b. 单击"MME→与 HSS 对接配置→号码分析配置",单击"+",新增分析号码,如图 4-33 所示。

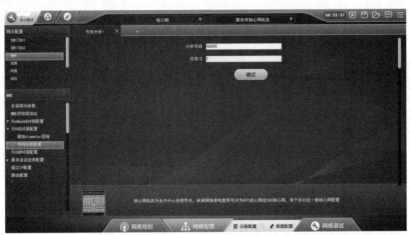

图 4-33　号码分析数据配置

对应参数说明如下。

■ 分析号码:用户接入网络时 IMSI 的整个号码或是前 6 位,如果这里填的是 46000,那么就会解析所有以 46000 开头的 IMSI。

■ 连接 ID:这个 ID 与 Diameter 连接里的"连接 ID"相对应。一条 Diameter 连接 ID 对应一个分析号码 ID。也就是说当用户接入网络,MME 首先分析用户号码,比如这里分析号码里填的是 46000,那么 MME 就会判断用户号码是不是 46000,如果是,就会通过这个分析号码找到与之对应的连接 ID,再根据"连接 ID"里的偶联配置去找相应的 HSS 进行鉴权。

③ 与 SGW 对接配置:单击"MME→与 SGW 对接配置",如图 4-34 所示。

图 4-34　MME 与 SGW 的对接数据配置

对应参数说明如下。

- MME 控制面地址：这里指的是 MME 上的 S11 接口地址。
- SGM 管理的跟踪区 TAID：在"MME→与 eNB 对接配置→TA 配置"中添加了几个 TA，这里就需要勾选几个 TAID。因为 SGW 负责管理这个区域内用户会话和承载建立，所以这里需要把 SGW 管理的 TAID 勾选上。

3．基本会话业务配置

基本会话业务主要是配置系统中相关业务需要的解析，包括 APN 解析、EPC 地址解析。

① APN 解析配置：单击"MME→基本会话业务配置→APN 解析配置"，再单击"+"增加一条 APN 解析，如图 4-35 所示。APN 解析是对 PGW 地址的解析，也就是指明用户是通过哪个 PGW 连接到互联网的。

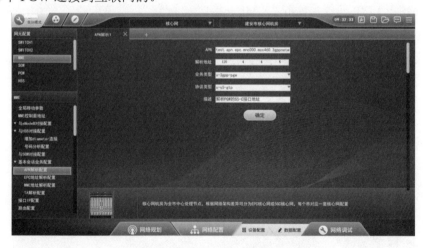

图 4-35　APN 地址解析数据配置

对应参数说明如下。

- APN：APN 通常是在 PGW 定义的，这里只是通过域名指明要解析的是哪个 APN。

- 解析地址：因为 APN 是配置在 PGW 上的，所以这个解析地址解析的就是 PGW 上的 S5-C 接口地址。

② EPC 地址解析配置：单击"MME→基本会话业务配置→EPC 地址解析配置"，再单击"+"增加一条 EPC 地址解析，如图 4-36 所示。

图 4-36　EPC 地址解析数据配置

对应参数说明如下。

- 名称：TAC 所对应的域名，一个 TA 对应一个域名。
- 解析地址：EPC 地址解析是对 SGW 地址的解析，因为 TAC 是由 SGW 进行管理的，MME 与 SGW 之间通过 S11 接口相连接，所以这里解析地址填的是 SGW 上的 S11 接口地址。

（1）接口地址及路由配置。

① MME 接口 IP 配置：单击"MME→接口 IP 配置"，再单击"+"新增一个 MME 物理接口 IP，如图 4-37 所示。

图 4-37　MME 接口 IP 数据配置

对应参数说明如下。
- 槽位、端口或接口 ID：与 MME 设备上的物理连线相吻合，MME 与 SW1 相连接时用的是第 7 槽位的 1 号口，所以这里槽位填 7，端口或接口 ID 选 1。如果设备采用主备配置，8 号槽位也有连线，那么就需要再新增一个物理接口 IP 配置。
- IP 地址：这里指的是 MME 第 7 槽位单板的物理地址。

② 路由配置：单击"MME→路由配置"，再单击"+"新增一条路由，因为 MME 通过 S1-MME、S11、S6a 接口分别与 BBU、SGW 和 HSS 相连接，所以这里需要配置 3 条路由，如图 4-38、图 4-39 和图 4-40 所示。

a. 去往 BBU 的路由配置。

对应参数说明如下。
- 目的地址：这条路由指 MME 去往 BBU，因此这里的目的地址就是 BBU 的 IP 地址。
- 掩码：255.255.255.255，表示路由唯一。
- 下一跳：因为 MME 与 BBU 不在同一个网段，MME 要去往 BBU，首先要跳出自己的网关，所以这里的下一跳 IP 填的就是 MME 的网关 IP。
- 优先级：当配置了主设备交换机或是配置了网络冗余的时候，优先级 1~255 取值，当优先级 1 不通时，就会退而求其次选择优先级为 2 的路由。

图 4-38　MME 与 BBU 之间的路由配置

b. 去往 SGW 的路由配置。

对应参数说明如下。
- 目的地址：这条路由指 MME 通过 S11 接口去往 SGW，因此这里的目的地址就是 SGW 上的 S11 接口地址。
- 掩码：255.255.255.255，表示路由唯一。
- 下一跳：因为 MME 与 SGW 处于同一个网关，所以要前往 SGW 的 S11 接口就必须先跳到 SGW 这个物理设备上，因此这里的下一跳 IP 填的就是 SGW 的物理接口 IP。

图 4-39　MME 与 SGW 之间的路由配置

图 4-40　MME 与 HSS 之间的路由配置

c. 去往 HSS 的路由配置。

对应参数说明如下。

■ 目的地址：这条路由指 MME 通过 S6a 接口去往 HSS，因此这里的目的地址就是 HSS 上的 S6a 接口地址。

■ 掩码：255.255.255.255，表示路由唯一。

■ 下一跳：因为 MME 与 HSS 处于同一个网关，所以要前往 SGW 的 S6a 接口就必须先跳到 HSS 这个物理设备上，因此这里的下一跳 IP 填的就是 SGW 的物理接口 IP。

4.2.6　配置 SGW

SGW 网元的功能相对简单，它只需要在 MME 的控制下进行数据包的路由和转发，即将接收到的用户数据转发给指定的 PGW 网元，又因为接收

建安市核心网之 SGW

和发送均为 GTP 协议数据包,从而也不需要对数据包进行格式转化,简单来讲 SGW 就是 GTP 协议数据包的双向传输通道。

(1)本局数据配置。

单击"SGW→PLMN 配置",如图 4-41 所示。

对应参数说明如下。

- MCC+MNC:移动国家代码+移动网络代码=PLMN(公共陆地移动网),配置 SGW 所属的 PLMN,其目的在于当 SGW 收到用户的激活请求消息并解析出用户的 IMSI 号码是 MCC 和 MNC 后,需要与 SGW 所归属的 PLMN 中的 MCC 和 MNC 进行比较,以便区分用户是本地用户还是漫游用户。当 SGW 与周边网元进行交互时,也需要在信令中携带 SGW 归属的 PLMN 信息。

图 4-41　SGW 的 PLMN 配置

(2)网元对接配置。

这里的网元对接主要是配置 SGW 与 MME、eNB、PGW 之间的对接参数。

① 与 MME 对接配置:单击"SGW→与 MME 对接配置",如图 4-42 所示。

图 4-42　SGW 与 MME 对接配置

对应参数说明如下。

- S11-gtp-IP-address：这里的 IP 指的是 SGW 上与 MME 对接的 S11 接口地址。

② 与 eNB 对接配置：单击"SGW→与 eNB 对接配置"，如图 4-43 所示。

图 4-43　SGW 与 eNB 对接配置

对应参数说明如下。

- S1u-gtp-IP-address：这里的 IP 指的是 SGW 上与 BBU 对接的 S1-U 接口地址。

③ 与 PGW 对接配置：单击"SGW→与 PGW 对接配置"，如图 4-44 所示。

图 4-44　SGW 与 PGW 对接配置

对应参数说明如下。

- S5S8-gtpc-IP-address：这里的 IP 指的是 SGW 上与 PGW 对接的 S5-C 接口地址，GTP-C 和 GTP-U 作为 GTP 协议的控制面和用户面，分别对网络的控制流和业务数据流进行处理。
- S5S8-gtpu-IP-address：这里的 IP 指的是 SGW 上与 PGW 对接的 S8-U 接口地址。

(3) 接口地址及路由配置。

① 接口 IP 配置：SGW 是通过接口板与外部网络进行连接的，配置接口 IP 其实就是将逻辑接口 IP 地址对应到实际接口板的物理接口上。单击"SGW→接口 IP 配置"，如图 4-45 所示。

图 4-45　SGW 接口地址配置

对应参数说明如下。

- 槽位和端口：必须与实际物理设备的连线保持一致。
- IP 地址：提前规划好的 SGW 的物理设备接口 IP。

② 路由配置。

SGW 通过 S11 接口、S5/S8 接口、S1-U 分别与 MME、BBU、PGW 控制面/PGW 用户面相连接，所以这里需要配置 5 条路由，如图 4-46、图 4-47、图 4-48、图 4-49 和图 4-50 所示。单击"SGW→路由配置"，再单击"+"新增一条路由。

图 4-46　SGW 与 MME 之间的路由配置

图 4-47　SGW 与 PGW 之间的控制面路由配置

a. SGW 与 MME 之间的路由配置。

对应参数说明如下。

■ 目的地址：这条路由指 SGW 通过 S11 接口去往 MME，因此这里的目的地址就是 MME 上的 S11 接口地址。

■ 掩码：255.255.255.255，表示路由唯一。

■ 下一跳：因为 SGW 与 MME 处于同一个网段，所以要前往 MME 的 S11 接口就必须先跳到 MME 这个物理设备上，因此这里的下一跳 IP 填的就是 MME 的物理接口 IP。

b. SGW 与 PGW 之间的控制面路由配置。

对应参数说明如下。

■ 目的地址：这条路由指 SGW 通过 S5/S8-C 接口去往 PGW 的控制面，因此这里的目的地址就是 PGW 上的 S5/S8-C 接口地址。

■ 掩码：255.255.255.255，表示路由唯一。

■ 下一跳：因为 SGW 与 PGW 处于同一个网段，所以要前往 PGW 的 S5/S8-C 接口就必须先跳到 PGW 这个物理设备上，因此这里的下一跳 IP 填的就是 PGW 的物理接口 IP。

c. SGW 与 PGW 之间的用户面路由配置，如图 4-48 所示。

图 4-48　SGW 与 PGW 之间的用户面路由配置

对应参数说明如下。
- 目的地址：这条路由指 SGW 通过 S5/S8-U 接口去往 PGW 的用户面，因此这里的目的地址就是 PGW 上的 S5/S8-U 接口地址。
- 掩码：255.255.255.255，表示路由唯一。
- 下一跳：因为 SGW 与 PGW 处于同一个网段，所以要前往 PGW 的 S5/S8-U 接口就必须先跳到 PGW 这个物理设备上，因此这里的下一跳 IP 填的就是 PGW 的物理接口 IP。

d. SGW 与 BBU 之间的路由配置，如图 4-49 所示。

图 4-49　SGW 与 BBU 之间的路由配置

对应参数说明如下。
- 目的地址：这条路由指 SGW 通过 S1-U 接口去往 BBU，因此这里的目的地址就是 BBU 的 IP 地址。
- 掩码：255.255.255.255，表示路由唯一。
- 下一跳：因为 SGW 与 BBU 不在同一个网段，所以要前往 BBU 就必须先跳到自己的网关，因此这里的下一跳 IP 填的就是 SGW 的网关。

e. SGW 与 CUUP 之间的路由配置，如图 4-50 所示。

图 4-50　SGW 与 CUUP 之间的路由配置

对应参数说明如下。

- 目的地址：这条路由指 SGW 与 CUUP 之间的路由，因此这里的目的地址就是 CUUP 的 IP 地址。
- 掩码：255.255.255.255，表示路由唯一。
- 下一跳：因为 SGW 与 CUUP 不在同一个网段，所以要前往 CUUP 就必须先跳到自己的网关，因此这里的下一跳 IP 填的就是 SGW 的网关。

4.2.7 配置 PGW

建安市核心网之 PGW

1. 本局数据配置

PGW 作为 EPC 网络的边界网关，提供用户的会话管理和承载控制、数据转发、IP 地址分配以及非 3GPP 用户接入等功能。PGW 在其他网元交互时，同样也需要在信令中携带 PGW 的归属 PLMN 信息。单击"PGW→PLMN 配置"，如图 4-51 所示。

对应参数说明如下。

- MCC、MNC：这里的设置必须与 SGW、HSS 的 PLMN 保持一致。

图 4-51　PGW 的 PLMN 配置

2. 网元对接配置

PGW 仅需要与 SGW 对接，因此单击"PGW→与 SGW 对接配置"，如图 4-52 所示。对应参数说明如下。

- S5S8-gtpc-IP-address：这里的 IP 指的是 PGW 上与 SGW 对接的 S5/S8-C 接口地址。
- S5S8-gtpu-IP-address：这里的 IP 指的是 SGW 上与 PGW 对接的 S5/S8-U 接口地址。

3. 地址池配置

PGW 负责用户 IP 地址的分配，因为用户必须获得一个 IP 地址才能接入公用数据网 PDN。在现网中，PGW 支持多种为用户分配 IP 地址的方法，通常采用 PGW 本地分配方式。当 PGW 使用本地地址池为用户分配 IP 时，需要创建本地地址池，并为此种类型的地址池分配对应的地址段。单击"PGW→地址池配置"，如图 4-53 所示。

图 4-52　PGW 与 SGW 对接配置

图 4-53　PGW 的地址池配置

对应参数说明如下。
- APN：接入点名称，这里的 APN 必须与 MME 上的 APN 地址解析保持一致。
- 地址池起始地址、地址池终止地址、掩码：这里就是规划一个 IP 地址池的地址段，掩码一定要让起始地址和终止地址在同一个网段。

4. 接口地址及路由配置

PGW 通过接口板与外部网络相连接，接口 IP 配置就是将逻辑接口 IP 地址对应到实际接口板的物理接口上，数据配置如图 4-54 所示。

对应参数说明如下。
- 槽位、端口：与 PGW 的物理连线一致。
- IP 地址：这里就是 PGW 物理接口 IP。

图 4-54　PGW 的接口 IP 配置

5. 路由配置

单击"PGW→路由配置",再单击"+"增加一条路由。

a. PGW 与 SGW 之间的控制面路由配置,如图 4-55 所示。

图 4-55　PGW 与 SGW 之间的控制面路由配置

对应参数说明如下。

■　目的地址：这条路由指 PGW 通过 S5/S8-C 接口去往 SGW 的控制面,因此这里的目的地址就是 SGW 上的 S5/S8-C 接口地址。

■　掩码：255.255.255.255,表示路由唯一。

■　下一跳：因为 PGW 与 SGW 处于同一个网段,所以要前往 SGW 的 S5/S8-C 接口就必须先跳到 SGW 这个物理设备上,因此这里的下一跳 IP 填的就是 SGW 的物理接口 IP。

b. PGW 与 SGW 之间的用户面路由配置,如图 4-56 所示。

对应参数说明如下。

- 目的地址：这条路由指 PGW 通过 S5/S8-U 接口去往 SGW 的用户面，因此这里的目的地址就是 SGW 上的 S5/S8-U 接口地址。
- 掩码：255.255.255.255，表示路由唯一。
- 下一跳：因为 PGW 与 SGW 处于同一个网段，所以要前往 SGW 的 S5/S8-U 接口就必须先跳到 SGW 这个物理设备上，因此这里的下一跳 IP 填的就是 SGW 的物理接口 IP。

图 4-56　PGW 与 SGW 之间的用户面路由配置

4.2.8　配置 HSS

1. 网元对接配置

这里主要是配置 HSS 与 MME 之间的对接参数。单击"HSS→与 MME 对接配置"，再单击"+"，添加一条 Diameter 连接，如图 4-57 所示。

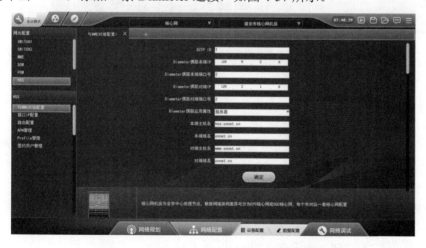

图 4-57　MME 与 HSS 之间的对接数据配置

建安市核心网之 HSS

对应参数说明如下。

- 偶联本端 IP：因为这条 Diameter 连接指的是 HSS 与 MME 之间的偶联，而 MME 和 HSS 是通过 S6a 接口进行连接的，所以偶联本地 IP 指的就是 HSS 侧的 S6a 接口地址。
- Diameter 偶联本端端口号：这里本端指的就是 HSS 侧，与"MME→与 HSS 对接配置"里所配置的 MME 与 HSS 的 Diameter 偶联对端端口号一致。
- Diameter 偶联对端 IP：这里指的是 MME 侧的 S6a 接口 IP 地址。
- Diameter 偶联对端端口号：这里对端指的是 MME 上用于与 HSS 对接的端口，与"MME→与 HSS 对接配置"里所配置的 MME 与 HSS 的 Diameter 连接偶联本端端口号一致。
- Diameter 偶联应用属性：相对于 MME，HSS 是客户端。
- 本端主机名、域名和对端主机名、域名：自行定义，但必须与"MME→与 HSS 对接配置"里所配置的参数相对应。

2. 接口地址与路由配置

① 接口 IP 配置：单击"HSS→接口 IP 配置"，如图 4-58 所示。

图 4-58　HSS 的接口 IP 配置

对应参数说明如下。

- 槽位、端口：与 HSS 的物理连线一致。
- IP 地址：这里就是 HSS 物理接口 IP。

② 路由配置：由于 HSS 不与接入侧对接，只与 MME 对接，所以只需要增加一条去往 MME 的路由即可，如图 4-59 所示。

对应参数说明如下。

- 目的地址：这条路由指 HSS 通过 S6a 接口去往 MME，因此这里的目的地址就是 MME 上的 S6a 接口地址。
- 掩码：255.255.255.255，表示路由唯一。
- 下一跳：因为 HSS 与 MME 处于同一个网段，所以要前往 MME 的 S6a 接口就必须先跳到 MME 这个物理设备上，因此这里的下一跳 IP 填的就是 MME 的物理接口 IP。

图 4-59 HSS 到 MME 的路由配置

③ APN 配置：单击"HSS→APN 管理"，如图 4-60 所示。

图 4-60 HSS 的 APN 管理配置

对应参数说明如下。

■ APN-NI：这里是指 APN（接入点的名称），与"PGW→地址池配置"里的 APN 保持一致。

■ QoS 分类识别码：与"ITBBU→QoS 业务配置"里增加的 QoS 业务类型保持一致，1 代表 VoIP 业务，5 代表 IMS 信令承载，9 代表 VIP 的信令承载。

■ APN-AMBR-UL 和 APN-AMBR-DL：APN 对应的上下行速率，上下行速率可以不一样，值域范围内取值越大，速率越快。

④ Profile 管理：单击"HSS→Profile 管理"，如图 4-61 所示。

⑤ 签约用户管理：单击"HSS→签约用户管理"，如图 4-62 所示。

通过此配置进行用户业务受理和信息维护，主要包括用户签约信息、用户鉴权信息及用户标识。

图 4-61　HSS 的 Profile 管理配置

图 4-62　HSS 的签约用户管理配置

对应参数说明如下。

- IMSI：SIM 卡号。
- MSISDN：手机号。
- 鉴权管理域：4 位十六进制数。
- Ki：32 位的十六进制数。

4.2.9　SCTP 及偶联

1. SCTP

SCTP（Stream Control Transmission Protocol，流控制传输协议）是一种传输层协议，

它基于 IP 协议，主要用在无连接的 IP 网络上为 M2UA、M3UA、IUA、H.248、BICC 等信令提供高效可靠的信令传输服务。IP 网络中的一般消息交换通常是使用 UDP 或 TCP 协议来完成的，但这两者都不能完全满足在电信网中信令承载的要求：UDP 协议不能保证消息的可靠传送，TCP 协议的消息传送效率与安全性不高。SCTP 协议则综合发展了 UDP 与 TCP 两种协议的优点，是建立在无连接、不可靠的 IP 分组网络上的一种可靠的传输协议。

SCTP 端点是 SCTP 分组中逻辑的接收方或发送方，在一个多归属的主机上，一个 SCTP 端点可以由对端主机表示为可以发送到的 SCTP 分组的一组合格的目的传送地址，或者是可以接收到的 SCTP 分组的一组合格的源传送地址。一个 SCTP 端点使用的所有传送地址必须使用相同的端口号，但可以使用多个 IP 地址。

2. 偶联

SCTP 偶联实际上是在两个 SCTP 端点之间建立的一个对应关系，它包括了两个 SCTP 端点以及包含验证标签和传送顺序号码等信息在内的协议状态信息，一个 SCTP 偶联可以由使用该偶联的 SCTP 端点传送地址来唯一识别，SCTP 规定在任何时刻两个 SCTP 端点之间能且仅能建立一个偶联。SCTP 偶联由两个 SCTP 端点的传送地址来定义，当 SCTP 在 IP 上运行时，传送地址就是由 IP 地址与 SCTP 端口号的组合来定义的，因此通过定义本地 IP 地址、本地 SCTP 端口号、对端 IP 地址、对端 SCTP 端口号等四个参数，就可以唯一标识一个 SCTP 偶联。一个 SCTP 偶联可以被看成是一条 M2UA 链路、M3UA 链路、IUA 链路、H.248 链路或 BICC 链路。

3. 流

流是 SCTP 的一个特色术语，在 SCTP 偶联中的流用来指示需要按顺序递交到高层协议的用户消息的序列，在同一个流中的消息需要按照其顺序进行递交。严格地说，"流"就是在一个 SCTP 偶联中，从一个端点到另一个端点的单向逻辑通道。一个 SCTP 偶联由多个单向的流组成，各个流之间相对独立，使用流 ID 进行标识，每个流可以单独发送数据而不受其他流的影响。一个 SCTP 偶联中可以包含多个流，可用流的数量是在建立 SCTP 偶联时由双方端点协商决定的，但一个流只能属于一个 SCTP 偶联。

4. 路径

路径是一个端点将 SCTP 分组发送到对端端点特定目的传送地址的路由，如果分组发送到对端端点的不同目的传送地址时，用户不需要配置单独的路径。

小区切换流程

4.2.10 开机入网流程

与 4G 一样，5G 终端也需要开机入网流程，流程分为 PLMN 搜索（小区搜索）、随机接入、ATTACH、公共流程等子流程。

当 UE 开机后，首先进入 PLMN 搜索（小区搜索）流程，目的是搜索网络并和网络取得下行同步。随机接入解决不同 UE 之间的竞争，取得上行同步。ATTACH 过程中建立 UE 与核心网之间相同的移动性上下文、终端的缺省承载、获取网络分配的 IP 地址。公共流程包含鉴权过程和安全模式过程。

小区选择

1. 小区搜索

小区搜索是 UE 实现与 gNB 下行时频同步并获取服务小区 ID 的过程。UE 上电后开始进行初始化并搜索网络。一般而言，UE 第一次开机时并不知道网络的带宽和频点。UE 会重复基本的小区搜索过程，遍历整个频谱的各个频点尝试解调同步信号。这个过程耗时，但一般时间要求并不严格。可以通过一些方法缩短后续的 UE 初始化时间，如 UE 存储以前的可用网络信息，开机后优先搜索这些网络、频点。一旦 UE 搜寻到可用网络，UE 首先解调主同步信号（PSS），实现符号同步，并获取小区组内 ID。其次解调次同步信号（SSS），实现帧同步，并获取小区组 ID，结合小区组内 ID，最终获得小区的 PCI 及服务小区 ID。UE 将解调下行广播信道 PBCH，获取系统带宽及天线数等系统信息。UE 接收 PBCH 后，还要接收在 PDSCH 上传输的系统消息，最终获得完整的系统消息。小区搜索流程如图 4-63 所示。

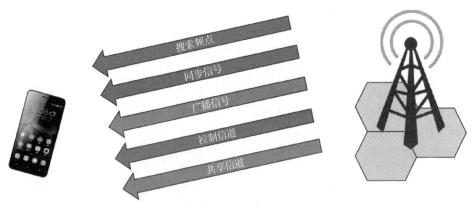

图 4-63 小区搜索流程

系统消息以小区为级别发送，如图 4-64 所示，包含小区接入 RACH 信息、PLMN 信息、小区能力信息等，接入系统消息是终端接入网络的必要条件。

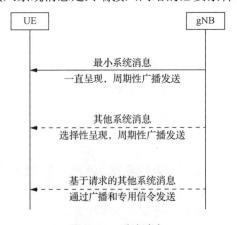

图 4-64 系统消息

模块 4 核心网数据维护

2. 随机接入

随机接入是 UE 与 gNB 实现上行时频同步的过程。随机接入前，物理层从高层接收到随机接入信道 PRACH 参数、PRACH 配置、频域位置、前同步码（Preamble）格式等。小区使用 preamble 根序列及其循环位移参数，以解调随机接入 preamble。物理层的随机接入过程包含两个步骤，UE 发送随机接入 preamble，以及 gNB 对随机接入的响应，如图 4-65 所示。

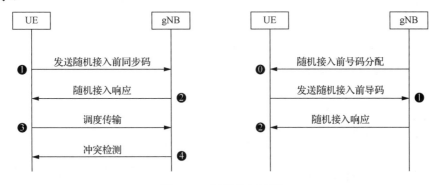

图 4-65 随机接入过程

4.2.11 PDU 会话建立

在 4G（LTE）网络中用户业务是通过承载（EPS Bearer）进行的，而在 5G（NR）网络中终端业务自 gNB 到 5G 核心网（5GC）是通过 PDU 会话进行的；gNB 与 SMF（AMF）根据业务不同为 UE 建立不同的会话流程（PDU Session）进行业务的执行；PDU 会话建立过程可通过 4 步完成，如图 4-66 所示。

（1）AMF 向 gNB 发送 PDU SESSION RESOURCE SETUP REQUEST 消息，携带需要建立的 PDU 会话列表、每个 PDU 会话的 QoS Flow 列表以及每个 QoS Flow 的质量属性等。

（2）gNB 根据 QoS Flow 的质量属性和配置策略，将 QoS Flow 映射到 DRB，（通过空口）向 UE 发送 RRC Reconfiguration 消息，发起建立 DRB 承载。

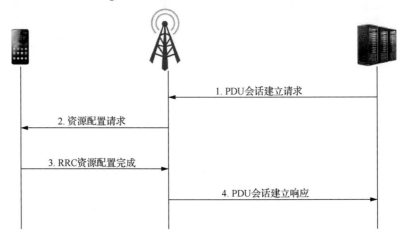

图 4-66 PDU 会话建立过程

207

（3）完成 DRB 承载建立后，（通过空口）向 gNB 回复 RRC Reconfiguration Complete 消息。

（4）gNB 向 AMF 发送 PDU SESSION RESOURCE SETUP RESPONSE 消息，将成功建立的 PDU Session 信息写入 PDU Session Resource Setup Response List 信元中。

任务名称 核心侧数据配置					
班级			小组		
评价要点	评价内容	分值		得分	备注
知识	明确工作任务和目标	5			
	RRC 状态	5			
	PDN 连接与 EPS 承载	10			
	QoS	5			
	SCTP 及偶联	5			
	开机入网流程	10			
	PDU 会话建立	5			
技能	核心网数据配置	40			
操作规范	规范操作，防止设备损坏	5			
	环境卫生，注意安全用电	5			
	数据配置合理、标准、规范	5			

模块 5

承载网对接配置

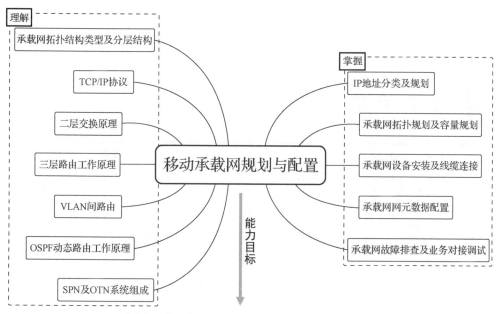

任务 5.1 承载网规划

任 务 描 述

伴随移动网络技术的不断创新发展，5G 移动通信系统已经成为当前最重要的移动网络制式之一，其重要性不言而喻。网络规划作为组建通信网络的第一步，直接关系到精确网络建设管理、提高网络建设质量与网络安全系数、规范网络优化管理等方面。同 4G 移动通信系统类似，5G 移动通信系统也是由无线接入网、核心网和承载网组成。其中，承载网的规划包括承载网拓扑结构规划、承载网容量规划和光传送网络（Optical Transport

Network，OTN）规划。本任务使用 IUV 5G 全网部署及优化软件完成 5G 承载网拓扑结构规划、承载网容量计算。在这个软件里包含了建安、兴城和四水 3 座城市。建安市人口密集，为国内重点城市，该市某运营商已在全市范围内开展大规模 5G 商用建设。兴城市商业发达、高楼错落，为区域商用中心，目前大力开展 5G 网络创新研究，已在某商场区域率先开展 5G 网络建设。四水市山清水秀、绿水环绕，为旅游郊区场景。为提高游客网络体验，打造国内示范性旅游基地，该市某运营商在全市范围内开始进行 5G 网络建设。

本次 5G 承载网规划针对建安市区域，一共涉及 9 个机房，分属接入、汇聚、核心三层以及建安市核心网。接入层共有 3 个机房，分别是建安市 3 区 A 站点机房、建安市 3 区 B 站点机房和建安市 3 区 C 站点机房；汇聚层有 4 个机房，分别是建安市 1 区汇聚机房、建安市 2 区汇聚机房、建安市 3 区汇聚机房、建安市骨干汇聚机房；核心层有 1 个机房，即建安市承载中心机房，此机房连接到建安市核心网机房。

知识点	技能点
承载网拓扑结构类型及分层结构	5G 承载网拓扑结构规划方法
TCP/IP 协议栈	5G 承载网容量计算
IP 地址及分类	
5G 承载网组网方案	
5G 承载网规划原则及流程	

5G 承载网（上）

5.1.1 网络概述

1. 承载网基本概念

承载网，是指专门负责承载数据传输的网络。如果说核心网是人的大脑，那么承载网就是连接大脑和四肢的神经网络，负责传递信息和指令，承载网在通信网络中的位置如图 5-1 所示。

5G 承载网（下）

图 5-1 承载网在通信网络中的位置

承载网不仅连接接入网和核心网,它也存在于接入网网元之间,以及核心网网元之间。整个通信网络的数据传输,都是由承载网负责的,如图5-2所示。

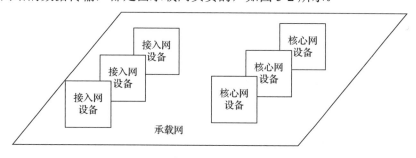

图 5-2　承载网的连接功能

承载网起到的管道作用,如图5-3所示,其重要性不言而喻。它的技术体系较为复杂,包括了很多种技术。

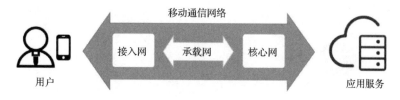

图 5-3　承载网起到的管道作用

 拓展讨论

党的二十大报告提出:推动战略性新兴产业融合集群发展,构建新一代信息技术、人工智能、生物技术、新能源、新材料、高端装备、绿色环保等一批新的增长引擎。而作为信息产业代表的移动通信技术产业,随着LTE网络的成熟和5G时代的到来,面临着各种机遇和挑战。承载网作为网络建设的重要部分,也将面临技术的升级换代,以及为网络提供更大的带宽、更短的时延、更灵活的配置。那么承载网如何升级和改造来满足这个需求呢?

2. 承载网拓扑结构

所谓"拓扑"就是把实体抽象成与其大小、形状无关的"点",而把连接实体的线路抽象成"线",进而以图的形式来表示这些点与线之间关系的方法,其目的在于研究这些点、线之间的相连关系。表示点和线之间关系的图被称为拓扑结构图。类似地,在承载网络中,我们把交换机、路由器等相关网元设备抽象成点,把连接这些设备的通信线路抽象成线,并将由这些点和线所构成的拓扑称为承载网拓扑结构。

网络拓扑结构反映网络的结构关系,它对于网络的性能、可靠性及建设管理成本等都有着重要的影响,因此网络拓扑结构的设计在整个网络规划设计中占有十分重要的地位。在网络构建时,常见的网络拓扑结构有星形、环形、树形、网状形和复合型等。

1) 星形拓扑结构

星形拓扑结构是由中央节点和通过点到点通信链路接到中央节点的各个站点组

成,如图 5-4 所示。中央节点执行集中式通信控制策略,因此中央节点相当复杂,而各个站点的通信处理负担都很小。这种拓扑结构一旦建立了通道连接,就可以无延迟地在连通的两个站点之间传送数据。星形拓扑结构采用的交换方式有电路交换和报文交换,尤以电路交换更为普遍。

星形拓扑结构的优点:结构简单,连接方便,管理和维护都相对容易,而且扩展性强;网络延迟时间较小,传输误差低;在同一网段内支持多种传输介质,除非中央节点故障,否则网络不会轻易瘫痪;每个节点直接连到中央节点,故障容易检测和隔离,可以很方便地排除有故障的节点。

单星形拓扑结构的缺点:一条通信线路只被该线路上的中央节点和边缘节点使用,通信线路利用率不高;对中央节点要求相当高,一旦中央节点出现故障,整个网络将瘫痪。为了解决这一问题,有的网络采用双星形拓扑结构,如图 5-4(b)所示,即网络中设置两个中心节点。

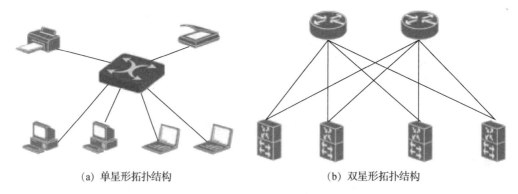

(a)单星形拓扑结构　　　　　　　(b)双星形拓扑结构

图 5-4　星形拓扑结构

2)环形拓扑结构

在环形拓扑结构中,各节点和通信线路连接形成一个闭合的环。在环路中,数据按照一个方向传输。发送端发出的数据,沿环绕行一周后,回到发送端,由发送端将其从环上删除。我们可以看到任何一个节点发出的数据都可以被环上的其他节点接收到,如图 5-5 所示。

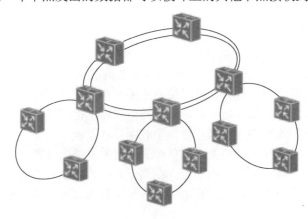

图 5-5　环形拓扑结构

环形拓扑结构具有结构简单,容易实现、传输时延确定以及路径选择简单等优点,但是,网络中的每一个节点或连接节点的通信线路都有可能成为网络可靠性的瓶颈。网络中的任何一个节点出现故障都可能会造成网络的瘫痪。另外,在这种拓扑结构中,节点的加入和拆除过程比较复杂。

3)树形拓扑结构

树形拓扑结构可以认为是由多级单星形拓扑结构组成的,只不过这种多级单星形拓扑结构自上而下呈三角形分布,就像一棵树一样,顶端的枝叶少些,中间的多些,而下端最多。树的下端相当于网络中的边缘层,树的中间部分相当于网络中的汇聚层,而树的顶端则相当于网络中的核心层。它采用分级的集中控制方式,传输介质可有多条分支,但不形成闭合回路,每条通信线路都必须支持双向传输,如图5-6所示。

树形拓扑结构的优点:易于扩展,这种拓扑结构可以延伸出很多分支和子分支,这些新节点和新分支都能容易地加入网内;故障隔离较容易,如果某一分支的节点或线路发生故障,很容易将故障分支与整个系统隔离开来。

树形拓扑结构的缺点:如果顶端发生故障,则全网不能正常工作。

4)网状形拓扑结构

网状形拓扑结构是最复杂的网络形式,如图5-7所示,节点之间的连接是任意的,每个节点都有多条线路与其他节点相连,这样使得节点之间存在多条路径可选。网状形拓扑结构各个节点跟许多条线路连接着,可靠性和稳定性都比较强,比较适用于广域网。同时由于网状形拓扑结构和联网比较复杂,构建此网络所花费的成本也是比较大的。

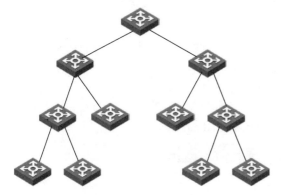

图5-6 树形拓扑结构

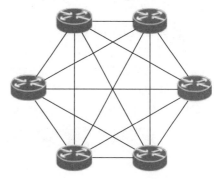

图5-7 网状形拓扑结构

网状形拓扑的优点:节点间路径多,碰撞和阻塞减少;局部故障不影响整个网络,可靠性高。

网状形拓扑的缺点:网络关系复杂,建网较难,不易扩充;网络控制机制复杂,必须采用路由算法和流量控制机制。

5)复合型拓扑结构

复合型拓扑结构是将两种或两种以上单一拓扑结构混合起来,取两者的优点构成的拓扑结构。

分级的复合型拓扑结构在规模较大的局域网和电信骨干网中广泛采用,如图5-8所示。一般情况下,对于网络的物理拓扑结构,在接入层上往往采用星形或树形拓扑结构,以满足网络末端用户动态变化频繁、网络调整频繁等要求。但如果在接入层上网络变化很小,对网络保护要求较高或者需要部署实时业务,可以考虑环形拓扑结构。而在核心网,特别是运营商的核心网,往往采用环形、网状形、双星形等拓扑结构,用冗余的节点和设备来提升网络的安全性、可用性。

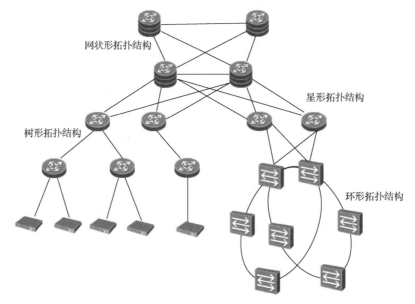

图 5-8　复合型拓扑结构

3. 承载网分层结构

除了选择合适的拓扑结构,在网络规划设计中层次的划分也很重要,它能使网络中设备选择和流量规划更加合理,从而节省网络建设和维护成本。一般网络包括接入层、汇聚层、核心层三部分。其中接入层负责终端用户接入网络中;汇聚层为接入层提供数据的汇聚、传输、管理和分发处理;核心层是全网流量汇集的中心,以实现全网的互通,并且承担着与外部网络连接重任。承载网分层结构如图 5-9 和图 5-10 所示。

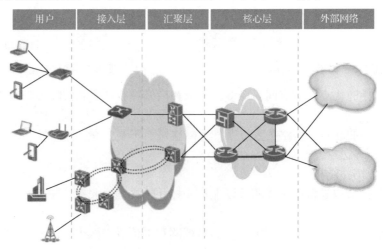

图 5-9　承载网分层结构(一)

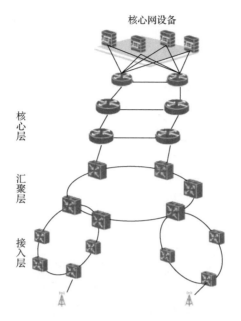

图 5-10　承载网分层结构（二）

5.1.2　TCP/IP 协议

1．TCP/IP 协议栈

计算机之间互相通信，需要遵循同一个公共的协议，这个协议就成为一个所有设备都必须遵循的标准协议。

为了保证不同计算机网络之间的互联互通，国际标准化组织（ISO）制定了 OSI（Open System Interconnection，开放系统互联）参考模型。OSI 参考模型将网络的工作分为 7 个层次，每层完成一定的网络功能，这些功能由网络设备和协议来实现，7 个层次协同完成网络通信，如图 5-11 所示。

虽然 OSI 先定义功能完整的架构，但 OSI 只是理论模型，本身不是标准。它没有成熟的产品，是制定标准时所使用的概念性框架。而传输控制协议/网际协议（TCP/IP 协议）如图 5-12 所示，应因特网的需求产生，并被不断完善和推广，为全球各大企业和高校所接受。从 1983 年开始，TCP/IP 协议逐渐成为因特网所有主机间的共同协议，作为一种必须遵循的规则被肯定和应用至今。

TCP/IP 协议为 4 层结构，上层通过使用下层提供的服务来完成自己的功能。TCP/IP 协议关注的是网络互联，所以它设计的协议重点在传输层与网络层，向上支持各类应用程序，向下可对接各种数据链路层协议，这种设计思路极大地提高了 TCP/IP 协议与其他协议的兼容性，使它成为实际上的因特网互联标准。

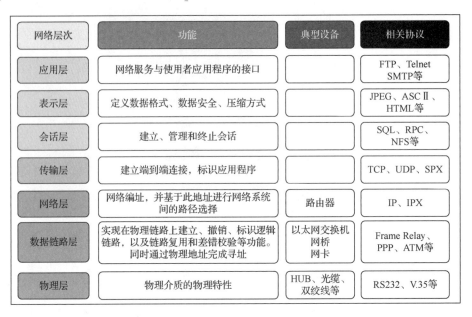

图 5-11　OSI 参考模型 7 层结构

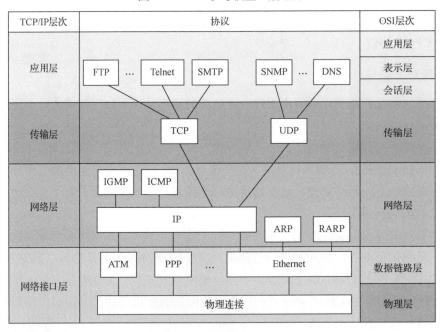

图 5-12　TCP/IP 协议 4 层结构

2. 数据封装与解封装

数据封装过程是指数据沿着协议栈向下传输时，每一层都添加一个报头，并将封装后的内容作为数据传递给下一层，直达物理层，数据被转换为比特，通过介质进行传输的过程，如图 5-13 所示。

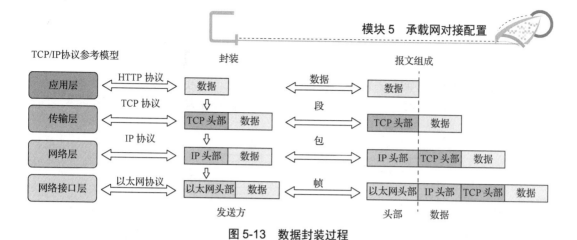

图 5-13　数据封装过程

数据解封装是封装的逆过程，如图 5-14 所示。拆解协议包，处理包头中的信息，取出业务信息数据最终递交到具体应用的过程。经过传输层协议封装后的数据称为段，经过网络层协议封装后的数据称为包，经过网络接口层协议封装后的数据称为帧，物理层传输的数据为比特。

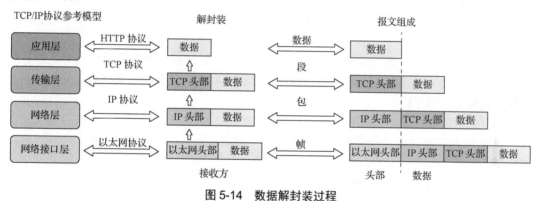

图 5-14　数据解封装过程

3. TCP/IP 层次和协议

1）应用层

应用层主要为用户提供所需的服务，提供应用程序网络接口。应用层包含一些常见的协议：FTP、TFTP、SMTP、SNMP、Telnet、DNS、HTTP 等，还有大量基于 TCP/IP 协议开发的商业应用，如图 5-15 所示。

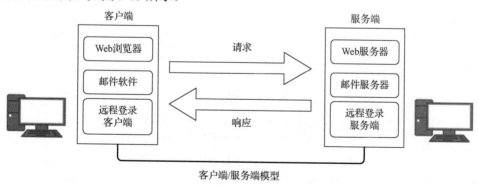

图 5-15　TCP/IP 应用层

2)传输层

如图 5-16 所示,传输层主要功能就是让应用程序之间互相通信,通过端口号识别应用程序,使用的协议有面向连接的 TCP 协议和面向无连接的 UDP 协议。

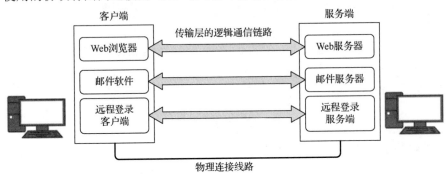

图 5-16　TCP/IP 传输层

面向连接是在发送数据之前,在收发主机之间连接一条逻辑通信链路。好比平常打电话,输入完对方电话号码拨出之后,只有对方接通电话才能真正通话,通话结束后将电话挂断就如同切断电源。

面向无连接不要求建立和断开连接。发送端可于任何时候自由发送数据。如同去寄信,不需要确认收件人信息是否真实存在,也不需要确认收件人是否能收到信件,只要有个寄件地址就可以寄信了。

3)网络层

TCP/IP 网络层主要功能是编址(IP 地址)、路由、数据打包。网络层包含 5 个协议,其中 IP 是核心协议。

(1)网际协议(Internet Protocol,IP)。

IP 赋予主机 IP 地址,以便完成对主机的寻址;它与各种路由协议协同工作,寻找目的网络的可达路径;同时 IP 还能对数据包进行分片和重组。IP 不关心数据报文的内容,提供无连接的、不可靠的服务,如图 5-17 所示。

将数据包发送到目的主机

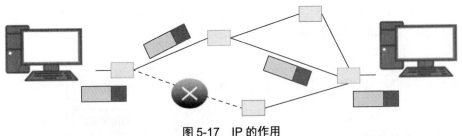

图 5-17　IP 的作用

(2)网际控制消息协议(Internet Control Message Protocol,ICMP)。

ICMP 是一个在 IP 主机、路由器之间产生并传递控制消息的协议,这些控制消息包括各种网络差错或异常的报告,比如主机是否可达、网络连通性、路由可用性等。设备发现网络问题后,产生的 ICMP 消息会被发回给数据最初的发送者,以便他了解网络状况。

ICMP 并不直接传送数据，也不能纠正网络错误，但作为一个辅助协议，它的存在仍很有必要。因为 IP 自身没有差错控制的机制，ICMP 能帮助我们判断出网络错误的所在，快速解决问题。

我们最常见的 ICMP 应用就是"Ping"和"Tracert"。

"Ping"可以说是 ICMP 最著名的应用，是 TCP/IP 协议的一部分。利用"Ping"命令可以检查网络是否连通，可以很好地帮助我们分析和判定网络故障，如图 5-18 所示。

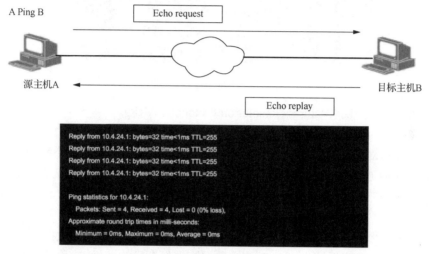

图 5-18　Ping 过程

"Tracert"主要是用来做路径跟踪，通过它可以知道源主机到目标主机经过了多少跃点，都有哪些设备。如果中间网络有故障，"Tracert"会列出到达这个故障点之前经过了哪些设备，从而很直观地帮助我们定位故障点在哪儿，如图 5-19 所示。

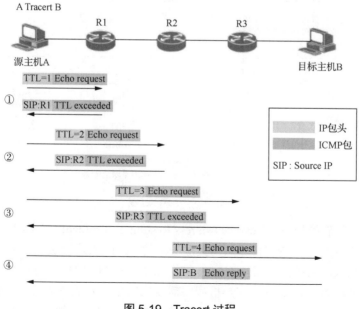

图 5-19　Tracert 过程

```
C:\Users\Jack>tracert www.baidu.com

通过最多 30 个跃点跟踪
到 www.a.shifen.com [119.75.218.70] 的路由:

  1    <1 毫秒   <1 毫秒   <1 毫秒  59.64.156.1
  2     1 ms     1 ms     1 ms   10.1.1.1
  3    <1 毫秒    1 ms    <1 毫秒  10.0.11.1
  4    <1 毫秒   <1 毫秒   <1 毫秒  10.0.0.1
  5    10 ms     9 ms    10 ms   202.112.42.1
  6    10 ms    10 ms    10 ms   202.112.6.54
  7    10 ms    10 ms    11 ms   192.168.0.5
  8    11 ms    10 ms    11 ms   10.65.190.131
  9    12 ms    10 ms    10 ms   119.75.218.70
```

图 5-19　Tracert 过程（续）

（3）地址解析协议（Address Resolution Protocol，ARP）。

在网络中，当主机或其他三层网络设备有数据要发送给另一台主机或三层网络设备时，它需要知道对方的网络层地址（IP 地址）。但是仅有 IP 地址是不够的，因为 IP 报文封装成帧才能通过物理网络发送，因此发送方还需要知道接收方的物理地址（MAC 地址），因此需要一个从 IP 地址到 MAC 地址的映射。ARP 可以将 IP 地址解析为 MAC 地址。

ARP 过程如图 5-20 所示。ARP 发送一份称作 ARP 请求的以太网数据帧给以太网上的每个主机。这是一个广播请求。ARP 请求数据帧中包含目的主机 IP 地址，其意思是如果你是这个 IP 地址的拥有者，请回答你的硬件地址。连接到同一 LAN 的所有主机都接收并处理 ARP 广播，目标主机的 ARP 层收到这份广播报文后，根据目的 IP 地址判断出这是发送端在询问它的 MAC 地址，于是发送一个单播 ARP 应答。这个 ARP 应答包含 IP 地址及对应的硬件地址。收到 ARP 应答后，发送端就知道接收端的 MAC 地址了。

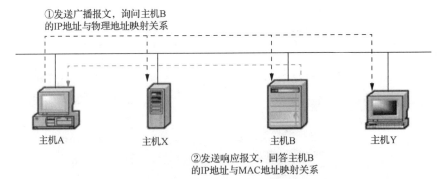

图 5-20　ARP 过程

（4）反向地址转换协议（Reverse Address Resolution Protocol，RARP）。

RARP 允许局域网的物理机器从网关服务器的 ARP 表或者缓存上请求其 IP 地址。网络管理员在局域网网关路由器里创建一个表以映射 MAC 地址和与其对应的 IP 地址。当设置一台新的机器时，RARP 客户机程序需要向路由器上的 RARP 服务器请求相应的 IP 地址。RARP 可以使用于以太网、光纤分布式数据接口及令牌环 LAN。

（5）Internet 组管理协议（Internet Group Management Protocol，IGMP）。

IGMP 是因特网协议家族中的一个组播协议，主机与本地路由器之间使用该协议来进行组播组成员信息的交互。

4）网络接口层

TCP/IP 协议的网络接口层对应 OSI 的数据链路层和物理层。TCP/IP 协议只定义了网络接口层的功能，没有定义具体的协议，也就是说，网络接口层协议来自其他标准和组织。网络接口层的功能主要有：把二进制数据（比特流）编码后送到物理介质上（光纤、铜线、无线），让接收端能接收编码；把比特流装配成帧，以便通过链路成块地传输给接收端；对传输的帧进行差错检测；当一个链路有多个主机共享时，进行介质访问控制。网络接口层协议很多，包括 Ethernet（以太网）、PPP（Point-to-Point Protocol，点到点协议）、ATM（Asynchronous Transfer Mode，异步传输模式）、Frame Relay（帧中继）等。以太网已经成为应用最为广泛的局域网技术，它采用 MAC 地址来标识网络设备。

4. IP 地址及分类

IP 地址（Internet Protocol Address）是指互联网协议地址，又译为网际协议地址。IP 地址是 IP 提供的一种统一的地址格式，它为互联网上的每一个网络和每一台计算机分配一个逻辑地址，以此来屏蔽物理地址的差异。由于有这种唯一的地址，才保证了用户在联网的计算机上操作时，能够高效而且方便地从千千万万台计算机中找到自己所需的对象，如图 5-21 所示。

图 5-21　通过 IP 地址连接计算机

1）IP 地址结构

IP 地址是一个 32 位的二进制数，通常被分割为 4 个"8 位（比特）二进制数"（4 个字节）。这对于网络使用者来说无疑很难记忆。为方便书写及记忆，IP 地址通常用"点分十进制"表示成（a，b，c，d）的形式，其中，a，b，c，d 都是 0～255 之间的十进制整数。这些十进制整数中的每一个都代表 32 位地址的一个 8 位位组，用"."分开，如图 5-22 所示。

2）IP 地址分类

IP 地址是由网络部分和主机部分两部分组成的，如图 5-23 所示。网络部分用来标识一个物理网络，主机部分用来标识这个网络中的一台主机。好处是 IP 地址管理机构只需要负责 IP 网络号的分派，分派后的主机号由单位机构来划分；路由器只需要考虑与主机相连的网络号来转发分组，这样就大大减少路由表的存储压力及查表时间。同一网段内的计算机网络部分相同，主机部分不同。路由器连接不同网段，负责不同网段之间的数据转发。交换机连接的是同一网段的计算机。通过设置网络地址和主机地址，在互相连接的整个网络中保证每台主机的 IP 地址不会互相重叠，即 IP 地址具有了唯一性。

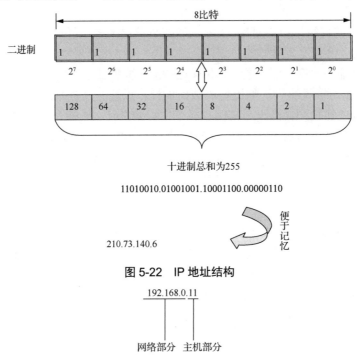

图 5-22　IP 地址结构

图 5-23　IP 地址组成

IP 地址按照网络号码和主机号码的长度被分为五大类，即 A 类至 E 类。其中 A、B、C 类 IP 地址用于为网络中的设备接口分配地址（单播地址），D 类 IP 地址供组播使用，E 类 IP 地址为保留地址，如图 5-24 所示。

（1）A 类 IP 地址。

一个 A 类 IP 地址是指在 IP 地址的四段号码中，第一段号码为网络号码，剩下的三段号码为本地主机的号码。如果用二进制表示 IP 地址的话，A 类 IP 地址就由 1 字节（8 位）的网络地址和 3 字节（24 位）的主机地址组成，网络地址的最高位必须是"0"。A 类网络地址数量较少，有 126 个网络，每个网络可以容纳主机数达 1600 多万台。

A 类 IP 地址范围：1.0.0.1 到 126.255.255.254 [2]（二进制表示为 00000001 00000000 00000000 00000001-01111111 11111111 11111111 11111110）。最后一个是广播地址。

（2）B 类 IP 地址。

一个 B 类 IP 地址是指在 IP 地址的四段号码中，前两段号码为网络号码，后两段号码为本地主机的号码。如果用二进制表示 IP 地址的话，B 类 IP 地址就由 2 字节（16 位）的网络地址和 2 字节（16 位）的主机地址组成，网络地址的最高位必须是"10"。B 类网络地址适用于中等规模的网络，有 16384 个网络，每个网络所能容纳的计算机数为 6 万多台。

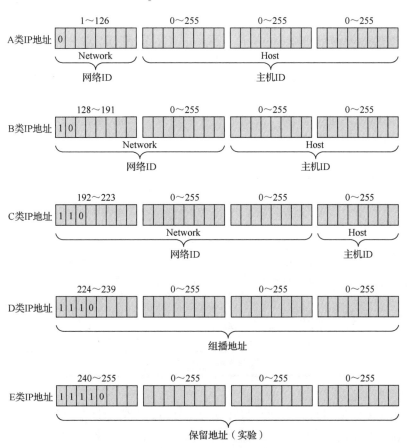

图 5-24　IP 地址分类

B 类 IP 地址范围：128.0.0.1 到 191.255.255.254 [1]（二进制表示为 10000000 00000000 00000000 00000001-10111111 11111111 11111111 11111110）。最后一个是广播地址。

B 类 IP 地址的子网掩码为 255.255.0.0，每个网络支持的最大主机数为 $256^2-2=65534$ 台。

（3）C 类 IP 地址。

一个 C 类 IP 地址是指在 IP 地址的四段号码中，前三段号码为网络号码，剩下的一段号码为本地主机的号码。如果用二进制表示 IP 地址的话，C 类 IP 地址就由 3 字节（24 位）的网络地址和 1 字节（8 位）的主机地址组成，网络地址的最高位必须是"110"。C 类 IP 地址中网络标识的长度为 24 位，主机标识的长度为 8 位，C 类网络地址数量较多，有 209 万余个网络。C 类网络地址适用于小规模的局域网络，每个网络最多只能包含 254 台计算机。

C 类 IP 地址范围：192.0.0.1 到 223.255.255.254 [1]（二进制表示为：11000000 00000000 00000000 00000001-11011111 11111111 11111111 11111110）。

C 类 IP 地址的子网掩码为 255.255.255.0，每个网络支持的最大主机数为 $256-2=254$ 台。

（4）D 类 IP 地址。

D 类 IP 地址为组播地址（multicast address），又称多播地址。在以太网中，组播地址命名了一组应该在这个网络中应用接收到一个分组的站点。组播地址的最高位必须是"1110"，范围从 224.0.0.0 到 239.255.255.255。

（5）E 类 IP 地址。

E 类 IP 地址为保留地址，可以用于实验目的。E 类 IP 地址的范围：240.0.0.0 到 255.255.255.254，E 类地址的第一个字节的取值范围为 240~255。

3）特殊 IP 地址

特殊 IP 地址是指在 IP 地址中有一些并不是来标注主机的,这些地址具有特殊的意义。这些地址包括网络地址、直接广播地址、环回地址、本网络地址、受限广播地址等，如表 5-1 所示。

表 5-1 特殊 IP 地址

特殊 IP 地址	特殊用途
主机位全为 0	主机位全为 0 的地址是网络地址，一般用于路由表中的路由
主机位全为 1	某个网络的广播地址，可向指定的网络广播
127.0.0.0~127.255.255.255	127 开头的整段地址都是保留地址，其中 127.0.0.1 可以用来做测试，作为设备的环回地址，意思是"我自己"。在主机上 Ping 127.0.0.1，可以判断 TCP/IP 协议栈是否完好和网卡是否正常工作，能收到自己的回声响应表示正常
0.0.0.0	用于默认路由
255.255.255.255	本地广播，可向本网段内广播

4）私网 IP 地址

为了缓解 IPv4 地址日益枯竭的问题，在 A、B、C 类 IP 地址中专门划出一小块地址作为全世界各地建设局域网使用，这些划出来专门作为局域网内网使用的 IP 地址称为私网地址（或称为私有网络地址、内网地址）。这些私网地址不能在公网上出现，只能用在内部网络中，其中 A 类私网 IP 地址：10.0.0.0~10.255.255.255；B 类私网 IP 地址：172.16.0.0~172.31.255.255；C 类私网 IP 地址：192.168.0.0~192.168.255.255。

5. 子网划分及子网掩码

IPv4 地址如果只使用有类（A、B、C 类）来划分，会造成大量的浪费或者不够用，为了解决这个问题，可以在有类网络的基础上，通过对 IP 地址的主机号进行再划分，把一部分划入网络号，就能划分各种类型大小的网络了。

1）子网掩码组成

子网掩码（subnet mask）又称网络掩码、地址掩码、子网络遮罩，是一种用来指明一个 IP 地址的哪些位标识的是主机所在的子网，以及哪些位标识的是主机的位掩码。它不能单独存在，它必须结合 IP 地址一起使用。

它是由长度为 32 位二进制数组成的一个地址,子网掩码 32 位与 IP 地址 32 位相对应，IP 地址中如果某位是网络地址，则子网掩码为 1，否则为 0。比如 11111111.11111111.11111111.00000000，左边连续的 1 的个数代表网络号的长度（使用时必须是连续的，理论上也可以不连续），右边连续的 0 的个数代表主机号的长度。对于 A 类 IP 地址来说，默认的子网掩码是 255.0.0.0；对于 B 类 IP 地址来说默认的子网掩码是 255.255.0.0；对于 C 类 IP 地址来说默认的子网掩码是 255.255.255.0，如图 5-25 所示。

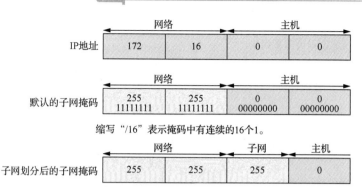

图 5-25　子网掩码组成

2）子网掩码表示方法

（1）点分十进制表示法。

二进制转换十进制，每 8 位用点号隔开

例如：子网掩码二进制 11111111.11111111.11111111.00000000，表示为 255.255.255.0

（2）CIDR 斜线记法。

IP 地址/n。n 为 1 到 32 的数字，表示子网掩码中网络号的长度，通过 n 的个数确定子网的主机数$=2^{32-n}-2$（-2 的原因：主机位全为 0 时表示本网络的网络地址，主机位全为 1 时表示本网络的广播地址，这是两个特殊地址）。

例如：192.168.1.100/24，其子网掩码表示为 255.255.255.0，二进制表示为 11111111.11111111.11111111.00000000。

3）VLSM 子网划分

通过 VLSM 实现子网划分的基本思想很简单，就是借用现有网段的主机位的最左边某几位作为子网位，划分出多个子网，如图 5-26 所示。

① 把原来有类网络 IPv4 地址中的"网络 ID"部分向"主机 ID"部分借位。

② 把一部分原来属于"主机 ID"的位变成"网络 ID"的一部分（通常称为"子网 ID"）。

③ 原来的"网络 ID"+"子网 ID"=新"网络 ID"。"子网 ID"的长度决定了可以划分子网的数量。

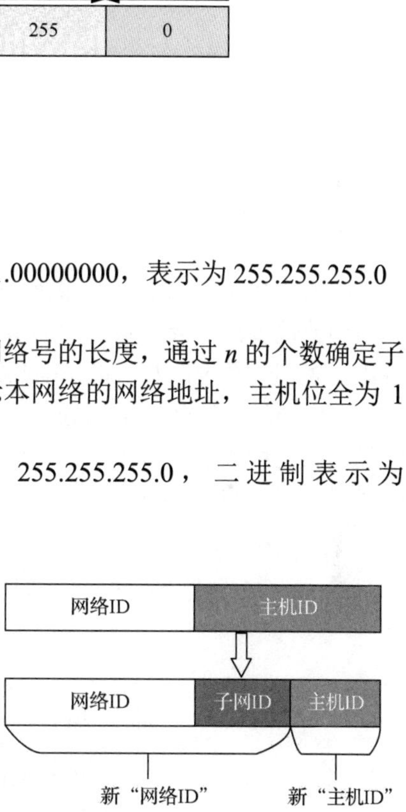

图 5-26　VLSM 子网划分

4）网络地址计算

子网掩码是用来判断任意两台主机的 IP 地址是否属于同一网络的依据，就是拿双方主机的 IP 地址和自己主机的子网掩码做"与"运算，如图 5-27 所示。如果结果为同一网络，就可以直接通信。网络地址计算步骤如下。

① 将 IP 地址与子网掩码转换成二进制数。

② 将二进制形式的 IP 地址与子网掩码做"与"运算。

③ 将得出的结果转化为十进制，便得到网络地址。

IP地址和子网掩码做"与"运算计算所在网段

IP地址：192.168.10.215

子网掩码：255.255.255.0

IP地址（IP Address）	11000000	10101000	00001010	11010111
	192	168	10	215
子网掩码（Subnet Mask）	11111111	11111111	11111111	00000000
	255	255	255	0
网络号（Network ID）	11000000	10101000	00001010	0000000
	192	168	10	0

图 5-27　网络地址计算

6．IP 地址规划

因为承载网是属于全 IP 的网络，所以承载网的相关网元都需要分配 IP 地址，这些网元用到的地址分 3 类：第一类是管理地址，使用 32 位掩码的 loopback 地址，并且每台设备需要规划一个全网唯一的 loopback 地址，与 OSPF、LDP 的 Router-ID 合用；第二类是接口互联地址，这类地址规划要注意唯一性、扩展性、连续性；第三类是业务地址，规划中要注意地址数量满足需求，为未来的可能增加的终端做好预留，同时也要避免地址浪费。IP 地址规划实例如图 5-28 所示。

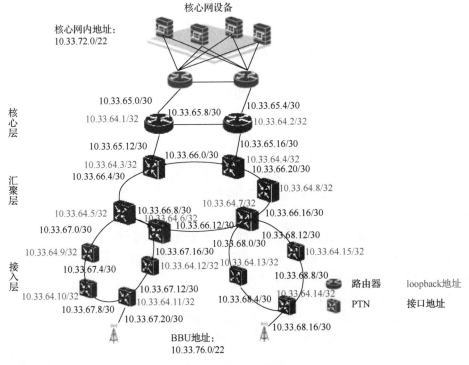

图 5-28　IP 地址规划实例

① 10.33.64.X/32 系列规划为此网络各个网元的管理地址；
② 10.33.X.X/30 系列规划为此网络各个网元间的接口地址；
③ 10.33.X.0/22 系列规划为给核心网设备和 BBU 使用的业务地址。

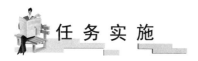

5.1.3 承载网拓扑规划

打开 IUV_5G 仿真软件，单击左上方的 按钮，进入拓扑设计模块，主界面为拓扑网络绘制区，右侧为设备资源选择池，如图 5-29 所示。

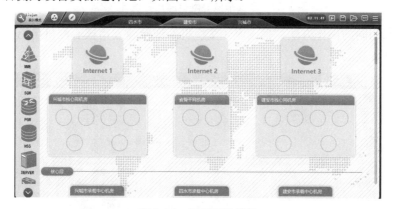

图 5-29 拓扑设计模块

1. 建安市核心网机房拓扑

（1）在资源池将鼠标指针移至 MME 网元，按住鼠标左键将设备拖动至主界面建安市核心网机房，并放置在该机房第一排圆圈内，如图 5-30 所示。

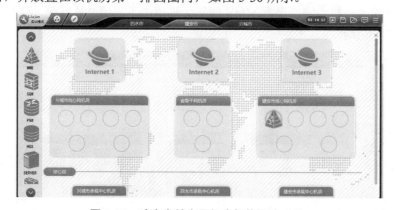

图 5-30 建安市核心网机房拓扑设计（1）

（2）按照上一步骤同样的操作方法，依次把 SGW、PGW、HSS 网元模块依次拖放至建安市核心网机房第一排圆圈内（网元顺序可互换），如图 5-31 所示。

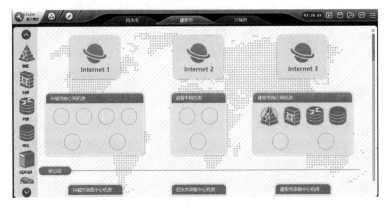

图 5-31　建安市核心网机房拓扑设计（2）

（3）按照相同的操作方法，把 SW（交换机）拖至建安市核心网机房第二排圆圈内，如图 5-32 所示。

图 5-32　建安市核心网机房拓扑设计（3）

（4）单击建安市核心网机房内 MME 网元，再单击下方的 SW 网元，完成两者间线缆连接，如图 5-33 所示。

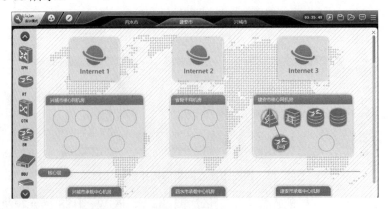

图 5-33　建安市核心网机房拓扑设计（4）

（5）按照上一步相同操作方法，将 SGW、PGW、HSS 分别与 SW 网元间进行连线，完成单平面网络拓扑连线，如图 5-34 所示。

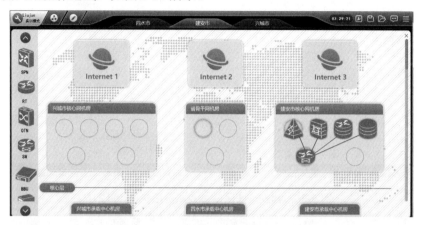

图 5-34　建安市核心网机房拓扑设计（5）

2. 建安市无线站点机房拓扑

（1）单击软件右侧滚动条，向下滚动至建安市 3 区 B 站点机房位置，按住鼠标左键将 SPN 网元拖至主界面建安市 3 区 B 站点机房，并放置在该机房第一排圆圈内，如图 5-35 所示。

图 5-35　建安市 3 区 B 站点机房拓扑设计（1）

（2）按照上一步的操作方法，把 CUDU 和 BBU 拖至建安市 3 区 B 站点机房，CUDU 放置在该机房第一排圆圈内，BBU 放置在该机房第二排圆圈内，如图 5-36 所示。

（3）单击 SPN 网元，然后再单击 CUDU 网元完成二者之间的线缆连接，如图 5-37 所示。

（4）按照上一步操作方法，将 CUDU 与 BBU 网元间进行连线，完成单平面网络拓扑连线，如图 5-38 所示。

图 5-36　建安市 3 区 B 站点机房拓扑设计（2）

图 5-37　建安市 3 区 B 站点机房拓扑设计（3）

图 5-38　建安市 3 区 B 站点机房拓扑设计（4）

（5）按照同样的操作方法，完成建安市 3 区 A 站点和 C 站点机房的设备布置和拓扑连线，如图 5-39 所示。

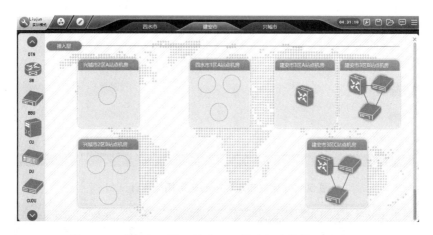

图 5-39　建安市 3 区 A 站点和 C 站点机房拓扑设计（1）

（6）单击建安市 3 区 A 站点 SPN，再单击 C 站点 SPN，就完成此两个网元的线缆连接，如图 5-40 所示。

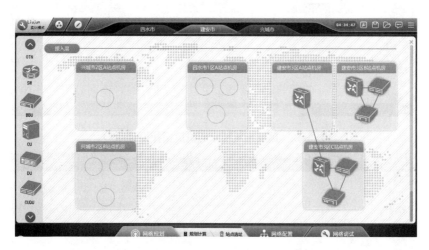

图 5-40　建安市 3 区 A 站点和 C 站点机房拓扑设计（2）

3．建安市承载核心层机房拓扑

（1）单击主界面右侧滚动条，向下滚动至建安市承载中心机房位置，按住鼠标左键将 SPN 网元拖至主界面建安市承载中心机房，并放置在该机房第一排圆圈内，如图 5-41 所示。

（2）按照上一步操作方法，将 OTN 拖至主界面建安市承载中心机房，并放置在该机房第二排圆圈内，如图 5-42 所示。

（3）单击 SPN 网元，然后再单击 OTN 网元完成二者之间的线缆连接，如图 5-43 所示。

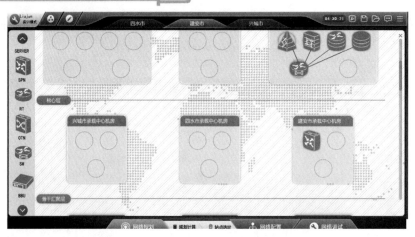

图 5-41　建安市承载中心机房拓扑设计（1）

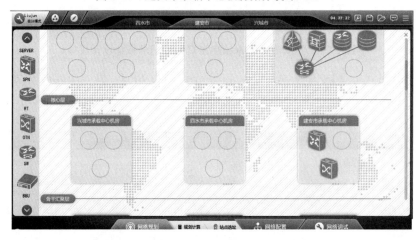

图 5-42　建安市承载中心机房拓扑设计（2）

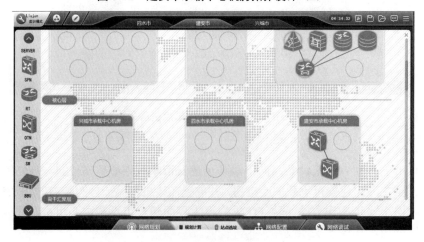

图 5-43　建安市承载中心机房拓扑设计（3）

（4）单击建安市承载中心机房 SPN，再单击建安市核心网机房 SW 完成此两个网元间的线缆连接，如图 5-44 所示，此时完成核心网和承载网的连接。

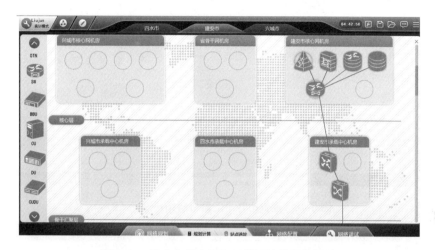

图 5-44 建安市核心网和承载网连接拓扑设计

4. 建安市承载汇聚机房拓扑

（1）单击主界面右侧滚动条，向下滚动至建安市骨干汇聚机房位置，按住鼠标左键将 OTN 网元拖至主界面建安市骨干汇聚机房，并放置在该机房第一排圆圈内，如图 5-45 所示。

图 5-45 建安市骨干汇聚机房拓扑设计（1）

（2）按照上一步的操作方法，将 SPN 或 RT 拖至主界面建安市骨干汇聚机房，并放置在该机房第二排圆圈内，如图 5-46 所示。

（3）单击 OTN 网元，再单击 SPN 网元完成二者之间的线缆连接，如图 5-47 所示。

（4）单击主界面右侧滚动条，向下滚动至主界面建安市 1 区汇聚机房位置，按住鼠标左键将 SPN 网元拖至主界面建安市 1 区汇聚机房，并放置在该机房第一排圆圈内，如图 5-48 所示。

图 5-46　建安市骨干汇聚机房拓扑设计（2）

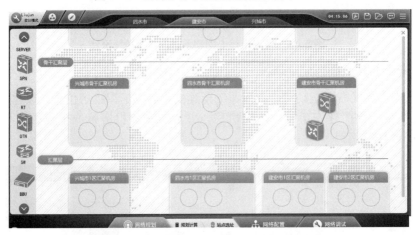

图 5-47　建安市骨干汇聚机房拓扑设计（3）

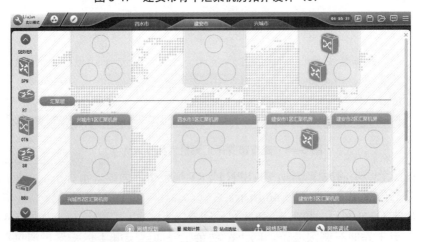

图 5-48　建安市 1 区汇聚机房拓扑设计（1）

（5）按照上一步的操作方法，将 OTN 拖至建安市 1 区汇聚机房，并放置在该机房第二排圆圈内，如图 5-49 所示

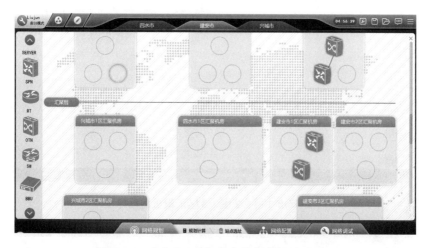

图 5-49　建安市 1 区汇聚机房拓扑设计（2）

（6）单击 SPN 网元，再单击 OTN 网元完成二者之间的线缆连接，如图 5-50 所示。

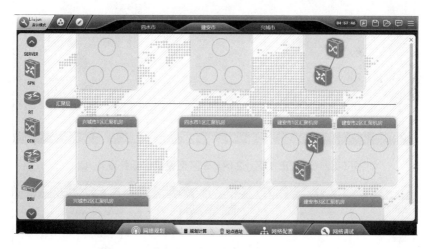

图 5-50　建安市 1 区汇聚机房拓扑设计（3）

（7）按照上面建安市 1 区汇聚机房拓扑关系规划方法，一次完成建安市 2 区和 3 区汇聚机房拓扑关系规划，如图 5-51 所示。

（8）依次单击 1 区、2 区、3 区汇聚机房的 OTN 网元，完成这三个汇聚机房 OTN 网元间的线缆连接，如图 5-52 所示。

（9）按照相同操作方法，完成骨干汇聚机房 OTN 与建安市 1 区汇聚机房 OTN 网元间的线缆连接，这样就完成承载汇聚层内部的连接，如图 5-53 所示。

图 5-51 建安市 1 区、2 区、3 区汇聚机房拓扑设计（1）

图 5-52 建安市 1 区、2 区、3 区汇聚机房拓扑设计（2）

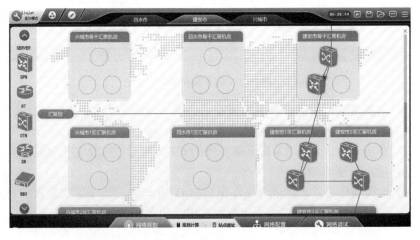

图 5-53 建安市骨干汇聚机房与 1 区、2 区、3 区汇聚机房拓扑设计

（10）按照相同操作方法，完成建安市承载中心机房 OTN 与建安市骨干汇聚机房 OTN 网元间的线缆连接，这样就完成承载核心层和骨干汇聚层的连接，如图 5-54 所示

图 5-54　建安市承载骨干核心层和汇聚层连接拓扑设计

（11）单击建安市 3 区汇聚机房 SPN，再单击建安市 3 区 A 站点机房 SPN 完成这两个网元间的线缆连接，按照同样的方法，完成建安市 3 区汇聚机房 SPN 与建安市 3 区 B 站点机房 SPN 的线缆连接，如图 5-55 所示。此时也就完成了承载网与无线接入网的连接。

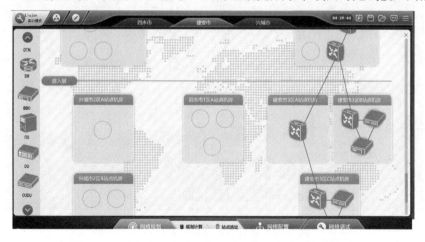

图 5-55　建安市承载骨干接入层和汇聚层连接拓扑设计

5.1.4　承载网容量规划

打开 IUV_5G 仿真软件，依次选择"网络规划"→"规划计算"，选择建安市，进入建安市容量规划界面。主界面左上角有一个下拉菜单，可以单击不同的选项，在"无线网""核心网""承载网"容量规划界面之间切换，在界面的正上方是城市选择标签，可分别选择建安市、兴城市和四水市进行配置，如图 5-56 所示。

图 5-56　建安市容量规划主界面

在界面左上角下拉菜单中选择"承载网",城市标签选择"建安市"开始建安市承载网容量规划,如图 5-57 所示。

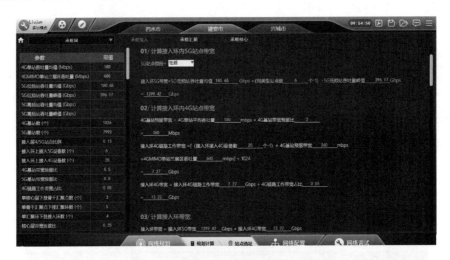

图 5-57　建安市承载网容量规划界面

1. 无线侧及承载网规划数据获取

从无线侧的容量规划结果中获取"4G 单站吞吐量均值""4G MIMO 单站三扇区吞吐量""5G 高低频站吞吐量均值""5G 高低频站吞吐量均值""4/5G 基站数"等无线容量规划数据,再从规划部门获取"接入环上接入 4/5G 设备数""4/5 基站带宽预留比""4G 链路工作带宽占比"等承载网规划数据,如图 5-58 所示。

2. 接入侧容量计算

单击容量规划主界面上部的"承载接入"页签,进入接入层容量计算界面,按照上一步获取的规划数据，再结合界面上提供的计算公式完成相应的计算。

4G单站吞吐量均值 (Mbps)	180
4GMIMO单站三扇区吞吐量 (Mbps)	600
5G低频站吞吐量均值 (Gbps)	180.65
5G低频站吞吐量峰值 (Gbps)	396.17
5G高频站吞吐量均值 (Gbps)	
5G高频站吞吐量峰值 (Gbps)	
4G基站数 (个)	1026
5G基站数 (个)	7993
接入层4/5G站点比例	0.13
接入环上接入5G设备数 (个)	6
接入环上接入4G设备数 (个)	20
4G基站带宽预留比	0.5
5G基站带宽预留比	0.5
4G链路工作带宽占比	0.55
单核心层下挂骨干汇聚点数 (个)	3
单骨干汇聚点下挂汇聚环数 (个)	5
单汇聚环下挂接入环数 (个)	4
核心层带宽收敛比	0.25
骨干汇聚点带宽收敛比	0.25
汇聚环带宽收敛比	0.5

图 5-58　建安市无线侧及承载网规划数据

1）计算接入环内 5G 站点带宽

根据 5G 站点频段范围选择是属于低频还是高频，在公式中输入对应的 5G 吞吐量均值和峰值，如图 5-59 所示。

图 5-59　建安市接入环 5G 带宽计算

2）计算接入环内 4G 站点带宽

根据公式分别计算出 4G 基站预留带宽、接入环 4G 链路工作带宽和接入环 4G 带宽，如图 5-60 所示。

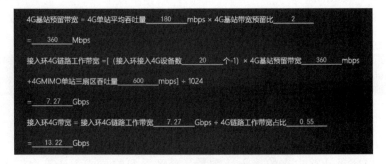

图 5-60　建安市接入环 4G 带宽计算

3）计算接入环带宽

根据前面计算出来的接入环 5G 带宽和接入环 4G 带宽，得出接入环总带宽，如图 5-61 所示。

图 5-61　建安市接入环总带宽计算

4）计算接入设备数

根据实际的网络拓扑选择 4/5G 接入设备部署模式，再通过公式算出所需的接入环数量，如图 5-62 所示。

图 5-62　建安市接入环数量计算

3. 承载汇聚层容量计算

单击容量规划主界面上部的"承载汇聚"页签，进入汇聚层容量计算界面，按照前面获取的规划数据，再结合界面上提供的计算公式完成相应的计算。

1）计算汇聚环带宽

根据接入层容量计算出来的接入环带宽，通过下面的公式中计算出汇聚环带宽，如图 5-63 所示。

汇聚环带宽=接入环带宽　1312.64　Gbps × 单汇聚环下挂接入环数　4　个 × 汇聚环带宽收敛比　0.5
　　　　=　2625.28　Gbps

图 5-63　建安市汇聚环带宽计算

2）计算骨干汇聚点带宽

根据前面计算出来的汇聚环带宽，通过下面的公式中计算出骨干汇聚点带宽，如图 5-64 所示。

图 5-64　建安市骨干汇聚点带宽计算

3）计算汇聚环数量

根据接入层容量计算出来的接入环数量，通过下面的公式中计算出汇聚环数量，如图 5-65 所示。

图 5-65　建安市汇聚环数量计算

4）计算骨干汇聚点数量

根据前面计算出来的汇聚环数量,通过下面的公式中计算出骨干汇聚点数量,如图 5-66 所示。

图 5-66　建安市骨干汇聚点数量计算

4. 承载核心层容量计算

单击容量规划主界面上部的"承载核心"页签,进入核心层容量计算界面,按照前面获取的规划数据,再结合界面上提供的计算公式完成相应的计算。

1）计算核心层带宽

根据承载汇聚层容量计算出来的骨干汇聚点带宽,通过下面的公式中计算出核心层带宽,如图 5-67 所示。

图 5-67　建安市核心层带宽计算

2）确定核心层设备数量

根据拓扑规划中核心层设备数量,完成核心层设备数量规划,如图 5-68 所示。

图 5-68　建安市核心层设备数量规划

3）计算省骨干设备容量

兴城市和四水市的承载网容量规划步骤与建安市相同,区别在于话务模型不同,可以根据不同的模型分别计算出此两个城市的核心层带宽,最后结合建安市核心层带宽计算出省骨干网设备容量,如图 5-69 所示。

图 5-69　省骨干网设备容量计算

5.1.5 5G 承载网需求及组网方案

1. 5G 承载网需求

根据 ITU-R 发布的 M.2083 中明确的 5G eMBB、uRLLC、mMTC 三大业务场景，未来 5G 业务的主要特点是大带宽、低时延、高可靠及海量连接。因此 5G 对承载网的主要需求包括超高带宽、更低时延、网络切片及智能控制与协同等，如图 5-70 所示。

图 5-70 5G 承载网需求

1）大带宽需求

带宽是 5G 承载网最为基础的关键指标之一，根据 5G 无线接入网结构特点，承载分为前传（承载 AAU 和 DU 之间流量）、中传（承载 DU 和 CU 之间流量）和回传（承载 CU 和核心网之间流量），如图 5-71 所示。

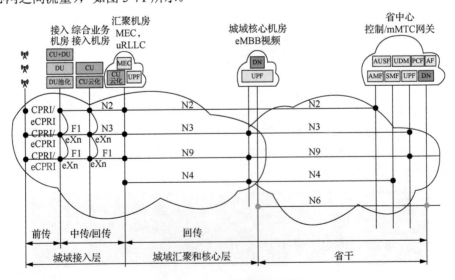

图 5-71 5G 承载网层级划分

（1）单基站承载带宽需求。

典型 5G 低频单基站的峰值带宽达到 5Gbit/s 量级，高频单基站的峰值带宽达到 15Gbit/s 量级，考虑低频和高频基站共同部署，或高频基站单独部署情况，单基站将需要 2×10GE 或 25GE 的承载带宽，如果基站配置的参数提升，带宽需求还会相应增加。

（2）回传带宽需求。

5G 承载接入层、汇聚层及核心层的带宽需求与站型、站密度以及运营商部署策略等众多因素密切相关，存在多种带宽需求评估模型。选取两种不同的模型进行带宽估算，如图 5-72 所示。

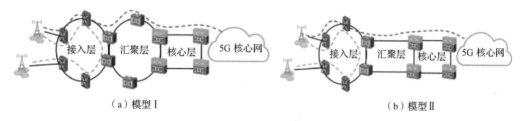

（a）模型Ⅰ （b）模型Ⅱ

图 5-72 带宽估算选取的两种模型

DRAN 部署：接入环达到 25/50Gbit/s，汇聚层/核心层为 N×100/200/400Gbit/s。

CRAN 部署：接入环达到 50Gbit/s，汇聚层/核心层为 N×100/200/400Gbit/s。

（3）中传带宽需求。

中传主要实现 DU 和 CU 之间的流量承载，相当于回传网络中接入层流量带宽需求，如表 5-2 所示，5G 承载前传、中传、回传（接入层、汇聚层、核心层）的典型带宽需求相对 4G 增加非常明显。

表 5-2 承载带宽需求

承载方式	前传	中传	回传
D-RAN	—	—	接入环：25Gbit/s、50Gbit/s； 汇聚/核心：N×100/200/400Gbit/s
C-RAN	接口：25Gbit/s、Nx25Gbit/s 的 eCPRI、自定 CPRI 接口等	同回传接入环	接入环：50Gbit/s 及以上； 汇聚层/核心层：N×100/200/400Gbit/s
4G	接口：CPRI<10G（选项 8）	—	接入环：以 GE 为主，少量 10GE； 汇聚层/核心层：以 10GE 为主，少量 40GE

2）低时延需求

超低时延是 5G 关键特征之一，3GPP 在 TR38.913 中对用 eMBB 和 uRLLC 的用户面和控制面时延指标进行了描述，要求 eMBB 业务用户面时延小于 4ms，控制面时延小于 10ms；uRLLC 业务用户面时延小于 0.5ms，控制面时延小于 10ms。目前 5G 规范的时延指标是无线网络与承载网络共同承担的时延要求，考虑到时延除了与传输距离有关之外，还与无线设备和承载设备的处理能力密切相关。按照目前 eCPRI 接口的时延分配，前传时延约为 100μs 量级，在不考虑节点处理时延的情况下，按光纤传输时延 5μs/km，前传距离将为 10～20km 量级，这样在前传网络中需要引入承载设备进行组网时，要尽可能降低节点的处理时延能力，如图 5-73 所示。

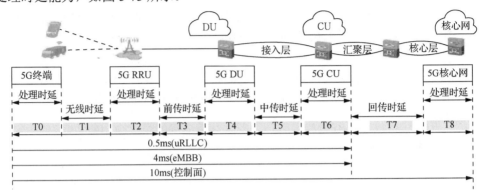

图 5-73　5G 的低时延需求

3）高可靠性需求

在自动驾驶、机器人、医疗健康等一些关键领域，5G 未来将大量部署，这些领域对网络的可靠性要求很高，否则会造成巨大的经济损失和安全问题。电信级需要达到"6 个 9"级别（99.9999%）的可靠性要求，承载网要有足够强大的容灾能力和故障恢复能力。

5G 的载波聚合

4）高精度时间同步需求

高精度时间同步是 5G 承载的关键需求之一。根据不同技术实现的业务场景，需要提供不同的同步精度。5G 的载波聚合、多点协同和超短帧，需要很高的时间同步精度；5G 的基本业务采用时分双工（TDD）制式，需要精确的时间同步；再有就是室内定位增值服务等，也需要精确的时间同步。

5）灵活组网需求

5G 无线接入网可演进为 CU、DU、AAU 三级结构，与之对应，5G 承载网也由 4G 时代的回传、前传演进为回传、中传和前传三级新型网络架构。在 CU、DU 合设情况下，则只有回传和前传两级架构。实际部署时，前传网络将根据基站数量、位置和传输距离等，灵活采用链形、树形或环形等结构。中传是面向 5G 新引入的承载网层次，在承载网实际部署时城域接入层可能同时承载中传和前传业务。随着 CU 和 DU 归属关系由相对固定向云化部署的方向发展，中传也需要支持面向云化应用的灵活承载。5G 回传网络实现 CU 和核心网、CU 和 CU 之间等相关流量的承载，由接入、汇聚和核心三层构成。考虑到移动核心网将由 4G 演进的分组核心网（EPC）发展为 5G 新核心网和移动边缘计算（MEC）等，同时核心网将云化部署在省干和城域核心的大型数据中心，MEC 将部署在城域汇聚或更低位置的边缘数据中心。因此，城域核心汇聚网络将演进为面向 5G 回传和数据中心互联统一承载的网络，如图 5-74 所示。

6）层次化网络切片需求

5G 网络切片对承载网的核心诉求体现在一张统一的物理网络中，将相关的业务功能、网络资源组织在一起，形成一个完整、自治、独立运维的虚拟网络（VN），满足特定的用户和业务需求。构建虚拟网络的关键技术包括 SDN/NFV 管控功能和转发面的网络切片技术。SDN/NFV 管控功能负责实现对资源的虚拟化抽象，转发面的网络切片负责实现对资源的隔离和分配，从而满足差异化的虚拟网络要求。5G 承载网需要提供支持硬隔离和软隔离的层次化网络切片方案，满足不同等级的 5G 网络切片需求，如图 5-75 所示。

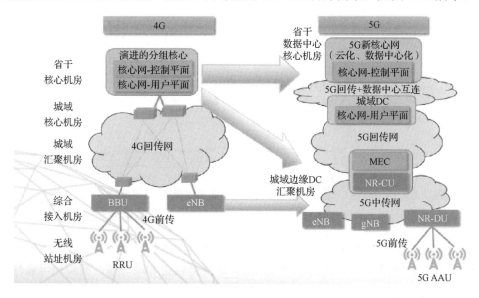

图 5-74　5G 承载网的灵活组网

图 5-75　5G 网络切片需求

7）智能化协同管控需求

5G 承载网架构的变化带来网络切片、L3 功能下沉、网状网络连接等新型特征，此外，还将同时支持 4G、5G、专线等多种业务，业务组织方式也将更加多样，对 5G 承载网的管控带来诸多新需求。5G 承载网相关的管控需求包括端到端 SDN 化灵活管控、网络切片管控、资源协同管控、智能化运维等方面，如图 5-76 所示。

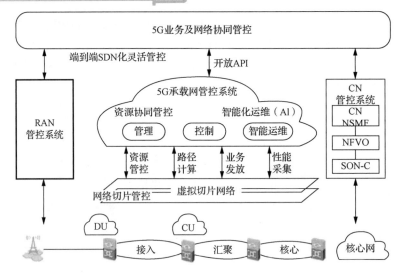

图 5-76　5G 智能化协同管控需求

2．5G 承载网构架

5G 承载网是为 5G 无线接入网和核心网提供网络连接的基础网络，不仅为这些网络连接提供灵活调度、组网保护和管理控制等功能，还要提供带宽、时延、同步和可靠性等方面的性能保障。5G 承载网总体架构主要包括转发平面、协同管控、5G 同步网三个部分，其中转发平面是 5G 承载架构的关键组成，由城域网和骨干网组成，城域网又分为接入、汇聚和核心三层。接入层通常为环形组网，汇聚和核心层根据光纤资源情况，可分为环形组网与双上联组网两种类型，如图 5-77 所示。

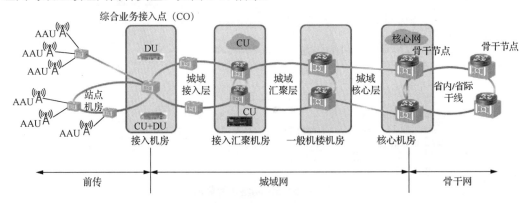

图 5-77　5G 承载网构架

3．5G 中回传典型技术方案

为更好适应 5G 和专线等业务综合承载需求，我国运营商提出了多种 5G 承载技术方案，主要包括切片分组网络（SPN）、面向移动承载优化的 OTN（M-OTN）、IP RAN 增强+光层三种技术方案，其技术融合发展趋势和共性技术占比越来越高，在 L2 和 L3 层均需支持以太网、MPLS（-TP）等技术，在 L0 层需要低成本高速灰光接口、WDM 彩光接口和光波长组网调度等，差异主要体现在 L1 层是基于 OIF 的灵活以太网（FlexE）技术、IEEE802.3 的以太网物理层还是 ITU-T G.709 规范的 OTN 技术，L1 层 TDM 通道是基于切片以太网还是基于 OTN 的 ODUflex，具体技术方案对比见表 5-3。

表 5-3 5G 承载技术方案对比

网络分层	主要功能	SPN	M-OTN	IP RAN 增强+光层
业务适配层	支持多业务映射和适配	L1 专线、L2VPN、L3VPN、CBR 业务	L1F 专线、L2VPN、L3VPN、CBR 业务	L2VPN、L3VPN
L2 和 L3 分组转发层	为 5G 提供灵活连接调度、OAM、保护、统计复用和 QoS 保障能力	Ethernet VLAN MPLS(-TP) SR-TP/SR-BE	Ethernet VLAN MPLS(-TP) SR-TE/SR-BE	Ethernet VLAN MPLS(-TP) SR-TE/SR-BE
L1 TDM 通道层	为 5G 三大类业务及专线提供 TDM 通道隔离、调度、复用、OAM 和保护能力	切片以太网通道	ODUk(k=0/2/4/flex)	待研究
L1 数据链路层	提供 L1 通道到光层的适配	FlexE 或 Ethernet PHY	OTUk 或 OTUCn	FlexE 或 Ethernet PHY
L0 光波长传送层	提供高速光接口或多波长传输、调度和组网	灰光或 DWDM 彩光	灰光或 DWDM 彩光	灰光或 DWDM 彩光

1）切片分组网络（SPN）技术方案

SPN 是中国移动在承载 3G/4G 回传的分组传送网络（PTN）技术基础上，面向 5G 和政企专线等业务承载需求，提出的新一代切片分组网络技术方案。SPN 具备前传、中传和回传的端到端组网能力，通过 FlexE 接口和切片以太网（Slicing Ethernet，SE）通道支持端到端网络硬切片，并下沉 L3 功能至汇聚层甚至综合业务接入节点来满足动态灵活连接需求。SPN 网络分层架构包括：切片分组层（SPL）、切片通道层（SCL）和切片传送层（STL）三个层面，如图 5-78 所示。

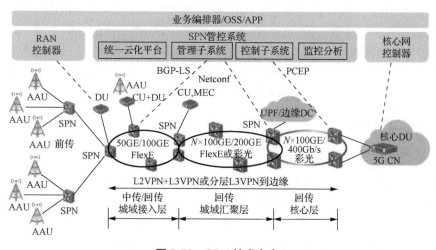

图 5-78 SPN 技术方案

2）面向移动承载优化的 OTN（M-OTN）技术方案

综合考虑 5G 承载和云专线等业务需求，中国电信提出了面向移动承载优化的 OTN（M-OTN）技术方案。该技术方案基于分组增强型 OTN 设备，进一步增强 L3 路由转发功能，并简化传统 OTN 映射复用结构、开销和管理控制的复杂度，降低设备成本、降低时延、实现带宽灵活配置，支持 ODUflex+FlexO 提供灵活带宽能力，满足 5G 承载的灵活组网需求，如图 5-79 所示。

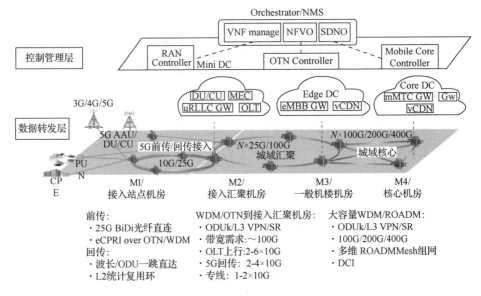

图 5-79　M-OTN 技术方案

3）IP RAN 和光层技术方案

基于 IP RAN 和光层的 5G 承载组网架构包括城域骨干核心、汇聚和接入的分层结构，核心层、汇聚层由核心节点和汇聚节点组成，采用 IP RAN 系统承载，核心、汇聚节点之间采用口字形对接结构。接入层由综合业务接入节点和末端接入节点组成。综合业务接入节点主要进行基站和宽带业务的综合接入，包括 DU/CU 集中部署、OLT 等；末端接入节点主要接入独立的基站等。接入节点之间的组网结构主要为环形或链形，接入节点以双节点方式连接至一对汇聚节点。接入层可选用 IP RAN 或 PeOTN 系统来承载。中传和回传部分包括两种组网方式：端到端 IP RAN 组网和 IP RAN+PeOTN 组网，如图 5-80 所示。

5.1.6　5G 承载网规划

1. 5G 承载网规划概述

网络的组建是一项复杂的系统工程，涉及技术问题、管理问题等，必须遵守一定的系统分析和设计方法。实施网络工程的首要工作就是要进行规划，深入细致的规划是成功组建网络的保障。缺乏规划组建的网络必然是失败的网络。其稳定性、安全性、可管理性没有保证。通过科学合理的规划能够用最低的成本组建高性能的网络，提供优质的服务。

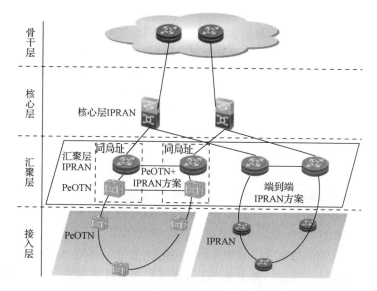

图 5-80　IP RAN 组网和 IP RAN+PeOTN 组网

5G 承载网在规划设计上应遵循"经济高效、持续演进、技术先进、安全可靠、统一承载、夯实基础"六大原则，不断探索 5G 承载网的应用场景、组网策略、综合承载、资源共享等方向，统筹业务、技术、资源等因素，推进 5G 承载网演进。

1）经济高效原则

5G 时代将使各类新型业务不断涌现，也必然带来大规模的网络建设与投资。承载网作为 5G 发展的基础网络，涉及的建设量及投资量巨大，不可盲目地投入与建设。初步分析，5G 的业务需求将会分区域、分类型、分阶段逐步呈现，因此 5G 承载网的建设应以实际业务发展需求为导向，坚持经济效益优先的原则，充分利用现有资源开展建设，在有需求的地方优先建设 5G 承载网，无需求的地方可暂缓建设 5G 承载网，做到聚焦业务组网。

2）持续演进原则

5G 承载网的建设应坚持持续演进的原则，制订合适的网络演进策略。从整体上看，在 5G 初期业务量不太大的情况下，其主要需求是承载大带宽的 eMBB 业务，建议尽量依托现有网架构演进，以满足初期需求，例如，利用现有 PTN、IP RAN 网络升级方式，保护现网投资。在中期针对 5G 业务需求不断增长，分阶段部署 SPN、M-OTN、增强型 IP RAN 等新设备。在后期 5G 业务成熟发展及应用的情况下，承载网络将演进至一张完善的能满足 5G 业务、专线业务、物联网业务等全业务的综合承载网。

3）技术先进原则

5G 时代承载网技术也将迎来新的发展与应用，SPN、M-OTN、增强型 IP RAN 等技术将进一步发展及完善，新技术带来的效益也将日益明显。因此在部署 5G 承载网时，应重视技术的先进性和网络的可发展性，运营商应根据自身网络的现状及演进需求，选择合适的承载技术，要把先进的技术与现有成熟技术的标准及经验相结合，充分考虑网络应用与未来发展的趋势，在保证满足业务应用的同时，又体现网络技术的先进性。

4）安全可靠原则

5G 时代万物互联，高清视频、AR/VR、车联网、工业互联网等新业务需求及业务类型不断涌现，5G 承载网的安全性和可靠性将显得尤为重要。5G 承载网的建设应遵循安全可靠原则，合理设计承载网的网络架构和组网路由，选择合理的技术保护方式，制订可靠的网络保护策略，充分考虑网络容错和负载分担能力，保证网络安全可靠运行。

5）统一承载原则

5G 承载网可以基于新技术方案进行建设，也可以基于 4G 承载网进行升级及演进。因此，5G 承载网的建设需要遵循多业务统一承载原则。5G 承载 4G/5G 无线业务外，还可以统一承载政企专线业务、家庭宽带的 OLT 回传、CDN 以及边缘数据中心之间互联等需求，并兼具 L0~L3 技术方案优势，提供差异化网络切片服务，实现多业务统一承载，充分发挥基础承载网络的价值。

6）夯实基础原则

机房、管道及光缆等资源作为承载网络的基础性资源，对 5G 承载网的网络架构及承载能力有着重要且长远的影响，是未来 5G 承载网部署的重要保障。5G 承载网建设需要重视基础资源储备，紧跟 5G 商用的推进节奏，提前对各层次机房、管道及光缆等资源开展部署及储备，为应对 5G 业务发展奠定基础。

2. 5G 承载网规划流程

5G 承载网规划流程包括需求分析，拓扑规划，容量计算，设备硬件规划，IP 地址规划、命名规划，网络技术规划，网络管理、监控、维护方面的规划等内容，如图 5-81 所示。

1）需求分析

需求分析：掌握建网的目的和基本目标，评估现有网络，结合原有的网络资源来进行规划（完全新建的网络除外）。

2）拓扑规划

拓扑规划：根据建网需求合理规划网络拓扑结构。

3）容量计算

容量计算：以用户数量，每用户占用带宽、预留带宽等因素为基准，计算网络中设备和链路的容量。

4）设备硬件规划

设备硬件规划：以容量计算的结果对设备和线缆进行选择。

5）IP 地址规划、命名规划

IP 地址规划、命名规划：规划整个网络所有设备的 IP 地址分配，同时规范设备、接口、线缆的命名规则。

6）网络技术规划

网络技术规划：对将要使用的网络技术进行规划，如采取 VLAN 划分原则、路由使用原则、VPN 配置方案、QoS 方案等。

7）网络管理、监控、维护方面的规划

网络管理、监控、维护方面的规划：规划全网设备的管理和监控，提高网络开通与维护的效率。

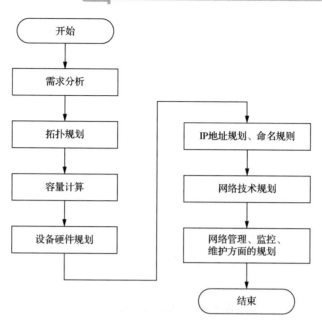

图 5-81　5G 承载网规划流程

3. 5G 承载网容量计算

容量计算是网络规划中的重要一环，通常和拓扑规划同期进行。容量计算是根据当前用户数及预计的未来发展趋势，估算出网络的总容量，从而有效地指导设备的部署。其中 5G 承载网接入层、汇聚层及核心层的带宽需求与站型、站密度以及运营商部署策略等因素密切相关，需要按照业务流量基本流向，选取带宽收敛比、不同网络层环的节点个数、组网方式结构上连接个数、单基站配置等关键参数进行估算。考虑到中传主要实现 DU 和 CU 之间的流量承载，相当于在回传网络中接入层流量相同需求，因此对统一与回传一起进行分析，如图 5-82 所示。

1）容量计算参数

5G 承载网容量计算涉及的参数如下。

（1）5G 低频站吞吐量均值：从无线侧获取，是一个频点属于 Sub6G 的 5G 站点带宽的平均值。

（2）5G 低频站吞吐量峰值：从无线侧获取，是一个频点属于 Sub6G 的 5G 站点带宽的峰值。

（3）5G 高频站吞吐量均值：从无线侧获取，是一个频点属于毫米波的 5G 站点带宽的平均值。

（4）5G 高频站吞吐量峰值：从无线侧获取，是一个频点属于毫米波的 5G 站点带宽的峰值。

（5）接入环上接入 5G 设备数：接入环上限定的 5G 站点数。

（6）5G 基站带宽预留比：5G 基站平均吞吐量与实际预留给基站的带宽之间的比值，预留带宽是为了应对今后基站带宽需求的增加。

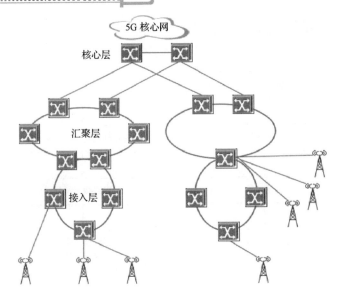

图 5-82　5G 承载网拓扑架构

（7）单核心层下挂骨干汇聚点数量：单个核心层下限定的骨干汇聚点的数量。

（8）单骨干汇聚点下挂汇聚环数量：单个骨干汇聚点下限定的汇聚环的数量。

（9）单汇聚环下挂接入环数：单个汇聚环下限定的接入环的数量。

（10）带宽收敛比：数据业务的统计复用特点加上用户资费包封顶的存在，使得承载链路的实际带宽分配要小于基站需求，这就是带宽收敛比，根据层次不同，又分为核心层带宽收敛比、骨干汇聚点带宽收敛比、汇聚环带宽收敛比。

2）接入层容量计算

根据从无线侧获取的 5G 站点吞吐量均值和峰值，计算接入层带宽需求。

（1）计算基站预留带宽。

基站预留带宽=5G 低/高频站吞吐量均值/5G 基站带宽预留

（2）计算接入层设备数量。

接入层设备数量=基站数

（3）选择接入层拓扑结构。

接入层常用环形组网，但在实际环境中也可能是星形、链形组网。

（4）计算接入层设备带宽。

如果是星形拓扑，则

接入层设备带宽=5G 低/高频站吞吐量峰值

如果是环形拓扑，则

接入层设备带宽=（接入环上接入 5G 设备数-1）×基站预留带宽+5G 低/高频站吞吐量峰值

（5）计算接入环数量。

接入环数量=5G 基站数/接入环上接入 5G 设备数

3）承载汇聚层容量计算

（1）计算汇聚环带宽。

汇聚环带宽=接入环带宽×单汇集环下挂接入环数×汇聚环带宽收敛比

模块 5 承载网对接配置

(2) 计算汇聚环数量。

汇聚环数量=接入环数量/单汇聚环下挂接入环数

(3) 骨干汇聚点带宽计算。

骨干汇聚点带宽=汇聚环带宽×单骨干汇聚点下挂汇聚环数量×骨干汇聚点带宽收敛比

(4) 计算骨干汇聚点数量。

骨干汇聚点数量=汇聚环数量/单骨干汇聚点下挂汇聚环数

4) 承载核心层容量计算

(1) 计算核心层带宽。

核心层带宽=骨干汇聚点带宽×单核心层下挂骨干汇聚点数×核心层带宽收敛比

(2) 确定核心层设备数量。

单个核心层设备承载所有基站流量时，建议配置主用和备用 2 台设备。

5) 省骨干网设备容量计算

省骨干设备容量=A 市核心层带宽+B 城市核心层带宽+C 城市核心层带宽

骨干网设备转发地市之间，地市基站与互联网间的流量，其吞吐量应大于各个地市核心网设备吞吐量之和。

验 收 评 价

学完本章节的内容，并完成承载网规划任务，然后完成下列的评价表。

任务名称		承载网规划		
班级		小组		
评价要点	评价内容	分值	得分	备注
基础知识 （55 分）	明确工作任务和目标	5		
	承载网拓扑结构类型	5		
	TCP/IP 协议栈	5		
	IP 地址结构及划分	10		
	子网掩码及子网划分	10		
	5G 承载网组网技术方案	10		
	5G 承载网规划原则及步骤	10		
任务实施 （35 分）	5G 承载拓扑规划	15		
	5G 承载网容量计算	20		
操作规范 （10 分）	规范操作，防止设备损坏	5		
	环境卫生，保证工作台面整洁	5		
	合计	100		

任务 5.2　设备安装

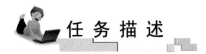

根据规划结果选择和安装并连接适合的承载网设备,是建设移动通信系统的一个重要的环节,是执行后续设备参数及数据配置的前提条件。

本次 5G 承载网设备安装及连接任务位于建安市区域,一共涉及 5 个机房,分属接入、汇聚、核心三层以及建安市核心网。接入层共有 1 个机房,即建安市 3 区 B 站点机房;汇聚层有 2 个机房,分别是建安市 3 区汇聚机房和建安市骨干汇聚机房;核心层有 1 个机房,即建安市承载中心机房,此机房连接到建安市核心网机房。这些机房的网络拓扑架构如图 5-83 所示。

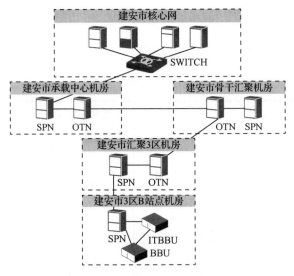

图 5-83　建安市网络拓扑架构

知识点	技能点
二层交换主要功能	承载网设备安装步骤及内容
VLAN 概念和划分方法	承载网设备连线步骤和方法

模块 5　承载网对接配置

续表

知识点	技能点
VLAN 的端口模式	
路由概念及路由表构成	
路由的分类	
路由规划原则	
OTN 系统组成	
SPN 系统结构	
常见网络设备及线缆	

交换机工作原理

5.2.1　常见的网络设备及线缆

1. 交换机

交换机（Switch）又称交换式集线器，是一种工作在 OSI 第 2 层（数据链路层）上的、基于 MAC 地址（网卡的介质访问控制地址）识别、能完成封装转发数据包功能的网络设备。它通过对信息进行重新生成，并经过内部处理后转发至指定端口，具备自动寻址能力和交换作用，如图 5-84 所示。

交换机不懂得 IP 地址，但它可以"学习"源主机的 MAC 地址，并把其存放在内部地址表中，通过在数据帧的始发者和目标接收者之间建立临时的交换路径，使数据帧直接由源地址到达目标地址。交换机上的所有端口均有独享的信道带宽，以保证每个端口上数据的快速有效传输。由于交换机根据所传递信息包的目标地址，将每一信息包独立地从源端口送至目标端口，而不会向所有端口发送，避免了和其他端口发生冲突，因此，交换机可以同时互不影响地传送这些信息包，并防止传输冲突，提高网络的实际吞吐量。

基础交换机（2 层交换机）工作在数据链路层，通过 MAC 地址转发流量。而第 3、4 层交换机提供了路由选择、信息包检测、数据流优先排序和 QoS 功能。第 3、4 层交换机因为整合了数据链路层、网络层和其他层的功能，所以称为多层交换机，它基于硬件（专用集成电路，ASIC）的处理能力，大多数功能是在硬件和芯片级别上完成，因此是一种比路由器更快的方法。

3 层交换机本质上是一个路由器。能根据 IP 地址转发数据包，基于可用性和性能来选择路由路径，它将路由查找功能转移到更高级别的交换硬件上。

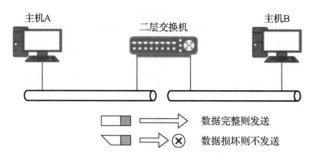

图 5-84　交换机数据传送规则

2. 路由器

路由器工作原理

路由器是一种多端口设备，它可以连接不同传输速率并运行于各种环境的局域网和广域网，也可以采用不同的协议。路由器属于 OSI 模型的第三层（网络层），指导从一个网段到另一个网段的数据传输，也能指导从一种网络向另一种网络的数据传输。路由器根据逻辑地址进行网络之间的信息转发，可完成异构网络之间的互联互通，如图 5-85 所示。

路由器主要有以下功能。

（1）网络互连：路由器支持各种局域网和广域网接口，主要用于互联局域网和广域网，实现不同网络互相通信。

（2）数据处理：路由器提供包括分组过滤、分组转发、优先级、复用、加密、压缩和防火墙等功能。

（3）网络管理：路由器提供包括路由器配置管理、性能管理、容错管理和流量控制等功能。

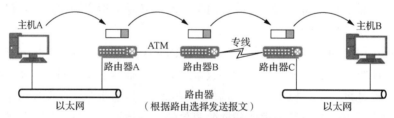

图 5-85　路由器数据传送原则

3. 接口及线缆

1）RJ45 接口

RJ45 是一种接口类型，通常用于计算机网络数据传输。RJ45 接口是由插头和插座组成，这两种元器件组成的连接器连接于导线之间，以实现导线的电气连续性。根据插头跟引脚线的排序不同，RJ45 有两种：一种是橙白、橙、绿白、蓝、蓝白、绿、棕白、棕，另一种是绿白、绿、橙白、蓝、蓝白、橙、棕白、棕。因此插头的线有直通线（12345678 对应 12345678）、交叉线（12345678 对应 36145278）两种。RJ45 接口通常用于数据传输，最常见的应用为网卡接口，如图 5-86 所示。

模块 5　承载网对接配置

图 5-86　RJ45 接口

RJ45 型网线插头又称水晶头，由八芯网线制成，广泛应用于局域网和 ADSL 宽带上网用户的网络设备间网线（称为五类线或双绞线）的连接，如图 5-87 所示。RJ45 型网线插头引脚号的识别方法是：手拿插头，有 8 个小镀金片的一端向上，有网线装入的矩形大口的一端向下，同时将没有细长塑料卡销的面朝向自己，从左边第一个小镀金片开始依次是第 1 脚、第 2 脚……第 8 脚。

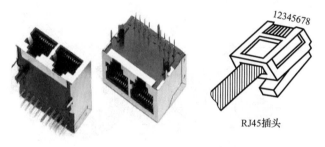

图 5-87　RJ45 型网线接口及插头

2）双绞线

双绞线是综合布线工程中最常用的一种传输介质。它采用了一对互相绝缘的金属导线互相绞合的方式来抵御一部分外界电磁波干扰。把两根绝缘的铜导线按一定密度互相绞在一起，可以降低信号干扰的程度，每一根导线在传输中辐射的电磁波会被另一根线上发出的电磁波抵消。"双绞线"的名字也是由此而来。双绞线是由 4 对双绞线一起包在一个绝缘电缆套管里的。一般双绞线扭得越密其抗干扰能力就越强。与其他传输介质相比，双绞线价格较为低廉，但在传输距离、信道宽度和数据传输速度等方面均受到一定限制。它分为两种类型：屏蔽双绞线（STP）和非屏蔽双绞线（UTP）。

双绞线的缠绕方式、绝缘层类型、导电材料的质量、线缆的屏蔽层共同决定了数据传输速率。表 5-4 列出几类 UTP 线材的特点和主要用途。

表 5-4　UTP 线材的特点与主要用途

UTP 分类	特点	主要用途
1 类	语音级电话线，最高 1Mbit/s 传输速率	不推荐用于网络，但调制解调器能用 1 类 UTP 进行通信
2 类	数据传输，最高 4Mbit/s	用于大型主机和计算机终端连接，不推荐用于高速网络互连
3 类	10Mbit/s 用于以太网，4Mbit/s 用于令牌环	在 10Base-T 网络中使用（Base 表示采用基带传输）

续表

UTP 分类	特点	主要用途
4 类	16Mbit/s	常用于令牌环网络
5 类	100Mbit/s；缠绕紧密，因此串扰低	用在 100Base-TX、CDDI（FDDI 的 UTP 线缆牌）、以太网和 ATM 网络中，是使用最多的类型
6 类	1Gbit/s	用于需要高速传输的新型网络中，是千兆以太网的标准
7 类	10Gbit/s	用在要求超高速传输的新型网络中

3）光纤

光纤为光导纤维的简称，由直径大约为 10μm 的细玻璃丝构成，以光脉冲的形式来传输信号，以玻璃或有机玻璃等为网络传输介质。它由纤芯、包层和涂覆层组成，如图 5-88（a）所示。光纤制成的光缆结构如图 5-88（b）所示。

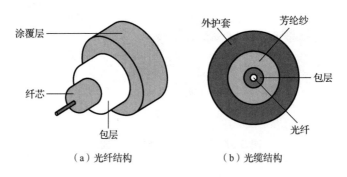

图 5-88　光纤和光缆结构

光纤可分为单模（Single Mode）光纤和多模（Multiple Mode）光纤。单模光模块与单模光纤配套使用，单模光纤传输频带宽，传输容量大，适用于长距传输；多模光模块与多模光纤配套使用，多模光纤有模式色散缺陷，其传输性能比单模光纤差，但成本低，适用于较小容量、短距传输。多模光纤中心波长 850nm，一般有部分在可见光的红光频段的能量；单模光纤的中心波长有两种：1310nm 和 1550nm，1310nm 单模光纤一般为短距、中距或长距接口，1550nm 单模光纤一般为长距、超长距接口。其都在红外线频段，为不可见光。分辨方法是把光口的发射端激活，快速查看发射端是否有红光发出，如有则为多模光纤，否则为单模光纤。单模光纤跳线外皮是黄色，多模光纤跳线外皮是橙红色，如图 5-89 所示。

4）光模块及光纤接头

光纤通过连接头连接到光模块上，光模块安装在设备中。

光模块（transceiver module），由光电子器件、功能电路和光接口等组成，光电子器件包括发射和接收两部分。简单地说，光模块的作用就是光电转换，发送端把电信号转换成光信号，通过光纤传送后，接收端再把光信号转换成电信号。常见光模块有：GBIC、SFP、SFP+、QSFP、CFP、XFP 等。下面介绍 GBIC 和 SFP 两种光模块，如图 5-90 所示。

（a）单模光纤跳线　　　　　　　　（b）多模光纤跳线

图 5-89　单模光纤跳线和多模光纤跳线

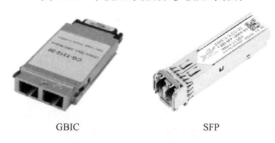

GBIC　　　　　　　SFP

图 5-90　GBIC 和 SFP 光模块

（1）GBIC（Giga Bitrate Interface Converter）是千兆位接口转换器的简称，在 20 世纪 90 年代相当流行。其设计上可以为热插拔使用，采用 SC 接口。是一种符合国际标准的可互换产品。采用 GBIC 接口设计的千兆位交换机由于互换灵活，占有较大的市场份额。

（2）SFP（Small Form-Factor Pluggable）可以简单地理解为 GBIC 的升级版本。体积是 GBIC 的 1/2，可以在相同的面板上配置多出一倍以上的端口数量，目前较多见，多采用 LC 接口。SFP 模块的其他功能基本和 GBIC 一致。有些交换机厂商称 SFP 模块为小型化 GBIC（MINI-GBIC）。

常见的光纤接口类型有 FC、ST、SC 和 LC，如图 5-91 所示。

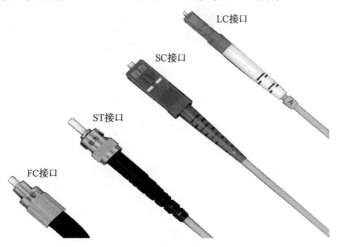

图 5-91　常见的光纤接口类型

（1）FC 接口，圆形带螺纹，外壳材质为金属，接口处有螺纹，和光模块连接时可以固定得很好，常用于光纤配线架，如图 5-92 所示。

图 5-92　光纤 FC 接口

（2）ST 接口，紧固方式为螺纹，很少用于连接网络设备，经常被用于光纤与光纤配线架的连接。欲将 GBIC 模块的交换机连接至远程网络骨干，就必须选择一端为 ST 型连接器，另一端为 SC 型连接器的光纤跳线，如图 5-93 所示。

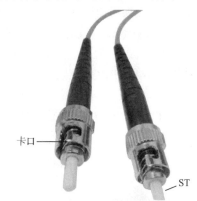

图 5-93　光纤 ST 接口

（3）SC 接口，卡接式方形，俗称大方口，材质为塑料，推拉式连接，接口可以卡在光模块上，常用于光纤收发器和 GBIC 光模块，如图 5-94 所示。

（4）LC 接口，卡接式方形，俗称小方口，材质为塑料，常用于连接 SFP 光模块和预端接模块盒，如图 5-95 所示。

4. ODF 架

ODF 架是用于光纤通信系统中局端主干光缆的成端和分配，可方便地实现光纤的连接、分配和调度。其用于室内光纤网络配线系统，如图 5-96 所示。

模块 5　承载网对接配置

图 5-94　光纤 SC 接口　　　　　　图 5-95　光纤 LC 接口

图 5-96　ODF 架

5.2.2　OTN 系统介绍

OTN（Optical Transport Network，光传送网）是以波分复用技术为基础、在光层组织网络的传送网，是下一代的骨干传送网，将解决传统 WDM 网络无波长/子波长业务调度能力差、组网能力弱、保护能力弱等问题。OTN 处理的基本对象是波长级业务，它将传送网推进到真正的多波长光网络阶段。由于结合了光域和电域处理的优势，OTN 可以提供巨大的传送容量、完全透明的端到端波长/子波长连接以及电信级的保护，是传送宽带大颗粒业务的最优技术。OTN 系统结构如图 5-97 所示。

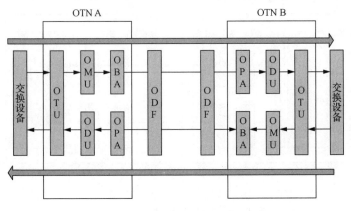

图 5-97　OTN 系统结构

1. 光转发单元（Optical Transform Unit，OTU）

OTU 提供线路侧光模块，内有激光器，发出特定稳定的，符合波分系统标准波长的光，将客户侧接收的信息封装到对应的 OTN 帧中，送到线路侧输出。提供客户侧光模块，连接 PTN、路由器、交换机等设备。常见有 OTU10G、OTU40G、OTU100G，客户侧接入 10GE、40GE、100GE，线路侧以同样速率发出。

2. 光复用单元（Optical Multiplex Unit，OMU）

OMU 位于业务单板与光放大器之间。将从各业务单板接收到的各个特定波长的光复用在一起，从出口输出。每个接口只接收各自特定波长的光。现网中的单板，能复用 40 个或 80 个波长。

3. 光解复用单元（Optical Demultiplex Unit，ODU）

ODU 位于接收端接收放大器和业务单板之间，将从接收放大器收到的多路业务在光层上解复用为多个单路光送给业务单板的线路口。现网中的单板，能解复用 40 个或 80 个波长。

4. 光放大器（Optical Amplifier，OA）

OA 主要功能是将光功率放大到合理的范围。发送端 OBA（光功率放大器）位于 OMU 单板之后，用于将合波信号放大后发出。接收端 OPA（前置放大器）位于 ODU 单板之前，将合波信号放大后送到 ODU 解复用。OLA（光线路放大器）用于 OLA 站点放大光功率。

5. 电交叉子系统

OTN 电交叉子系统以时隙电路交换为核心，通过电路交叉配置功能，支持各类大颗粒用户业务的接入和承载，实现波长/子波长级别的灵活调度，支持任意节点任意业务处理，同时继承 OTN 网络监测、保护等各类技术，支持毫秒级的业务保护倒换。电交叉子系统的核心是交叉板，主要是根据管理配置实现业务的自由调度，完成基于 ODUK 颗粒的业务调度，同时完成业务板和交叉板之间告警开销和其他开销的传递功能。电交叉需要采用光/电/光转换，系统结构如图 5-98 所示。

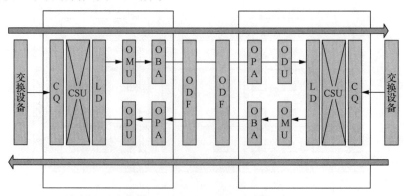

图 5-98　OTN 系统结构（电交叉）

电交叉的规划原则：客户侧接口的速率与线路侧时隙的 ODU 速率要一致；两端 OTN 通过电交叉传送同一业务时，业务对应的客户侧接口的速率必须一致，线路侧单板类型和时隙也必须一致。

5.2.3 SPN 系统介绍

SPN（Slicing Packet Network，切片分组网）是基于 IP/MPLS/SR、切片以太网（Slicing Ethernet，SE）和波分的新一代端到端分层交换网络，具备业务灵活调度、高可靠性、低时延、高精度时钟、易运维、严格 QoS 保障等属性的传送网络。其中转发面基于"Segment Routing"或"Slicing Ethernet"或"DWDM"，控制面基于 SDN。

1. SPN 网络分层模型

SPN 网络由切片分组层（SPL）、切片通道层（SCL）、切片传送层（STL），以及频率、时钟同步功能模块和管理、控制平面组成。SPN 网络分层模型采用了全新的体系，融合了 IP 和传输，如图 5-99 所示。

（1）切片分组层，用于分组业务处理，包括客户业务信号及对客户业务的封装处理（L2VPN 或 L3VPN）、MPLS-TP 或 SR-TP 隧道处理，以及分组业务与以太网二层 MAC 映射处理。

（2）切片通道层，基于 SE 技术，提供硬管道交叉连接能力。

（3）切片传送层，用于提供 FlexE 接口以及 IEEE 802.3 标准以太网物理层编解码和传输媒介处理，其中传输媒介基于以太网 IEEE 802.3 标准，光层支持 DWDM 技术。

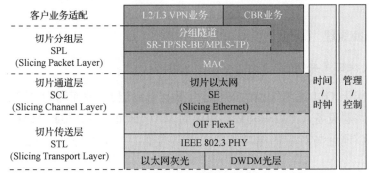

图 5-99 SPN 网络分层模型

2. SPN 设备结构

SPN 设备结构由数据平面、控制平面、管理平面组成，如图 5-100 所示。

（1）数据平面包括分组交换、SE 交叉、OAM、保护、QoS、同步等模块。

（2）控制平面包括路由、信令和资源管理等模块。

（3）数据平面和控制平面采用 UNI 和 NNI 接口与其他设备相连，管理平面还可采用管理接口与其他设备相连。

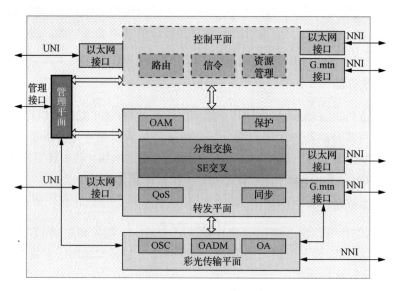

图 5-100 SPN 设备结构

5.2.4 二层交换原理

1. 二层交换机主要功能

交换机工作于 OSI 参考模型的第二层（数据链路层），故而称为二层交换机。二层交换机属数据链路层设备，可以识别数据帧中的 MAC 地址信息，根据 MAC 地址进行转发，并将这些 MAC 地址与对应的端口记录在自己内部的一个地址表中，二层交换机组网如图 5-101 所示。

1）二层交换机的主要功能

（1）地址学习：利用接收数据帧中的源 MAC 地址来建立 MAC 地址表（源地址自学习），使用地址老化机制进行地址表维护。

（2）转发和过滤：在 MAC 地址表中查找数据帧中的目的 MAC 地址，如果找到就将该数据帧发送到相应的端口；如果找不到则向所有端口转发广播帧和多播帧（不包括源端口）。

（3）避免环路：利用生成树协议避免环路带来的危害。

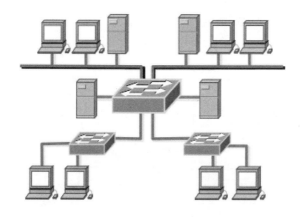

图 5-101　二层交换机组网

2）二层交换机工作原理说明

现在通过一个案例简单说明二层交换机工作原理和功能。A、B、C、D 各是一台主机，分别连接到交换机 E0~E3 端口，这 4 台主机的 MAC 地址如图 5-102 所示。

（1）当开始的时候，交换机的 MAC 地址表为空，如图 5-102 所示。

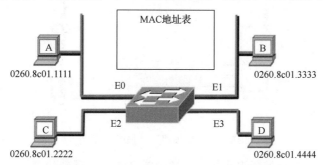

图 5-102　二层交换机工作原理示意图（1）

（2）主机 A 发送数据帧给主机 C，交换机通过学习数据帧的源 MAC 地址，记录下主机 A 的 MAC 地址对应端口 E0，该数据帧转发到除端口 E0 以外的其他所有端口（未知单播泛洪），如图 5-103 所示。

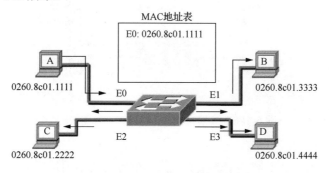

图 5-103　二层交换机工作原理示意图（2）

（3）主机 D 发送数据帧给主机 C，交换机通过学习数据帧的源 MAC 地址，记录下主机 D 的 MAC 地址对应端口 E3，该数据帧转发到除端口 E3 以外的其他所有端口，如图 5-104 所示。

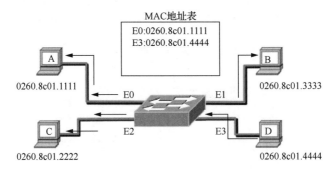

图 5-104　二层交换机工作原理示意图（3）

（4）交换机 A 发送数据帧给主机 C，在 MAC 地址表中有目标主机，数据帧不会泛洪而直接转发，如图 5-105 所示。

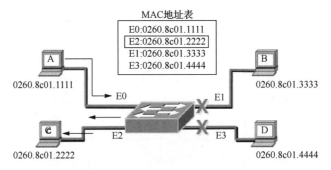

图 5-105　二层交换机工作原理示意图（4）

（5）主机 D 发送广播帧或多点帧，广播帧或多点帧泛洪到除源端口外的所有端口，如图 5-106 所示。

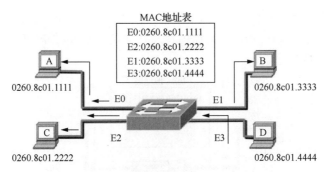

图 5-106　二层交换机工作原理示意图（5）

3）二层交换机的缺点

二层交换机带来了以太网技术的重大飞跃，彻底解决了困扰以太网的冲突问题，极大地改进了以太网的性能。并且以太网的安全性也有所提高。但以太网存在如广播泛滥和安全性仍旧无法得到有效的保证的缺点,其中广播泛滥严重是二层交换机的主要缺点,如图 5-107 所示。

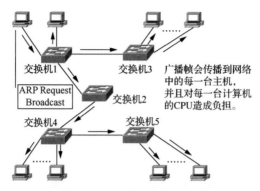

图 5-107　二层交换机广播泛滥

2. 虚拟局域网原理

1) VLAN 技术的产生背景及概念

VLAN（Virtual Local Area Network,虚拟局域网）,是一种通过将局域网内的设备逻辑地而不是物理地划分成一个个网段从而实现虚拟工作组的技术。VLAN 技术允许网络管理者将一个物理的 LAN 逻辑地划分成不同的广播域,如图 5-108 所示。每一个 VLAN 都包含一组有着相同需求的计算机,由于 VLAN 是逻辑地而不是物理地划分,所以同一个 VLAN 内的各个计算机无须被放置在同一个物理空间里,即这些计算机不一定属于同一个物理 LAN 网段。VLAN 的优势在于 VLAN 内部的广播和单播流量不会被转发到其他 VLAN 中,从而有助于控制网络流量、减少设备投资、简化网络管理、提高网络安全性。

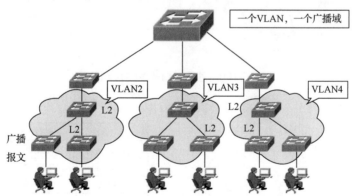

图 5-108　VLAN 技术基本概念

2) VLAN 的划分方法

VLAN 的划分方法有很多,主要有以下几种划分方法。

(1) 基于端口的 VLAN 划分。

如图 5-109 所示,这种划分 VLAN 的方法是根据以太网交换机的端口来划分,比如交换机的 1~4 端口为 VLAN A,5~17 端口为 VLAN B,18~24 端口为 VLAN C。当然,这些属于同一 VLAN 的端口可以不连续,并且同一 VLAN 可以跨越数个以太网交换机。如何配置,由管理员决定。根据端口划分是目前定义 VLAN 的最常用的方法。这种划分方法的优点是定义 VLAN 成员时非常简单,将所有的端口指定次即可。这种划分方法的缺点是如果 VLAN A 的用户离开了原来的端口,到了一个新的交换机的某个端口,那么就必须重新定义。

(2) 基于 MAC 地址的 VLAN 划分。

如图 5-110 所示,这种划分 VLAN 的方法是根据每个主机的 MAC 地址来划分,即对所有主机都根据它的 MAC 地址配置主机属于哪个 VLAN;交换机维护一张 VLAN 映射表,这个 VLAN 表记录 MAC 地址和 VLAN 的对应关系。这种划分 VLAN 的方法的最大优点就是当用户物理位置移动时,即从一个交换机换到其他的交换机时,VLAN 不用重新配置,所以,可以认为这种基于 MAC 地址的划分方法是基于用户的 VLAN。这种方法的缺点是初始化时,所有的用户都必须进行配置,如果用户很多,配置的工作量是很大的。此外这种划分方法也会导致交换机执行效率降低,因为在每一个交换机的端口都可能存在很多个 VLAN 组的成员,这样就无法限制广播包。

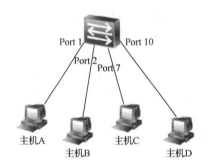

图 5-109　基于端口的 VLAN 划分

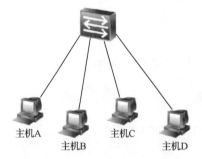

图 5-110　基于 MAC 地址的 VLAN 划分

(3) 基于协议的 VLAN 划分。

图 5-111 所示为根据二层数据帧中协议字段进行 VLAN 的划分。通过二层数据帧中协

议字段,可以判断出上层运行的网络协议,如 IP 协议或 IPX 协议。如果一个物理网络中既有 IP 又有 IPX 等多种协议运行的时候,可以采用这种 VLAN 的划分方法。这种类型的 VLAN 在实际应用中用得很少。

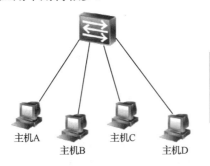

图 5-111　基于协议的 VLAN 划分

(4) 基于子网的 VLAN 划分。

基于 IP 子网的 VLAN 根据报文中的 IP 地址决定报文属于哪个 VLAN:同一个 IP 子网的所有报文属于同一个 VLAN。这样,可以将同一个 IP 子网中的用户被划分在一个 VLAN 内,如图 5-112 所示。这种方法的优点是可以按传输协议划分网段。这对于希望针对具体应用的服务来组织用户的网络管理者来说是非常有诱惑力的。用户可以在网络内部自由移动而不用重新配置自己的工作站,尤其是使用 TCP/IP 协议的用户。这种方法的缺点是效率低,因为检查每一个数据包的网络层地址是很费时的。同时,由于一个端口可能存在多个 VLAN 成员,对广播报文也无法有效抑制。

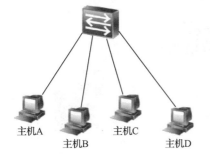

图 5-112　基于子网的 VLAN 划分

3) 以太网数据帧的格式

当前业界普遍采用的 VLAN 标准是 IEEE 802.1Q,它规定了在以太网帧中加入 VLAN 标签的格式。VLAN 标签位于以太网帧的源 MAC 和类型域之间,长度为 4 字节。其中 TPID: 802.1Q 标签的指示域,标准值是 0x8100,标明传送的是 802.1Q 标签。PRI:用户优先级,用于指示以太网帧的转发优先级。CFI:规范格式指示器,总是置为"0"。VID:VLAN ID, VLAN 标签值,可使用的 VLAN 标签值范围是 1~4094。普通的以太网帧没有 VLAN 标签,称为 Untagged 帧。如果加了 VLAN 标签,则称为 Tagged 帧,如图 5-113 所示。并不是所有设备都可以识别 Tagged 帧。不能识别 Tagged 帧的设备包括普通 PC 的网卡、打印机、扫描仪、路由器接口等，而可以识别 VLAN 的设备则有交换机、路由器的子接口、某些特殊网卡等。

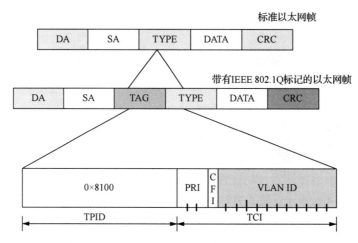

图 5-113　以太网数据帧格式

4）VLAN 的端口模式

（1）Access 端口。

当交换机接口连接那些不能识别 VLAN 标签的设备时，交换机必须把标签移除，变成 Untagged 帧再发出。同样地，此接口接收到的一般也是 Untagged 帧。这样的接口，我们称为 Access 模式端口，对应的链路叫 Access 链路。一般用于连接用户计算机的端口，Access 端口只能属于 1 个 VLAN，如图 5-114 所示。

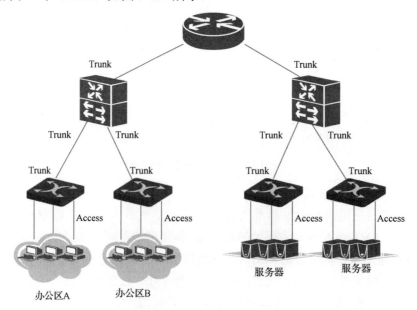

图 5-114　VLAN 端口模式

（2）Trunk 端口。

当跨交换机的多个 VLAN 需要相互通信时，交换机发往对端交换机的帧就必须打上 VLAN 标签，以便对端能够识别数据帧发往哪个 VLAN。用于发送和接收 Tagged 帧的端口称为 Trunk 模式端口，对应的链路为 Trunk 链路。Trunk 类型的端口可以属于多个 VLAN，可以接收和发送多个 VLAN 的报文，一般用于交换机之间连接的端口。

（3）Hybrid 端口。

Hybrid 类型的端口可以属于多个 VLAN，可以接收和发送多个 VLAN 的报文，可以用于交换机之间连接，也可以用于连接用户的计算机。Hybrid 端口和 Trunk 端口的不同之处在于 Hybrid 端口可以允许多个 VLAN 的报文发送时不打标签，而 Trunk 端口只允许缺省 VLAN 的报文发送时不打标签。

5）VLAN 的转发原则

（1）当 Access 端口收到帧时，如果该帧不包含 802.1Q tag header，将打上端口的 PVID（Port-base VLAN ID，端口的缺省 VLAN）；如果该帧包含 802.1Q tag header，交换机不作处理，直接丢弃。当 Access 端口发送帧时剥离 802.1Q tag header，发出的帧为普通以太网帧，如图 5-115 所示。

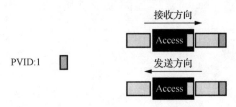

图 5-115　Access 端口 VLAN 转发原则

（2）当 Trunk 端口收到帧时，如果该帧不包含 802.1Q tag header，将打上端口的 PVID；如果该帧包含 802.1Q tag header，则不改变。当 Trunk 端口发送帧时，如果该帧的 VLAN ID 与端口的 PVID 不同时，则直接透传；如果该帧的 VLAN ID 与端口的 PVID 相同时，则剥离 802.1Q tag header，如图 5-116 所示。

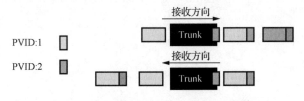

图 5-116　Trunk 端口 VLAN 转发原则

（3）当 Hybird 端口收到帧时，如果该帧不包含 802.1Q tag header，将打上端口的 PVID；如果该帧包含 802.1Q tag header，则不改变。当 Hybird 端口发送帧时，判断 VLAN 在本端口的属性，如果是 untag，则剥离 802.1Q tag header 再发送；如果是 tag，则直接透传。

注意，端口的缺省 ID（PVID），Access 端口只属于一个 VLAN，所以它的缺省 ID 就是它所在的 VLAN，不用设置；Hybrid 端口和 Trunk 端口属于多个 VLAN，所以需要设置缺省 VLAN ID，缺省情况下为 VLAN 1；端口缺省的模式为 Access 端口，缺省所有端口都属于 VLAN 1，VLAN 1 为缺省 VLAN，既不能创建也不能删除。

任务实施

5.2.5 安装及连接承载网核心层设备

启动并登录 IUV-5G 全网仿真软件,单击下方"网络配置-设备配置"标签,进入设备配置界面,界面里显示机房地理位置分布,鼠标指针移到机房气球图标上时,图标会放大显示,以便于观察。单击气球即可进入相应机房,如图 5-117 所示。

图 5-117　设备配置主界面

1. 安装建安市承载中心机房设备

从地图上找到建安市承载中心机房,单击后进入此机房,如图 5-118 所示

图 5-118　建安市承载中心机房地理分布图

主界面显示为机房完整界面,从左到右依次是 ODF 架、OTN 设备机柜、SPN 设备机

模块 5　承载网对接配置

柜，如图 5-119 所示。

图 5-119　建安市承载中心机房室内场景

1）安装 OTN 设备

单击第二个机柜，进入该设备机柜，在主界面右下角显示的"设备资源池"中有大、中、小三种型号的 OTN 设备可供使用，假如建安市是人口规模中等的中等城市，那么选择对应的中型 OTN 设备即可，如图 5-120 所示，在"设备资源池"中按住鼠标左键将"中型 OTN"设备拖至软件主界面机柜内对应标示框处即可完成 OTN 设备安装。

图 5-120　建安市承载中心机房内部场景

2）安装 SPN 设备

单击主界面左上角 按钮，退回至机房完整界面。单击 SPN 设备机柜，因 OTN 设备选择为中型，故 SPN 选择中型，在右下角"设备资源池"中单击"中型 SPN 设备"，按住鼠标左键将设备拖至软件主界面机柜内对应提示框处，完成 SPN 设备安装，如图 5-121 所示。

3）安装 ODF 架

单击主界面左上角 按钮，退回至机房完整界面。然后单击右侧白色机柜，进入 ODF 架界面，如图 5-122 所示。

图 5-121　SPN 设备安装

图 5-122　ODF 架安装

单击主界面 ODF 架，进入 ODF 架内部结构显示界面，ODF 架是专为光纤通信机房设计的光纤配线设备，具有光缆固定和保护功能、光缆终接和跳线功能，如图 5-123 所示。

图 5-123　ODF 架结构

模块 5 承载网对接配置

2. 连接建安市承载中心机房设备

1)连接建安市核心网机房

(1)单击设备指示图中"SPN1"(单击此图中的不同网元,可以进行设备间切换),进入 SPN 物理界面,观察可知其内部存在 4 个 25GE 光口、4 个 50GE 光口、4 个 40GE 光口、4 个 100GE 光口、2 个 200GE 光口及 4 个 10GE 光口,其结构如图 5-124 所示。

图 5-124 SPN 设备插板示意图

(2)完成与建安市核心网对接,单击设备指示图中 ODF,在右下角线缆池中选择成对"LC-FC 光纤",连接对端为 ODF_1_ODF2T_2T,本端连接至 SPN1 第 5 块单板第一个 100GE 接口,如图 5-125 所示。

2)连接建安市骨干汇聚机房

(1)在 SPN1 界面图中,在右下角的线缆池选择成对"LC-LC 光纤",本端连接至 SPN1 为第 6 块单板的第一个 100GE 接口,如图 5-126 所示。

(2)在设备指示图中单击"OTN 设备",进入 OTN 设备界面,下拉至第二个机框,将光纤另一端连接在_OTN_15_OTU100G_CIT/C1R,如图 5-127 所示。

图 5-125 SPN 设备与 ODF 连接

图 5-126　SPN 设备与 OTN 设备 OTU 单板连接（1）

图 5-127　SPN 设备与 OTN 设备 OTU 单板连接（2）

（3）在右边线缆池中选择"单根 LC-LC 光纤"，将其中一端连接在_OTN_15_OTU100G_L1T，另一端连接在_OTN_12_OMU10C_CH1，如图 5-128 所示。

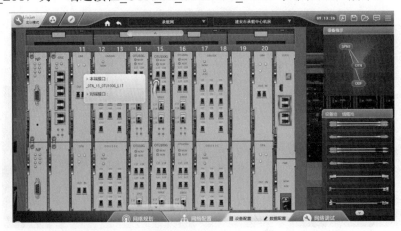

图 5-128　OTN 设备内部 OTU 单板和 OMU 单板连接

模块 5　承载网对接配置

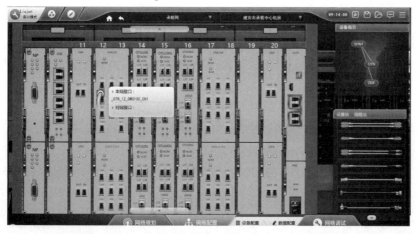

图 5-128　OTN 设备内部 OTU 单板和 OMU 单板连接（续）

（4）在右侧线缆池中重新选择"单根 LC-LC 光纤"，将其一端连接在 _OTN_12_OMU10C_OUT，另一端连接在 _OTN_11_OBA_IN，如图 5-129 所示。

图 5-129　OTN 设备内部 OMU 单板和 OBA 单板连接

(5) 在右侧线缆池中重新选择"单根 LC-FC 光纤",将其一端连接在_OTN_11_OBA_OUT,如图 5-130 所示。

(6) 在设备指示图中单击"ODF",进入 ODF 界面,将光纤另一端连接在_ODF_1_ODF_6T,如图 5-131 所示。

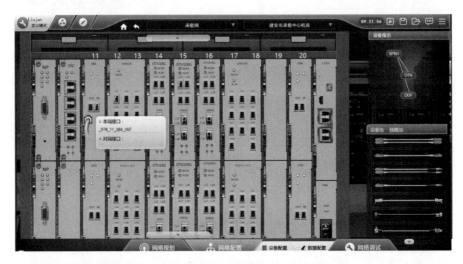

图 5-130　OTN 设备 OBA 单板与 ODF 连接(1)

图 5-131　OTN 设备 OBA 单板与 ODF 连接(2)

(7) 在右侧线缆池中重新选择"单根 LC-FC 光纤",将其一端连接在_ODF_1_ODF_6R,如图 5-132 所示。

模块 5　承载网对接配置

图 5-132　ODF 与 OTN 设备 OPA 单板连接（1）

（8）在设备指示图中单击"OTN 设备",进入 OTN 设备界面,下拉至第二个机框,将光纤另一端连接在_OTN_21_OPA_IN,如图 5-133 所示。

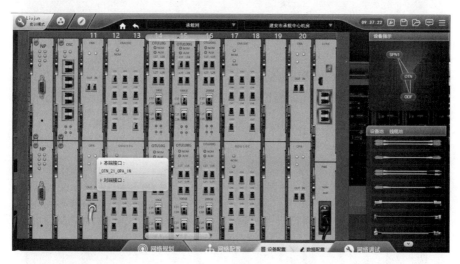

图 5-133　ODF 与 OTN 设备 OPA 单板连接（2）

（9）在右侧线缆池中重新选择"单根 LC-LC 光纤",将其一端连接在_OTN_21_OPA_OUT,另一端连接在_OTN_22_ODU10C_IN,如图 5-134 所示。

（10）在右侧线缆池中重新选择"单根 LC-LC 光纤",将其一端连接在_OTN_22_ODU10C_CH1,另一端连接在_OTN_15_OTU100G_L1R,这样就完成与建安市骨干汇聚机房对接的建安市中心机房侧的线缆连接,如图 5-135 所示。

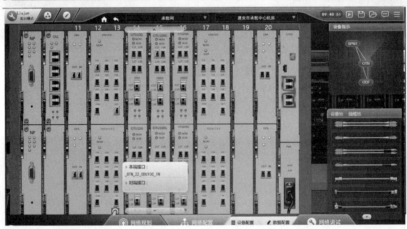

图 5-134　OTN 设备内部 OPA 单板和 ODU 单板连接

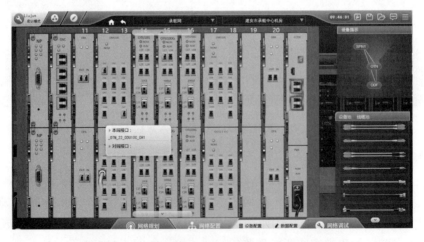

图 5-135　OTN 设备内部 ODU 单板和 OTU 单板连接

模块 5　承载网对接配置

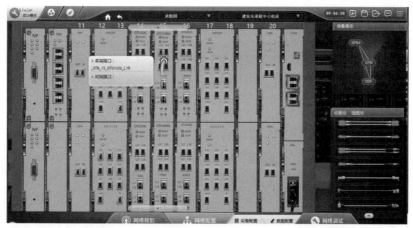

图 5-135　OTN 设备内部 ODU 单板和 OTU 单板连接（续）

5.2.6　安装及连接承载网骨干汇聚层设备

1. 安装建安市骨干汇聚机房设备

单击软件上方标签，切换至建安市骨干汇聚机房，在界面的左侧机柜内依次拖放中型 OTN 及中型 SPN 设备，详细操作步骤请参照安装建安市承载中心机房 OTN 和 SPN 设备，如图 5-136 所示。

图 5-136　建安市骨干汇聚机房内部场景

2. 连接建安市骨干汇聚机房设备

1）连接建安市承载中心机房

（1）在右侧线缆池中重新选择"单根 LC-FC 光纤"，将其一端连接在_ODF_1_ODF_1R，如图 5-137 所示。

（2）在设备指示图中单击"OTN 设备"，进入 OTN 设备界面，下拉至第二个机框，将光纤另一端连接在_OTN_21_OPA_IN，如图 5-138 所示。

281

图 5-137　ODF 与 OTN 设备 OPA 单板连接（1）

图 5-138　ODF 与 OTN 设备 OPA 单板连接（2）

（3）在右侧线缆池中重新选择"单根 LC-LC 光纤"，将其一端连接在_OTN_21_OPA_OUT，另一端连接在_OTN_22_ODU10C_IN，如图 5-139 所示。

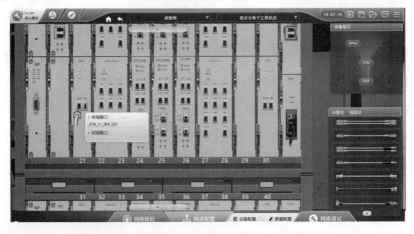

图 5-139　OTN 设备内部 OPA 单板和 ODU 单板连接

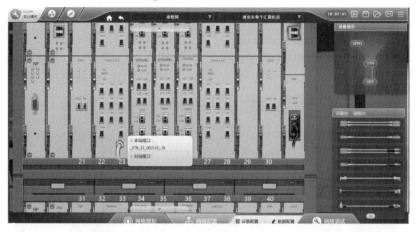

图 5-139　OTN 设备内部 OPA 单板和 ODU 单板连接（续）

（4）在右侧线缆池中重新选择"单根 LC-LC 光纤"，将其一端连接在_OTN_22_ODU10C_CH1，另一端连接在_OTN_15_OTU100G_L1R，如图 5-140 所示。

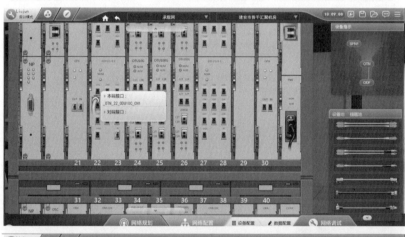

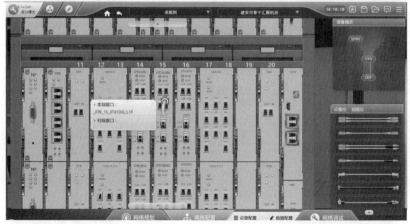

图 5-140　OTN 设备内部 ODU 单板和 OTU 单板连接

（5）在右边线缆池中选择"单根 LC-LC 光纤"，将其中一端连接在 _OTN_15_OTU100G_L1T，另一端连接在 _OTN_12_OMU10C_CH1，如图 5-141 所示。

（6）在右侧线缆池中重新选择"单根 LC-LC 光纤"，将其一端连接在 _OTN_12_OMU10C_OUT，另一端连接在 _OTN_11_OBA_IN，如图 5-142 所示。

图 5-141　OTN 设备内部 OTU 单板和 OMU 单板连接

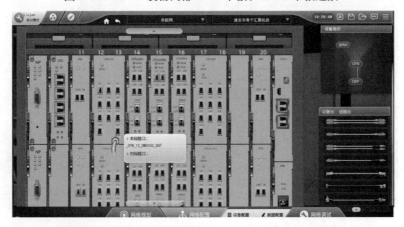

图 5-142　OTN 设备内部 OMU 单板和 OBA 单板连接

模块 5　承载网对接配置

图 5-142　OTN 设备内部 OMU 单板和 OBA 单板连接（续）

（7）在右侧线缆池中重新选择"单根 LC-FC 光纤"，将其一端连接在 _OTN_11_OBA_OUT，如图 5-143 所示。

图 5-143　OTN 设备 OBA 单板和 ODF 连接（1）

（8）在设备指示图中单击 ODF，进入 ODF 界面，将光纤另一端连接在_ODF_1_ODF_1T，如图 5-144 所示。

（9）单击设备指示图中 OTN，在右下角线缆池中选择"成对 LC-LC 光纤"，将光纤一端连接在_OTN_15_OTU100G_C1T/C1R，如图 5-145 所示。

（10）单击设备指示图中 SPN，进入 SPN 设备界面，将光纤另一端连接在_SPN1_5_2×100GE_1，这样就完成了与建安市中心机房对接的建安市骨干汇聚机房侧的线缆连接，如图 5-146 所示。

图 5-144　OTN 设备 OBA 单板和 ODF 连接（2）

图 5-145　OTN 设备 OTU 单板和 SPN 设备连接（1）

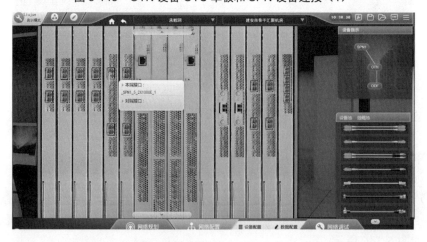

图 5-146　OTN 设备 OTU 单板和 SPN 设备连接（2）

2）连接建安市承载 3 区汇聚机房

（1）在 SPN1 界面图中，在右下角的线缆池选择"成对 LC-LC 光纤"，一端连接在 _SPN1_6_2×100GE_1，如图 5-147 所示。

图 5-147　SPN 设备与 OTN 设备 OTU 单板连接（1）

（2）在设备指示图中单击"OTN 设备"，进入 OTN 设备界面，下拉至第三个机框，将光纤另一端连接在_OTN_35_OTU100G_C1T/C1R，如图 5-148 所示。

图 5-148　SPN 设备与 OTN 设备 OTU 单板连接（2）

（3）在右侧线缆池中选择"单根 LC-LC 光纤"，将其中一端连接在_OTN_35_OTU100G_L1T，另一端连接在_OTN_32_OMU10C_CHI1，如图 5-149 所示。

（4）在右侧线缆池中重新选择"单根 LC-LC 光纤"，将其一端连接在_OTN_32_OMU10C_OUT，另一端连接在_OTN_31_OBA_IN，如图 5-150 所示。

（5）在右侧线缆池中重新选择"单根 LC-FC 光纤"，将其一端连接在_OTN_31_OBA_OUT，如图 5-151 所示。

图 5-149　OTN 设备内部 OTU 单板和 OMU 单板连接

图 5-150　OTN 设备内部 OMU 单板和 OBA 单板连接

模块 5 承载网对接配置

图 5-150　OTN 设备内部 OMU 单板和 OBA 单板连接（续）

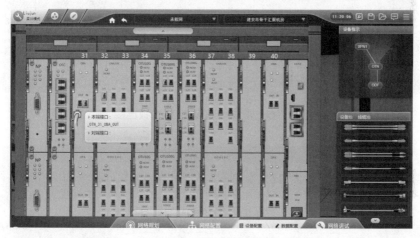

图 5-151　OTN 设备 OBA 单板与 ODF 连接（1）

（6）在设备指示图中单击 ODF，进入 ODF 界面，将光纤另一端连接在_ODF_1_ODF_5T，如图 5-152 所示。

图 5-152　OTN 设备 OBA 单板与 ODF 连接（2）

(7)在右侧线缆池中重新选择"单根 LC-FC 光纤",将其一端连接在_ODF_1_ODF_5R,如图 5-153 所示。

(8)在设备指示图中单击 OTN 设备,进入 OTN 设备界面,下拉至第三个机框,将光纤另一端连接在_OTN_41_OPA_IN,如图 5-154 所示。

图 5-153　ODF 与 OTN 设备 OPA 单板连接(1)

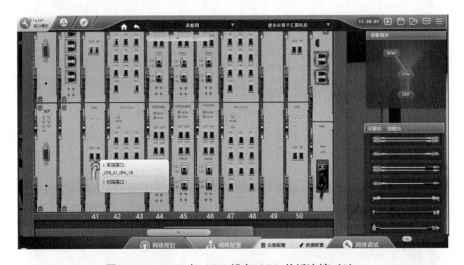

图 5-154　ODF 与 OTN 设备 OPA 单板连接(2)

(9)在右侧线缆池中重新选择"单根 LC-LC 光纤",将其一端连接在_OTN_41_OPA_OUT,另一端连接在_OTN_42_ODU10C_IN,如图 5-155 所示。

(10)在右侧线缆池中重新选择"单根 LC-LC 光纤",将其一端连接在_OTN_42_ODU10C_CH1,另一端连接在_OTN_35_OTU100G_L1R,这样就完成与建安市 3 区汇聚机房对接的建安市骨干汇聚机房侧的线缆连接,如图 5-156 所示。

模块 5　承载网对接配置

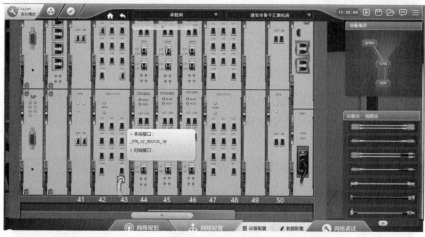

图 5-155　OTN 设备内部 OPA 单板和 ODU 单板连接

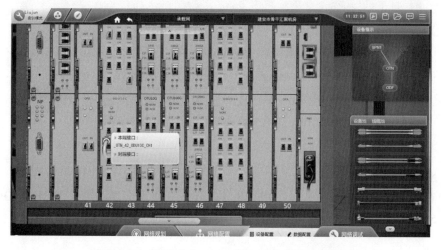

图 5-156　设备内部 ODU 单板和 OTU 单板连接

图 5-156　设备内部 ODU 单板和 OTU 单板连接（续）

5.2.7　安装及连接承载网汇聚层设备

1. 安装建安市承载 3 区汇聚机房设备

单击软件上方页签，切换至建安市 3 区汇聚机房，在界面的机柜内依次拖放中型 OTN 及中型 SPN 设备，详细操作步骤请参照安装建安市承载中心机房 OTN 和 SPN 设备，如图 5-157 所示。

图 5-157　建安市承载 3 区汇聚机房内部场景

2. 连接建安市承载 3 区汇聚机房设备

1）连接建安市骨干汇聚机房

（1）在右侧线缆池中重新选择"单根 LC-FC 光纤"，将其一端连接在_ODF_1_ODF_1R，如图 5-158 所示。

模块 5　承载网对接配置

图 5-158　ODF 与 OTN 设备 OPA 单板连接（1）

（2）在设备指示图中单击 OTN 设备，进入 OTN 设备界面，下拉至第二个机框，将光纤另一端连接在_OTN_21_OPA_IN，如图 5-159 所示。

（3）在右侧线缆池中重新选择"单根 LC-LC 光纤"，将其一端连接在_OTN_21_OPA_OUT，另一端连接在_OTN_22_ODU10C_IN，如图 5-160 所示。

图 5-159　ODF 与 OTN 设备 OPA 单板连接（2）

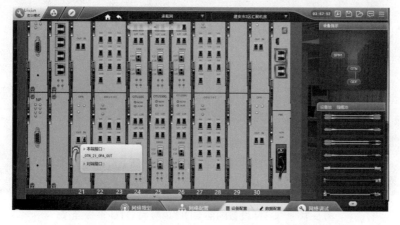

图 5-160　OTN 设备内部 OPA 单板和 ODU 单板连接

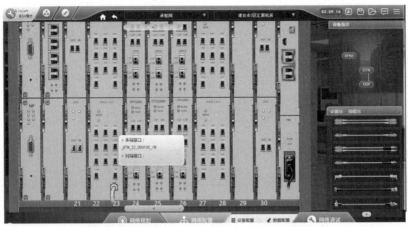

图 5-160 OTN 设备内部 OPA 单板和 ODU 单板连接（续）

（4）在右侧线缆池中重新选择"单根 LC-LC 光纤"，将其一端连接在_OTN_22_ODU10C_CH1，另一端连接在_OTN_15_OTU100G_L1R，如图 5-161 所示。

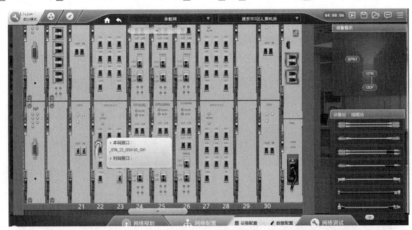

图 5-161 OTN 设备内部 ODU 单板和 OTU 单板连接

（5）在右侧线缆池中选择"一对 LC-LC 光纤"，将其中一端连接在_OTN_15_OTU100G_C1T/C1R，如图 5-162 所示。

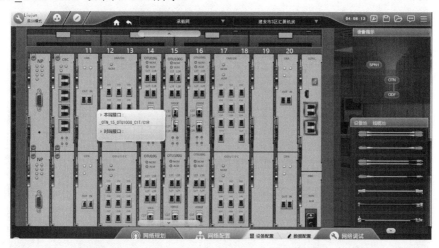

图 5-162　OTN 设备 OTU 单板和 SPN 设备连接（1）

（6）单击设备指示器图中"SPN1 设备"，进入 SPN 界面，将另一端连接至_SPN1_5_2×100GE_1，如图 5-163 示

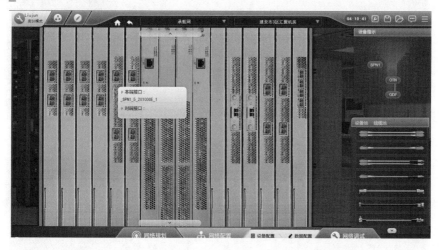

图 5-163　OTN 设备 OTU 单板和 SPN 设备连接（2）

（7）在设备指示图中单击 OTN，进入 OTN 界面，下拉到第二个机框。在右侧线缆池中选择"单根 LC-LC 光纤"，将其中一端连接在_OTN_15_OTU100G_L1T，另一端连接在_OTN_12_OMU10C_CH1，如图 5-164 所示。

（8）在右侧线缆池中重新选择"单根 LC-LC 光纤"，将其一端连接在_OTN_12_OMU10C_OUT，另一端连接在_OTN_11_OBA_IN，如图 5-165 所示。

（9）在右侧线缆池中重新选择"单根 LC-FC 光纤"，将其一端连接在_OTN_11_OBA_OUT，如图 5-166 所示。

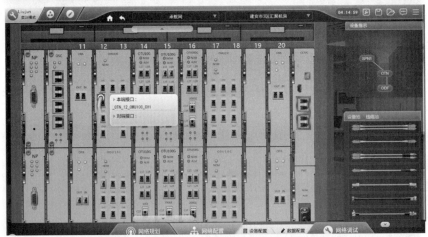

图 5-164　OTN 设备内部 OTU 单板和 OMU 单板连接

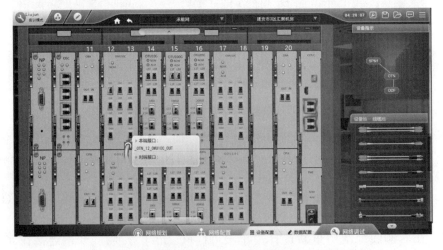

图 5-165　OTN 设备内部 OMU 单板和 OBA 单板连接

模块 5 承载网对接配置

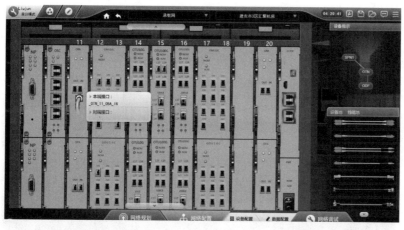

图 5-165　OTN 设备内部 OMU 单板和 OBA 单板连接（续）

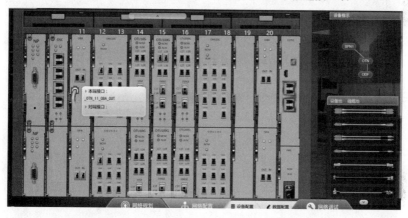

图 5-166　OTN 设备 OBA 单板和 ODF 连接（1）

（10）在设备指示图中单击 ODF，进入 ODF 界面，将光纤另一端连接在_ODF_1_ODF_1T，这样就完成了与建安市骨干汇聚机房对接的建安市 3 区汇聚机房侧的线缆连接，如图 5-167 所示。

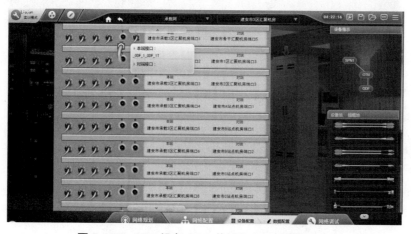

图 5-167　OTN 设备 OBA 单板和 ODF 连接（2）

2）连接建安市 B 站点机房

（1）在线缆池中重新选择"成对 LC-FC 光纤"，将光纤另一端连接在_ODF_1_ODF_5T，如图 5-168 所示。

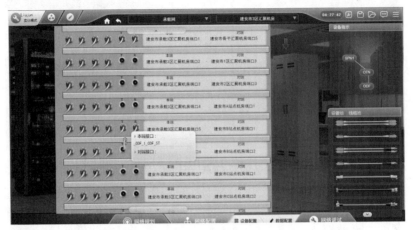

图 5-168　ODF 与 SPN 设备连接（1）

（2）在设备指示图中单击 SPN1，将另一端连接至_SPN1_6_2×100GE_1，如图 5-169 所示。

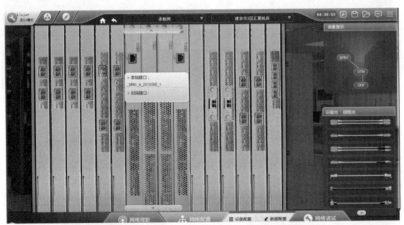

图 5-169　ODF 与 SPN 设备连接（2）

5.2.8　安装及连接承载网接入层设备

连接建安市 B 站点机房设备

（1）单击上面页签切换至建安市 B 站点，单击右侧设备指示图中 SPN，选择右侧线缆池中"成对 LC-FC 光纤"，一端连接_SPN1_1_2×100GE_2，如图 5-170 所示。

（2）单击设备指示图 ODF，切换到 ODF 界面，将光纤另一端连接至_ODF_1_ODF_1T，这样就完成了与建安市 3 区汇聚机房对接的建安市 B 站点侧线缆连接，如图 5-171 所示。

图 5-170　SPN 设备与 ODF 连接（1）

图 5-171　SPN 设备与 ODF 连接（2）

至此，就完成了从建安市 B 站点经过建安市承载网接入层、建安市承载网汇聚层、建安市核心层到达建安市核心网机房的承载网硬件安装和线缆连接。

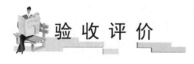

验收评价

学员在学完本章节的内容，并完成承载网设备安装及连线任务后，完成下列的评价表。

任务名称	承载网设备安装及连线			
班级		小组		
评价要点	评价内容	分值	得分	备注
基础知识（40分）	明确工作任务和目标	5		
	二层交换主要功能	5		
	VLAN 的概念及划分方法	5		
	VLAN 的端口模式	5		
	路由概念及路由表构成	5		
	路由的分类	5		
	路由规划原则	5		
	OTN 系统组成	5		
任务实施（50分）	承载网设备硬件安装	25		
	承载网设备之间连线	25		
操作规范（10分）	规范操作，防止设备损坏	5		
	环境卫生，保证工作台面整洁	5		
	合计	100		

任务 5.3　数据配置

任 务 描 述

根据规划数据正确配置承载网数据，是保证承载网设备能正常开通运行的前提条件，也是建设承载网的关键一环。

本次 5G 承载网设备数据配置区域位于建安市，一共涉及 5 个机房，分属接入层、汇聚层、核心层以及建安市核心网。接入层共有 1 个机房，即建安市 3 区 B 站点机房；汇聚层有 2 个机房，分别是建安市 3 区汇聚机房和建安市骨干汇聚机房；核心层有 1 个机房，即建安市承载中心机房，此机房连接到建安市核心网机房。这些机房的网络拓扑架构如图 5-172 所示。

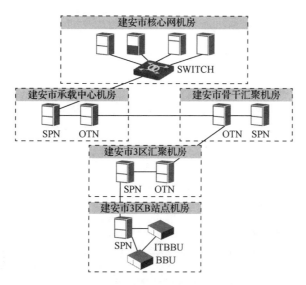

图 5-172 建安市网络拓扑架构

建安市 IP 承载网和光传输网数据规划表如表 5-5 所示。

表 5-5 IP 承载网和光传输网数据规划表

IP 承载网数据规划		光传输网数据规划	
设备名称	端口及 IP 地址	设备名称	端口频率
建安市核心网机房	SW1: 100GE-1/1: 10.1.1.10/24 VLAN: 10 100GE-1/13: 10.1.1.10/24 VLAN: 10 100GE-1/14: 10.1.1.10/24 VLAN: 10 RJ45-1/19: 10.1.1.10/24 VLAN: 10 100GE-1/18: 100.1.1.14/30 VLAN: 16		
建安市承载中心机房	SPN1: 100GE-5/1: 100.1.1.13/30 100GE-6/1: 100.1.1.10/30 Loopback1: 100.1.1.100/32	建安市承载中心机房 OTN	OTU100G: 15 L1T: 192.1THz
建安市骨干汇聚机房	SPN1: 100GE-5/1: 100.1.1.9/30 100GE-6/1: 100.1.1.6/30 Loopback1: 100.1.1.101/32	建安市骨干汇聚机房 OTN	OTU100G: 15 L1T: 192.1THz OTU100G: 35 L1T: 192.1THz

续表

IP 承载网数据规划		光传输网数据规划	
设备名称	端口及 IP 地址	设备名称	端口频率
建安市 3 区汇聚机房	SPN1： 100GE-5/1：100.1.1.5/30 100GE-6/1：100.1.1.2/30 Loopback1：100.1.1.102/32	建安市 3 区汇聚机房 OTN	OTU100G：15 L1T：192.1THz
建安市 3 区 B 站点机房	SPN1： 100GE-1/1.1：20.20.20.1/24　VLAN：20 100GE-1/1.2：30.30.30.1/24　VLAN：30 100GE-1/1.3：40.40.40.1/24　VLAN：40 100GE-1/2：100.1.1.1/30 25GE-5/1：10.10.10.1/24 BBU： 10.10.10.10/24 Loopback1：100.1.1.103/32 DU：　20.20.20.20/24 CUCP：　30.30.30.30/24 CUUP：　40.40.40.40/24		

资讯清单

知识点	技能点
单臂路由工作原理	承载网设备数据配置步骤和方法
三层交换机工作原理	
OSPF 报文类型	
OSPF 工作原理	
OSPF 的区域划分	

模块 5　承载网对接配置

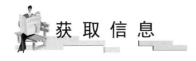

5.3.1　VLAN 间路由

普通的二层交换机，配置 VLAN 后能实现广播域的隔离，增加了网络安全性。但随之而来的问题是，不同 VLAN 之间的通信也被隔离，一些必要的业务通信无法实现，很不方便。为了解决这个分属不同 VLAN 的主机通信问题，可以通过采用路由设备来实施三种方案，分别是普通路由、单臂路由和三层交换机，如图 5-173 所示。

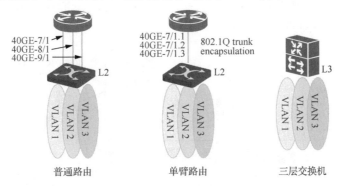

图 5-173　三种 VLAN 间路由

1. 普通路由

VLAN 间实现通信最简单的方法就是在二层交换机上配置 VLAN，并且每一个 VLAN 使用一条独占的物理链路连接到路由器的其中一个接口上。图 5-174 所示为交换机划分了 2 个 VLAN（VLAN1 和 VLAN2），那么就需要在交换机上预留 2 个端口用于路由器互连，并且同样在路由器上也要预留 2 个端口，两者间还需 2 条网线分别连接。

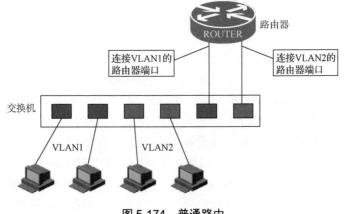

图 5-174　普通路由

随着每个交换机上 VLAN 数量的增加，必然需要大量的路由器接口，而路由器的接口数量是有限的。并且，某些 VLAN 之间的主机可能不需要频繁进行通信，如果这样配置，会导致路由器的接口利用率很低。因此，实际应用中一般不会采用这种方案来解决 VLAN 间的通信问题。

2. 单臂路由

不论 VLAN 数目多少，都只用一条网线连接路由器与交换机，通过子接口（Sub Interface）与 VLAN 对应并实现 VLAN 间通信的方法称为单臂路由。如图 5-175 所示，将用于连接路由器的交换机端口设定为汇聚链接，则路由器上的端口也必须支持汇聚链路，双方用于汇聚链路的协议自然也必须相同。接着在路由器上定义对应各个 VLAN 的子接口。尽管实际与交换机连接的物理端口只有一个，但在理论上可以把它分割为多个虚拟端口。VLAN 将交换机从理论上分割成了多台，因而用于 VLAN 间通信的路由器，也必须拥有分别对应各个 VLAN 的虚拟接口。

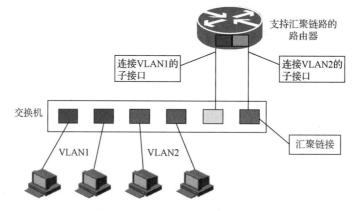

图 5-175　单臂路由

采用这种方案，即使之后在交换机上新建 VLAN，仍只需要一条网线连接交换机和路由器。用户只需要在路由器上设置一个对应新 VLAN 的子接口就可以了。与前面的方法相比，扩展性要强得多，也不用担心需要升级 VLAN 接口数目不足的路由器或是重新布线。

当使用汇聚链路连接交换机与路由器时，VLAN 间路由是如何进行的？图 5-176 所示为各台计算机以及路由器的子接口设置 IP 地址。

VLAN 1 的网络地址为 192.168.1.0/24，VLAN2 的网络地址为 192.168.2.0/24。各计算机的 MAC 地址分别为 A/B/C/D，路由器汇聚链接端口的 MAC 地址为 R。交换机通过对各端口所连接计算机 MAC 地址的学习，生成的 MAC 地址列表如表 5-6 所列。

1) 计算机 A 与同属一个 VLAN 内的计算机 B 之间的通信

计算机 A 发出 ARP 请求信息，请求解析计算机 B 的 MAC 地址。交换机收到数据帧后，检索 MAC 地址列表中与收信端口同属一个 VLAN 的表项。结果发现，计算机 B 连接在端口 2 上，于是交换机将数据帧转发给端口 2，最终计算机 B 收到该帧。收发信双方同属一个 VLAN 之内的通信，一切处理均在交换机内完成，如图 5-177 所示。

模块 5　承载网对接配置

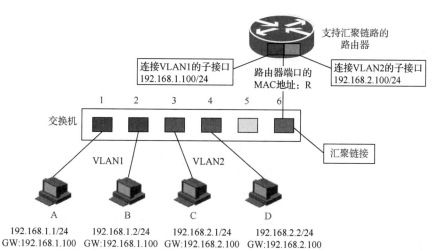

图 5-176　单臂路由 IP 地址设置

表 5-6　MAC 地址列表

端口	MAC 地址	VLAN
1	A	1
2	B	1
3	C	2
4	D	2
5	—	—
6	R	汇聚

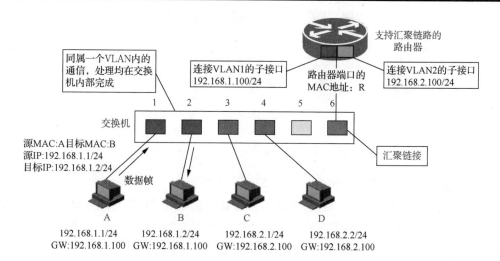

图 5-177　单臂路由下的同属一个 VLAN 内的主机间通信

2）计算机 A 与分属不同 VLAN 间的计算机 C 之间的通信

分析分属不同 VLAN 的计算机通信，如图 5-178 所示。

（1）计算机 A 从通信目标的 IP 地址（192.168.2.1）得出计算机 C 与其不属于同一个网段。因此会向设定的默认网关发送数据帧。在发送数据帧之前，需要先用 ARP 获取路由器的 MAC 地址。

（2）得到路由器的 MAC 地址 R 后，接下来就是按图 5-178 中所示的步骤发送往计算机 C 去的数据帧。①的数据帧中，目标 MAC 地址是路由器的 MAC 地址 R，但内含的目标 IP 地址仍是最终要通信的对象——计算机 C 的地址。

（3）交换机在端口 1 上收到①的数据帧后，检索 MAC 地址列表中与端口 1 同属一个 VLAN 的表项。由于汇聚链路会被看作属于所有的 VLAN，因此这时交换机的端口 6 也属于被参照对象。这样交换机就知道往 MAC 地址 R 发送数据帧，需要经过端口 6 转发。

（4）从端口 6 发送数据帧时，由于它是汇聚链接，因此会被附加上 VLAN 识别信息。由于原先是来自 VLAN1 的数据帧，因此如图 5-178 中②所示，会被加上 VLAN1 的识别信息后进入汇聚链路。路由器收到②的数据帧后，确认其 VLAN 识别信息。由于它是属于 VLAN1 的数据帧，因此交由负责 VLAN1 的子接口接收。

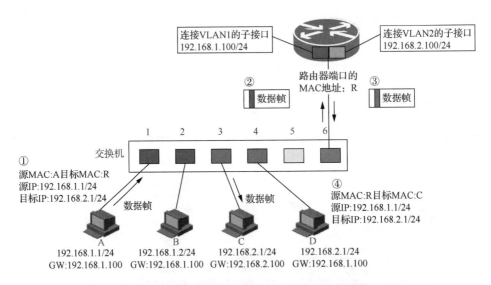

图 5-178 单臂路由下的 VLAN 内的主机间通信

（5）根据路由器内部的路由表，判断该向哪里中继。

由于目标网络 192.168.2.0/24 是 VLAN2，且该网络通过子接口与路由器直连，因此只要从负责 VLAN2 的子接口转发就可以了。这时，数据帧的目标 MAC 地址被改写成计算机 C 的目标地址。并且由于需要经过汇聚链路转发，因此会被附加上 VLAN2 的识别信息，这就是图 5-178 中③的数据帧。

（6）交换机收到③的数据帧后，根据 VLAN 识别信息从 MAC 地址列表中检索出属于 VLAN2 的表项。由于通信目标——计算机 C 连接在端口 3 上且端口 3 为普通的访问链接，因此交换机会将数据帧除去 VLAN 识别信息后（数据帧④）转发给端口 3，最终计算机 C 才能成功地收到这个数据帧。

进行 VLAN 间通信时，即使通信双方都连接在同一台交换机上，也必须经过"发送方→交换机→路由器→交换机→接收方"。

3. 三层交换机

从前面的分析可以知道只要能提供 VLAN 间路由，就能够使分属不同 VLAN 的计算机互相通信。但是，如果使用路由器进行 VLAN 间路由的话，随着 VLAN 之间流量的不断增加，很可能导致路由器成为整个网络的瓶颈。

交换机使用被称为 ASIC（Application Specified Integrated Circuit，集成专用电路）的专用硬件芯片处理数据帧的交换操作，在很多机型上都能实现以缆线速度交换。而路由器基本上是基于软件处理的，即使以缆线速度接收到数据包，也无法在不限速的条件下转发出去，因此会成为速度瓶颈。就 VLAN 间路由而言，流量会集中到路由器和交换机互联的汇聚链路部分，这部分极易成为速度瓶颈。从硬件上看，由于需要分别设置路由器和交换机，在一些空间狭小的环境里可能连设置的场所都成问题。为了解决上述问题，三层交换机应运而生。

三层交换机，本质上就是带有路由功能的（二层）交换机。路由属于 OSI 参考模型中第三层网络层的功能，因此带有第三层路由功能的交换机才被称为"三层交换机"。关于三层交换机的内部结构，可以参照图 5-179 所示。

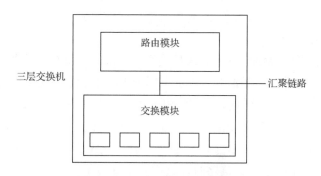

图 5-179　三层交换机的内部结构

在一台三层交换机上分别设置了路由模块和交换模块，而内置的路由模块与交换模块相同，均使用 ASIC 硬件处理路由。因此，与传统的路由器相比，可以实现高速路由。并且路由模块与交换模块是汇聚链接的，由于是内部链接，可以确保相当大的带宽。

三层交换机内部数据是怎样传递的呢？它和使用汇聚链路连接路由器与交换机时的情形基本相同。使用三层交换机进行 VLAN 间路由的示例如图 5-180 所示，图中 4 台计算机与三层交换机互连。当使用路由器连接时，一般需要在 VLAN 接口上设置对应各 VLAN 的子接口；而三层交换机则是在内部生成 VLAN 接口。VLAN 接口是用于各 VLAN 收发数据的接口。

1）计算机 A 与同属一个 VLAN 内的计算机 B 之间的通信

如图 5-180 所示，目标地址为 B 的数据帧被发送到交换机，通过检索同属一个 VLAN 的 MAC 地址列表发现计算机 B 连在交换机的端口 2 上，因此将数据帧转发给端口 2。

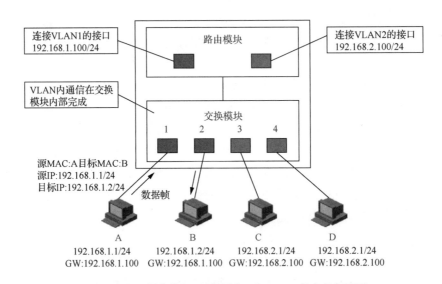

图 5-180　三层交换机下的同属一个 VLAN 的主机间通信

2）计算机 A 与分属不同 VLAN 间的计算机 C 之间的通信

（1）针对目标 IP 地址，计算机 A 可以判断出通信对象不属于同一网络，因此向默认网关发送数据（Frame 1）。

（2）交换机通过检索 MAC 地址列表后，经过内部汇聚链接，将数据帧转发给路由模块。在通过内部汇聚链路时，数据帧被附加上属于 VLAN1 的 VALN 识别信息（Frame 2）。

（3）路由模块在收到数据帧时，数据帧附加的 VLAN 标识信息分辨出它属于 VLAN1，据此判断由 VLAN1 的子接口负责接收并进行路由处理。因为目标网络 192.168.2.0/24 是直连路由器的网络，且对应 VLAN2，因此，接下来就会从 VLAN2 的子接口经由内部汇聚链路转发回交换模块。在通过汇聚链路时，这次数据帧被附加上属于 VLAN2 的识别信息（Frame 3）。

（4）交换机收到这个帧后，检索 VLAN2 识别信息的 MAC 地址列表，确认需要将它转发给端口 3。由于端口 3 是普通的访问链接，因此转发前会先将 VLAN 识别信息（Frame 4）除去。最终，计算机 C 成功地收到交换机转发来的数据帧。

如图 5-181 所示，整个的流程与使用外部路由器时的情况十分相似，需要经过"发送方→路由模块→交换模块→接收方"的流程。

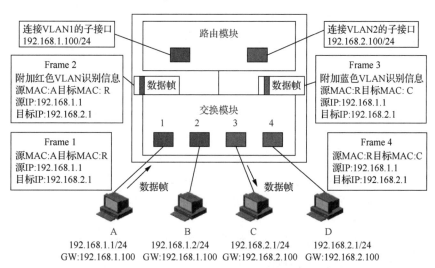

图 5-181　三层交换机下的 VLAN 间的主机通信

5.3.2　三层路由原理

1．路由及路由器

路由是指导 IP 报文发送的路径信息，路由的过程是报文转发的过程。路由器根据收到报文的目的地址选择一条合适的路径（包含一个或多个路由器的网络）将报文传送到下一个路由器，路径目的终端的路由器负责将报文送交目的主机。路由器可以为数据传输选择最佳路径，如图 5-182 所示。

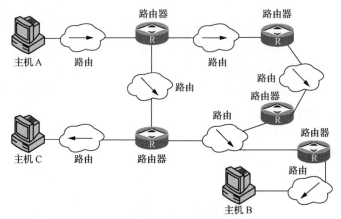

图 5-182　路由及路由器

路由器用于网络互连的计算机设备，必须具备两个或两个以上的接口，协议至少向上实现到网络层。其核心作用是实现网络互连，在不同网络间进行数据转发。其主要功能如下。

（1）路由（寻径）：包括路由表建立、刷新、查找。

(2) 子网间的速率适配。

(3) 隔离网络,防止网络风暴,指定访问规则(防火墙)。

(4) 异种网络互连。

2. 路由表

1) 路由表的概念

路由表是指在路由器中保存着各种传输路径的相关数据供路由选择时使用,表中包含的信息决定了数据转发的策略。路由表中保存着子网的标志信息、网上路由器的个数和下一个路由器的名字等内容。路由表可以是由系统管理员固定设置好的路由表(静态路由表),也可以是根据网络系统的运行情况而自动调整的路由表(动态路由表)。

2) 路由表的构成

通常情况下,路由表包含了路由器进行路由选择时所需要的关键信息,这些信息构成了路由表的总体结构,如图 5-183 所示。

(1) 目的网络地址(Destination):用于标识 IP 包要到达的目的逻辑网络或子网地址。

(2) 掩码(Mask):与目的地址一起标识目的主机或路由器所在的网段的地址,将目的地址和网络掩码"逻辑与"后可得到目的主机或路由器所在网段的地址,掩码由若干个连续"1"构成,既可以用点分十进制表示,也可以用掩码中连续"1"的个数来表示。

(3) 下一跳地址(NextHop):与承载路由表的路由器相邻的路由器的端口地址,有时也把路由器的下一跳地址称为路由器的网关地址。

(4) 发送的物理端口(Interface):学习到该路由器目的接口,也是数据包离开路由器去往目的地将经过的接口。

(5) 路由信息的来源(proto):表示该路由信息是如何学习到的,路由表可以由管理员手工建立(STATIC);也可以由路由选择协议(OSPF)自动建立并维护,路由表不同的建立方式也决定了其中路由信息的不同学习方式。

(6) 路由优先级(pre):决定了来自不同路由来源的路由信息的优先权。

(7) 开销(Cost):表示每条可能路由均需付出相应代价,该代价由度量值(metric)来衡量,度量值最小的路由就是最佳路由。

Destination/Mask	proto	pre	Cost	NextHop	Interface
0.0.0.0/0	STATIC	60	0	10.0.1.1	Ethernet1/0
1.1.1.1/32	OSPF	10	2	10.0.1.1	Ethernet1/0
10.0.1.0/30	DIRECT	0	0	10.0.1.2	Ethernet1/0

图 5-183 路由表的构成

3. 路由的分类

1) 直连路由

对路由器而言,无须任何路由配置,即可获得其直连网段的路由(一般指去往路由器的接口地址所在网段的路径)。该路由不需要网络管理员维护,也不需要路由器通过某种算法进行计算获得,只要该接口处于活动状态(Active),路由器就会把通向该网段的路由信息填写到路由表中去。而直连路由无法使路由器获取与其不直接相连的路由信息，其优先级为 0，即最高优先级；其度量值也为 0，表明是直接相连，且二者都不能更改。

设备产生直连路由的两个条件是端口处于打开状态和端口配置 IP 地址，所以说直连路由会随着端口状态变化在路由表中自动变化，一旦端口关闭，此条路由会自动消失。直连路由如图 5-184 所示。

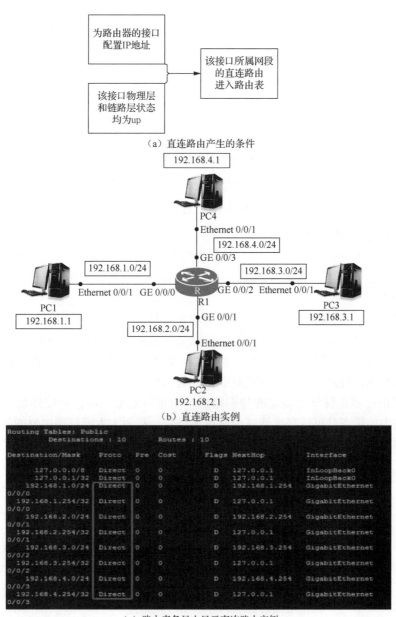

图 5-184　直连路由

2）静态路由（图 5-185）

静态路由是一种特殊的路由，由网络管理员采用手动配置，是固定且不会改变，即使网络状况已经改变或是重新被组态依然不会变化，适用在小规模的网络中。静态路由在路由表中的路由信息来源为静态，路由优先级为 1，度量值为 0。

静态路由的优点是因其不会交换路由表，所以保密性高；因其不会更新流量，所以不占用网络带宽。其缺点是当路由器中的静态路由信息需要大范围地调整时，这一工作的难度和复杂程度非常高；当网络发生变化或网络发生故障时，不能重选路由，很可能使路由失败。

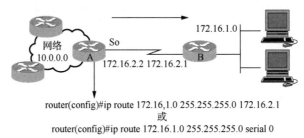

图 5-185　静态路由

3）缺省路由（图 5-186）

缺省路由又称默认路由，是一种特殊的静态路由，目的地址与掩码配置为全 0（0.0.0.0 0.0.0.0）。当路由表中的所有路由都选择失败的时候，为使得报文有最终的一个发送地，将使用缺省路由。

缺省路由通常用相同的处理方式把报文转发至另一个路由器。如果有其他路由匹配，则按照该路由规则转发相应的报文，否则该报文将被转发到该路由器的缺省路由。这个过程不断重复，直到一个数据包被传递到目的地。设备的缺省路由通常也称为默认网关，它经常提供如数据包过滤、防火墙或代理服务器等服务。

缺省路由可以是管理员设定的静态路由，也可以是某些动态路由协议自动产生的结果。缺省路由的优点是可以极大地减少路由表条目，从而大大减轻路由器的处理负担；其缺点是如果错误配置，可能导致路由自环或非最佳路由。

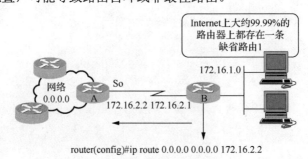

图 5-186　缺省路由

4)动态路由(图5-187)

动态路由是指路由器能够根据路由器之间的交换的特定路由信息自动地建立自己的路由表,并且能够根据链路和节点的变化适时地进行自动调整。当网络中节点或节点间的链路发生故障,或存在其他可用路由时,动态路由可以自行选择最佳的可用路由并继续转发报文。

动态路由机制的运作依赖路由器的两个基本功能。

(1)路由器之间适时地交换路由信息。

动态路由之所以能根据网络的情况自动计算路由、选择转发路径,是因为当网络发生变化时,路由器之间彼此交换的路由信息会告知对方网络的这种变化,通过信息扩散使所有路由器都能得知网络变化。

(2)路由器根据某种路由算法(不同的动态路由协议算法不同)把收集到的路由信息加工成路由表,供路由器在转发IP报文时查阅。

在网络发生变化时,收集到最新的路由信息后,路由算法重新进行计算,从而可以得到最新的路由表。

常见的动态路由协议有:RIP、OSPF、IS-IS、BGP、IGRP/EIGRP。每种路由协议的工作方式、选路原则等都有所不同。

由于在路由器上运行动态路由协议,使路由器可以自动根据网络拓扑结构的变化调整路由条目,无须管理员手工维护,减轻了管理员的工作负担。但需要交换路由信息,占用了网络带宽和资源,适合应用到网络规模大、拓扑复杂的网络。

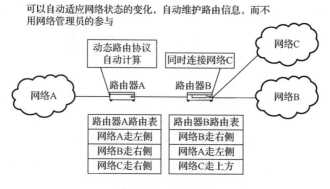

图5-187 动态路由

4. 优先级及度量值

1)路由优先级

在一台路由器上可以同时运行多个路由协议,每个路由协议都把自己认为是最好的路由送到路由表中。这样到达一个同样的目的地址,可能有多条分别由不同路由选择协议学习来的不同的路由。虽然每个路由选择协议都有自己的度量值,但是不同协议间的度量值含义不同,也没有可比性。路由器必须选择其中一个路由协议计算出来的最佳路径作为转发路径加入到路由表中。路由器选择路由协议的依据就是路由优先级,如图5-188所示。

给不同的路由协议赋予不同的路由优先级，数值小的优先级高。当有到达同一个目的地址的多条路由时，可以选择其中一个优先级数值最小的作为最优路由，并将这条路由写进路由表中。

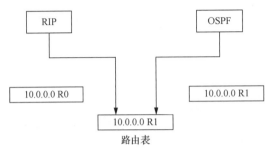

图 5-188　路由优先级

如图 5-188 所示，路由器上同时运行 RIP（路由信息协议）和 OSPF（开放式最短路径优先）协议，RIP 与 OSPF 协议都发现并计算出到达同一网络（10.0.0.0）的最佳路径，但是由于选路算法不同选择了不同的路由，由于 OSPF 比 RIP 的路由优先级要高，所以路由器将把 OSPF 学到的这条路由加入路由表中。需要注意的是，必须是目的地址完全相同的一条路由才进行路由优先级的比较，如果 RIP 和 OSPF 学到是去不同目的地址的路由，那么这两条路由都会被加入路由表中。

路由优先级是一个正整数，范围 0~255。路由优先级赋值原则为：直连路由具有最高优先级；人工设置的路由条目优先级高于动态学习到的路由条目；度量值算法复杂的路由协议优先级高于度量值算法简单的路由协议。需要注意的是，不同厂商之间对路由优先级赋值可能不太一样，但是各种路由协议的优先级都可由用户通过特定的命令手工进行修改（直连路由的优先级一般不能修改）。

2）浮动静态路由

浮动静态路由是一种特殊的静态路由，通过配置去往相同的目的地址网段，但是优先级不同的静态路由，为了保证在网络中优先级较高的路由，在主路由失效的情况下，提供备份路由。正常情况下，备份路由是不会出现在路由表中的。

如图 5-189 所示，对于 R1 及其下挂的网络而言，要去往 192.168.2.1/24 网络，通过 R2 及 R3 都可达。这两条路由都是去往同一个目的地址，但分别采用不同的下一跳 IP 地址。如果我们希望 PC1 去往 PC2 优先走 R2，R1 到 R2 的链路有问题时再走 R3，我们为 R1 添加了两条静态路由，目的网络都是 192.168.2.1/24，下一跳分别为 10.1.12.2 及 10.1.13.2，下一跳为 R2 的静态路由并没有设置优先级，因此该条路由的优先级为默认的 60，另一条静态路由使用优先级关键字指定了优先级 80。这样一来，经过优先级比较，优先级值更小的路由将被优选，并放进路由表作为数据转发的依据，优先级为 80 的路由则"潜藏"起来，并不出现在路由表中。

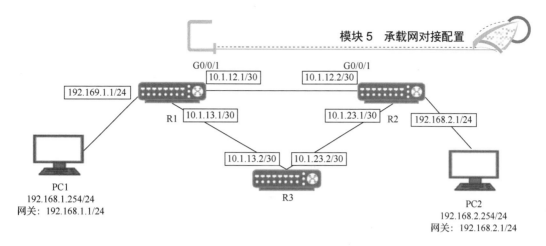

图 5-189　浮动静态路由

3）度量值

不同类型的路由计算度量值的方式不一样，没有可比性。当某类型的路由计算出去往同一目的地址的不同路径时，度量值越小，表示路径开销越小，越能优先被采用，如图 5-190 所示。

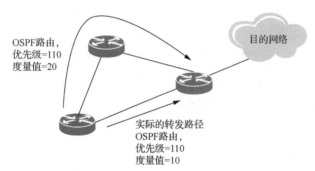

图 5-190　度量值的应用

4）最长匹配原则

在路由表中，有可能出现多条路由都可以转发同一个数据包的情况。

如图 5-191 所示，路由表中一共有三个路由条目：172.16.1.0/24、172.16.2.0/24 和 172.16.0.0/16，这三个路由条目分别指向不同的出接口。当路由器收到一个数据包去往 172.16.2.1 时，把三个路由条目都写成二进制，对应上路由条目各自的掩码（前缀长度），掩码为 1 的位是需要严格匹配的，掩码为 0 的位则无所谓（图中标识×的位）。然后把数据包的目的 IP 地址：172.16.2.1 也写成二进制，从左往右的逐位匹配，剔除不匹配的路由条目 1，剩下路由条目 2 和路由条目 3。由于目的地址 172.16.2.1 和路由条目 172.16.2.0/24 的匹配长度最长，因此路由条目 2 胜出，最终数据包被从接口 S1 转发出去。这就是最长匹配原则。

5）路由重分发

路由重分发，就是在一种路由协议中引入其他路由协议产生的路由，并以本协议的方式来传播这条路由。如图 5-192 所示，R2 配置了去往 N1 的静态路由，R1 没有去往 N1 的路由。如果要让 R1 通过 OSPF 学到 N1 的路由，在 R2 上可执行静态路由重分发，把静态路由转换成 OSPF 路由，通告到 OSPF 世界中，并表明自己是通告者。对于其他 OSPF 路由器，只知道通过 R2 可以到达 N1。

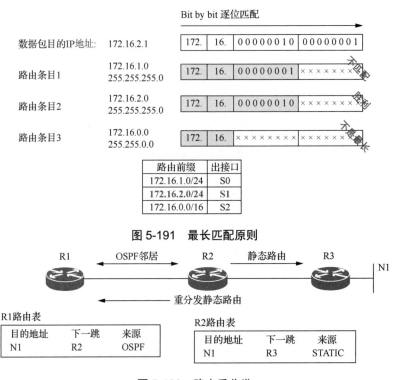

图 5-191　最长匹配原则

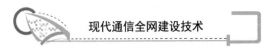

图 5-192　路由重分发

5. 路由规划原则

路由就像 IP 网络的神经系统，其规划的好坏直接决定整个网络的稳定程度和运行效率，同时还影响网络维护的工作量。因此，良好的路由规划是网络规划中非常重要一环。路由规划包括静态路由规划和动态路由协议规划。

1）静态路由规划

静态路由由于其配置简单，往往应用于大型网络的接入层。在使用静态路由时要注意避免人为配置错误而引起的路由环路。

2）动态路由协议的规划

动态路由协议包括两部分：IGP 和 EGP。IGP 协议中标准化程度高且适用于大型网络的协议主要是 OSPF 和 ISIS。EGP 协议中目前通用的协议主要是 BGP。

动态路由协议规划的原则有如下几条。

（1）可靠性。通过部署动态路由协议，避免网络中出现单点故障。

（2）流量合理分布。网络流量能灵活地分配到不同路径，提高网络资源利用率和系统可靠性。

（3）扩展性。通过增加设备和提高链路带宽进行网络扩展。

（4）适应业务模型变化。当网络流量特征随着业务类型的变化而产生变化时，通过合理的动态路由协议部署迅速适应这种变化。

(5) 易于维护管理。通过部署动态路由协议降低故障排查和流量调整的难度和复杂度。

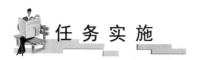

5.3.3 配置承载网核心层数据

启动并登录仿真软件,依次单击主界面下面的"网络配置"→"数据配置"标签,进入数据配置界面。在该界面上部的两个下拉菜单中依次选择"承载网"和"建安市承载中心机房",进入建安市承载中心机房的数据配置主界面,它由"网元配置""命令导航"和"参数配置"3个区域组成,如图5-193所示。在"网元配置"区进行不同网元类别的选择;在"命令导航"区随着网元节点的切换,以树状形式显示本网元的配置命令;在"参数配置"区根据网元节点及命令的选择,提供对应参数的输入及修改。

图5-193　建安市承载中心机房数据配置主界面

1. 配置建安市承载中心机房SPN

1) 物理接口配置

进入建安市承载中心机房数据配置主界面后,在"网元配置"区中选中"SPN1"设备,在下方"命令导航"区中选择"物理接口配置"菜单。在"参数配置"区按照规划数据完成相关物理接口配置,(注意:端口连线后会显示为"up"状态,此时数据配置才有效,端口状态为"down"时不能配置数据,需要先排查原因。)物理接口数据配置完成以后,单击"确定"按钮进行保存,操作结果如图5-194所示。

2) OSPF路由配置

(1) OSPF全局配置。

单击"命令导航"区中"OSPF路由配置"菜单,进行"OSPF全局配置",在"参数配置"区输入 OSPF 全局参数,其中"全局 OSPF 状态"应设置为"启用","router-id"要求全局唯一。选中"重分发"后面的"静态"复选框,选中"通告缺省路由"复选框。配置完成后单击"确定"按钮进行保存,操作结果如图 5-195 所示。

图 5-194　SPN 设备物理接口配置

图 5-195　SPN 设备 OSPF 全局配置

(2) OSPF 接口配置。

在"命令导航"区单击"OSPF 路由配置",从下一级菜单中选择"OSPF 接口配置",在"参数配置"区输入 OSPF 接口参数。注意:要将所有接口的"OSPF 状态"选为"启用"。配置完成后单击"确定"按钮进行保存,操作结果如图 5-196 所示。

2. 配置建安市承载中心机房 OTN

在建安市承载中心机房数据配置主界面"网元配置"区中选中"OTN"设备,然后在下方"命令导航"区选择"频率配置",在"参数配置"区的右侧单击🞥图标,并按照规划数据进行数据添加。如需删除可单击🞥图标,删除已输入的数据。配置完成以后单击"确定"按钮进行保存,操作结果如图 5-197 所示。

模块 5　承载网对接配置

图 5-196　SPN 设备 OSPF 接口配置

图 5-197　OTN 设备频率配置

5.3.4　配置承载网骨干汇聚层数据

在数据配置界面上部右侧下拉菜单选择"建安市骨干汇聚机房",进入建安市承载骨干汇聚机房的数据配置主界面,它由"网元配置""命令导航"和"参数配置"3 个区域组成,如图 5-198 所示。

1. 配置建安市骨干汇聚机房 SPN

1)物理接口配置

进入建安市骨干汇聚机房数据配置主界面后,在"网元配置"区中选中"SPN1"设备,在下方"命令导航"区中选择"物理接口配置"菜单。在"参数配置"区按照规划数据完成相关物理接口配置,(注意:端口连线后会显示为"up"状态,此时数据配置才有效,端口状态为"down"时不能配置数据,需要先排查原因。)物理接口数据配置完成以后,单击"确定"按钮进行保存,操作结果如图 5-199 所示。

图 5-198　建安市骨干汇聚机房数据配置主界面

图 5-199　SPN 设备物理接口配置

2）OSPF 路由配置

（1）OSPF 全局配置。

单击"命令导航"区中"OSPF 路由配置"菜单，进行"OSPF 全局配置"，在"参数配置"区输入 OSPF 全局参数。其中"全局 OSPF 状态"应设置为"启用"，"router-id"要求全局唯一。配置完成后单击"确定"按钮进行保存，操作结果如图 5-200 所示。

（2）OSPF 接口配置。

在"命令导航"区单击"OSPF 路由配置"，从下一级菜单中选择"OSPF 接口配置"，在"参数配置"区输入 OSPF 接口参数。注意：要将所有接口的"OSPF 状态"选为"启用"。配置完成后单击"确定"按钮进行保存，操作结果如图 5-201 所示。

2. 配置建安市骨干汇聚机房 OTN

在建安市骨干汇聚机房数据配置主界面"网元配置"区中选中"OTN"设备，然后在下方"命令导航"区选择"频率配置"，在"参数配置"区的右侧单击 图标，并按照规划数据进行数据添加。如需删除可单击 图标，删除已输入的数据。配置完成以后单击"确定"按钮进行保存,操作结果如图 5-202 所示。

图 5-200　SPN 设备 OSPF 全局配置

图 5-201　SPN 设备 OSPF 接口配置

图 5-202　OTN 设备频率配置

5.3.5 配置承载网汇聚层数据

在数据配置界面上部右侧下拉菜单中选择"建安市 3 区汇聚机房",进入建安市 3 区汇聚机房的数据配置主界面,它由"网元配置""命令导航"和"参数配置"3 个区域组成,如图 5-203 所示。

图 5-203　建安市 3 区汇聚机房数据配置主界面

1. 配置建安市骨干汇聚机房 SPN

1)物理接口配置

进入建安市 3 区汇聚机房数据配置主界面后,在"网元配置"区中选中"SPN1"设备,在下方"命令导航"区中选择"物理接口配置"菜单。在"参数配置"区按照规划数据完成相关物理接口配置,(注意:端口连线后会显示为"up"状态,此时数据配置才有效,端口状态为"down"时不能配置数据,需要先排查原因。)物理接口数据配置完成以后,单击"确定"按钮进行保存,操作结果如图 5-204 所示。

图 5-204　SPN 设备物理接口配置

2）OSPF 路由配置

（1）OSPF 全局配置。

单击"命令导航"区中"OSPF 路由配置"菜单，进行"OSPF 全局配置"，在"参数配置"区输入 OSPF 全局参数。其中"全局 OSPF 状态"应设置为"启用"，router-id 要求全局唯一。配置完成后单击"确定"按钮进行保存，操作结果如图 5-205 所示。

图 5-205　SPN 设备 OSPF 全局配置

（2）OSPF 接口配置。

在"命令导航"区单击"OSPF 路由配置"，从下一级菜单中选择"OSPF 接口配置"，在"参数配置"区输入 OSPF 接口参数，（注意：要将所有接口的"OSPF 状态"选为"启用"。）配置完成后单击"确定"按钮进行保存，操作结果如图 5-206 所示。

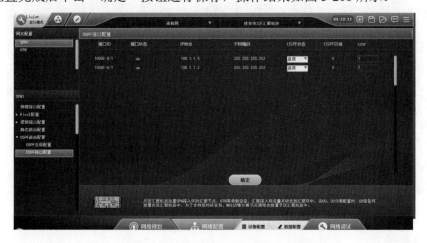

图 5-206　SPN 设备 OSPF 接口配置

2. 配置建安市 3 区汇聚机房 OTN

在建安市 3 区汇聚机房数据配置主界面"网元配置"区中选中"OTN"设备，然后在下方"命令导航"区选择"频率配置"，在"参数配置"区的右侧单击图标，并按照规划数据进行数据添加。如需删除可单击🗑图标，删除已输入的数据，配置完成以后单击"确定"按钮进行保存，操作结果如图 5-207 所示。

图 5-207　OTN 设备频率配置

5.3.6　配置承载网接入层数据

在数据配置界面上部右侧下拉菜单选择"建安市 B 站点机房"，进入建安市 B 站点机房的数据配置主界面，如图 5-208 所示，它由"网元配置""命令导航"和"参数配置"3 个区域组成。

图 5-208　建安市 B 站点机房数据配置主界面

配置建安市 B 站点机房 SPN

1）物理接口配置

进入建安市 B 站点机房数据配置主界面后，在"网元配置"区中选中"SPN1"设备，在下方"命令导航"区中选择"物理接口配置"菜单。在"参数配置"区按照规划数据完成相关物理接口配置，（注意：端口连线后会显示为"up"状态，此时数据配置才有效，端口状态为"down"时不能配置数据，需要先排查原因。）物理接口数据配置完成以后，单击"确定"按钮进行保存，操作结果如图 5-209 所示。

图 5-209　SPN 设备物理接口配置

2）逻辑接口配置

在"命令导航"区中选择"逻辑接口配置"菜单，在下一级菜单中，选择"配置子接口"，在"参数配置"区按照规划数据进行与 ITBBU 对接的逻辑子接口配置，配置完成以后单击"确定"按钮进行保存，操作结果如图 5-210 所示。

图 5-210　SPN 设备逻辑接口配置

3）OSPF 路由配置

（1）OSPF 全局配置。

单击"命令导航"中"OSPF 路由配置"菜单，进行"OSPF 全局配置"，在"参数配置"区输入 OSPF 全局参数。其中"全局 OSPF 状态"应设置为"启用"，"router-id"要求全局唯一。配置完成后单击"确定"按钮进行保存，操作结果如图 5-211 所示。

图 5-211　SPN 设备 OSPF 全局配置

（2）OSPF 接口配置。

在"命令导航"区单击"OSPF 路由配置",从下一级菜单中选择"OSPF 接口配置",在"参数配置"区输入 OSPF 接口参数。（注意：要将所有接口的"OSPF 状态"选为"启用"。）配置完成后单击"确定"按钮进行保存,操作结果如图 5-212 所示。

图 5-212　SPN 设备 OSPF 接口配置

5.3.7　配置承载网与核心网接对接数据

从数据配置界面上部的两个下拉菜单中依次选择"核心网"和"建安市核心网机房",进入建安市核心网机房的数据配置主界面,如图 5-213 所示,它由"网元配置""命令导航"和"参数配置"3 个区域组成。在"网元配置"区进行不同网元类别的选择；"命令导航"区随着网元节点的切换,以树状形式显示本网元的配置命令；"参数配置"区根据网元节点及命令的选择,提供对应参数的输入及修改。

模块 5　承载网对接配置

图 5-213　建安市核心网机房数据配置主界面

1. 配置建安市核心网机房 SWITCH

1）物理接口配置

进入建安市核心网机房数据配置主界面后，在"网元配置"区中选中"SWITCH1"设备，在下方"命令导航"区中选择"物理接口配置"菜单。在"参数配置"区按照规划数据完成相关物理接口配置，（注意：端口连线后会显示为"up"状态，此时数据配置才有效，端口状态为"down"时不能配置数据，需要先排查原因。）此 SWITCH 作为三层交换机连接承载网和核心网各个网元，其中连接核心网各个网元的接口应属于同一个 VLAN，连接承载网的接口属于另一个 VLAN。当物理接口数据配置完成以后，单击"确定"按钮进行保存，操作结果如图 5-214 所示。

2）逻辑接口配置

在"命令导航"区中选择"逻辑接口配置"，在下一级菜单中，选择"VLAN 三层接口"，在"参数配置"区按照规划数据进行逻辑子接口配置，配置完成以后单击"确定"按钮进行保存，操作结果如图 5-215 所示。

图 5-214　SWITCH 设备物理接口配置

图 5-214　SWITCH 设备物理接口配置（续）

图 5-215　SWITCH 设备逻辑接口配置

3）静态路由配置

由于承载网通过此 SWITCH 与建安市核心网相连，而核心网网元不支持 OSPF 动态路由，因此需要此 SWITCH 向核心网设备的协议接口做静态路由，并在"OSPF 全局配置"中启用静态重分发功能，使承载网中其他网元能够通过静态路由找到核心网设备的协议接口，在下方"命令导航"区中选择"静态路由配置"。按照规划数据分别配置到核心网 MME、SGW、PGW、HSS 几个网元静态路由，配置完成以后单击"确定"按钮进行保存，操作结果如图 5-216 所示。

4）OSPF 路由配置

单击"命令导航"区中"OSPF 路由配置"菜单，进行"OSPF 全局配置"，在"参数配置"区输入 OSPF 全局参数。其中"全局 OSPF 状态"应设置为"启用"，"router-id"要求全局唯一。选中"重分发"后面的"静态"复选框。配置完成后单击"确定"按钮进行保存，操作结果如图 5-217 所示。

模块 5　承载网对接配置

图 5-216　SWITCH 设备静态路由配置

图 5-217　SWITCH 设备 OSPF 全局配置

5）OSPF 接口配置

在"命令导航"区单击"OSPF 路由配置",从下一级菜单中选择"OSPF 接口配置",在"参数配置"区输入 OSPF 接口参数。(注意:要将所有接口的"OSPF 状态"选为"启用"。)配置完成后单击"确定"按钮进行保存,操作结果如图 5-218 所示。

图 5-218　SWITCH 设备 OSPF 接口配置

5.3.8 配置电交叉业务数据

OTN 电交叉子系统以时隙电路交换为核心,通过电交叉配置功能,支持各类大颗粒用户业务的接入和承载,实现波长和子波长级别的灵活调度,支持任意节点任意业务处理,同时继承 OTN 网络监测、保护等各类技术,支持毫秒级的业务保护倒换。下面以建安市承载中心机房和建安市骨干汇聚机房为例,说明电交叉业务配置的流程及方法。在配置电交叉业务之前,要先拔除建安市承载中心机房和建安市骨干汇聚机房中 OTN 设备 15 槽位 OTU 单板所有端口的光纤。在仿真软件中,使用鼠标指针拖动单板接口上的光纤到接口区域以外即可完成拔除。

1. 电交叉业务设备连接

1)连接建安市承载中心机房电交叉设备

(1)单击仿真软件"设备配置"标签,进入设备配置界面,在界面右上角下拉菜单中选择"建安市承载中心机房",单击设备指示图中"SPN1"设备(单击此图中的不同网元,可以进行设备间切换),进入 SPN1 物理界面,其示意图如图 5-219 所示。

图 5-219　SPN1 设备插板示意图

(2)在 SPN1 物理界面图中,在右下角的线缆池选择"成对 LC-LC 光纤",将光纤一端连接在_SPN1_6_2×100GE_1,如图 5-220 所示。

(3)在设备指示图中单击"OTN"设备,进入 OTN 设备界面,将光纤另一端连接在 CQ4 单板的_OTN_3_CQ4_1,如图 5-221 所示。

(4)在右边线缆池中选择"单根 LC-LC 光纤",将其中一端连接在 LD4 单板的_OTN_8_LD4_L1T,另一端连接在 OMU 单板的_OTN_17_OMU10C_CH1,如图 5-222 所示。

图 5-220　SPN1 设备线缆连接图

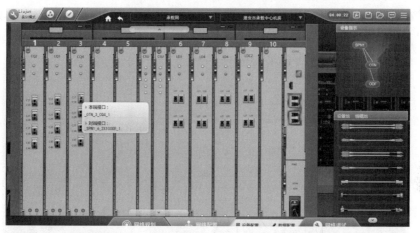

图 5-221　OTN 设备内 CQ4 单板和 SPN 连接

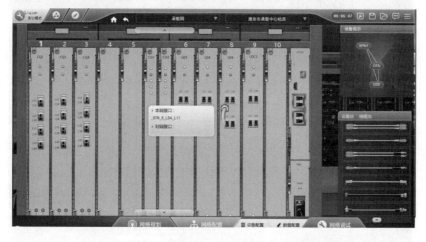

图 5-222　OTN 设备内 LD4 单板和 OMU 单板连接

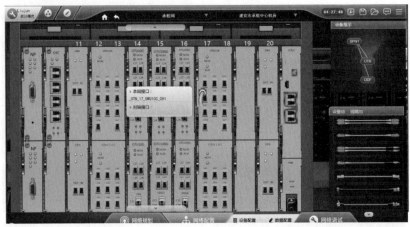

图 5-222　OTN 设备内 LD4 单板和 OMU 单板连接（续）

（5）在右侧线缆池中重新选择"单根 LC-LC 光纤"，将其一端连接在 OMU 单板的_OTN_17_OMU10C_OUT，另一端连接在 OBA 单板的_OTN_20_OBA_IN，如图 5-223 所示。

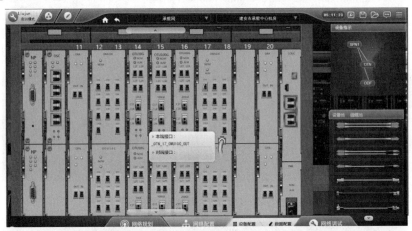

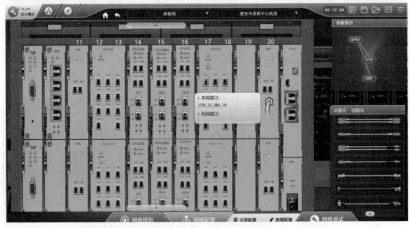

图 5-223　OTN 设备内部 OMU 单板和 OBA 单板连接

（6）在右侧线缆池中重新选择"单根 LC-FC 光纤"，将其一端连接在 OBA 单板的_OTN_20_OBA_OUT，如图 5-224 所示。

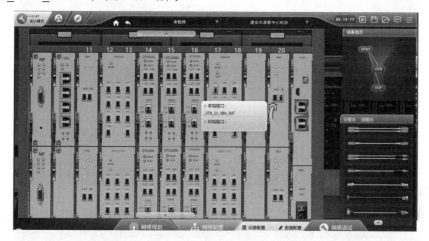

图 5-224　OTN 设备 OBA 单板与 ODF 连接（1）

（7）在设备指示图中单击"ODF"设备，进入 ODF 界面，将光纤另一端连接在_ODF_1_ODF_6T，如图 5-225 所示。

图 5-225　OTN 设备 OBA 单板与 ODF 连接（2）

（8）在右侧线缆池中重新选择"单根 LC-FC 光纤"，将其一端连接在_ODF_1_ODF_6R，如图 5-226 所示。

（9）在设备指示图中单击"OTN"设备，进入 OTN 设备界面，下拉至第二个机框，将光纤另一端连接在 OPA 单板的_OTN_30_OPA_IN，如图 5-227 所示。

（10）在右侧线缆池中重新选择"单根 LC-LC 光纤"，将其一端连接在 OPA 单板的_OTN_30_OPA_OUT，另一端连接在 ODU 单板的_OTN_27_ODU10C_IN，如图 5-228 所示。

图 5-226　ODF 与 OTN 设备 OPA 单板连接（1）

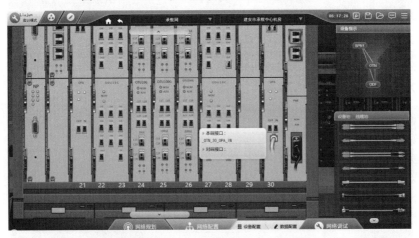

图 5-227　ODF 与 OTN 设备 OPA 单板连接（2）

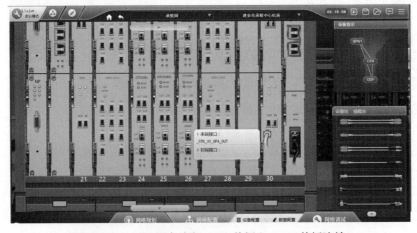

图 5-228　OTN 设备内部 OPA 单板和 ODU 单板连接

模块 5　承载网对接配置

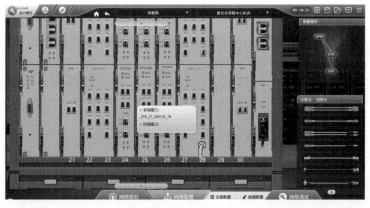

图 5-228　OTN 设备内部 OPA 单板和 ODU 单板连接（续）

（11）在右侧线缆池中重新选择"单根 LC-LC 光纤"，将其一端连接在 ODU 单板的_OTN_27_ODU10C_CH1，另一端连接在 LD4 单板的_OTN_7_LD4_L1R，这样就完成与建安市骨干汇聚机房对接的建安市中心机房侧电交叉业务的线缆连接，如图 5-229 所示。

2）连接建安市骨干汇聚机房电交叉设备

（1）单击"设备配置"界面右上角下拉菜单，选择"建安市骨干汇聚机房"，在界面的左侧机柜内依次放置着 ODF 架、中型 OTN 设备及中型 SPN 设备，如图 5-230 所示。

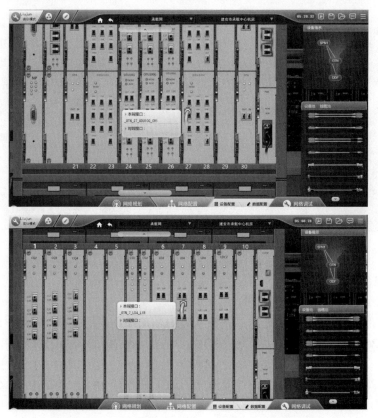

图 5-229　OTN 设备内部 ODU 单板和 LD4 单板连接

图 5-230　建安市骨干汇聚机房

（2）单击"ODF"设备，进入 ODF 界面。在右侧线缆池中选择"单根 LC-FC 光纤"，将其一端连接在_ODF_1_ODF_1R，如图 5-231 所示。

图 5-231　ODF 与 OTN 设备 OPA 单板连接（1）

（3）在设备指示图中单击"OTN"设备，进入 OTN 设备界面，下拉至第二个机框，将光纤另一端连接 OPA 单板的_OTN_21_OPA_IN，如图 5-232 所示。

（4）在右侧线缆池中重新选择"单根 LC-LC 光纤"，将其一端连接在 OPA 单板的_OTN_21_OPA_OUT，另一端连接在 ODU 单板的_OTN_22_ODU10C_IN，如图 5-233 所示。

（5）在右侧线缆池中重新选择"单根 LC-LC 光纤"，将其一端连接在 ODU 单板的_OTN_22_ODU10C_CH1，另一端连接 LD4 单板的_OTN_8_LD4_L1R，如图 5-234 所示。

模块 5　承载网对接配置

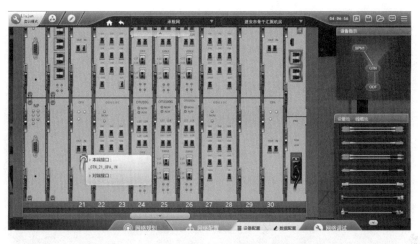

图 5-232　ODF 与 OTN 设备 OPA 单板连接（2）

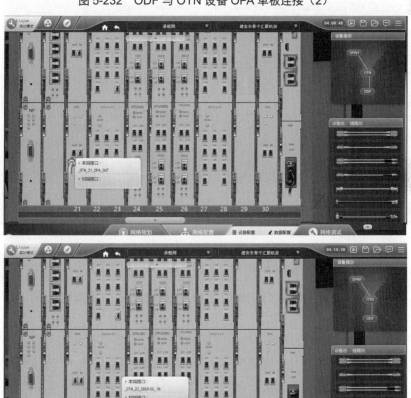

图 5-233　OTN 设备内部 OPA 单板和 ODU 单板连接

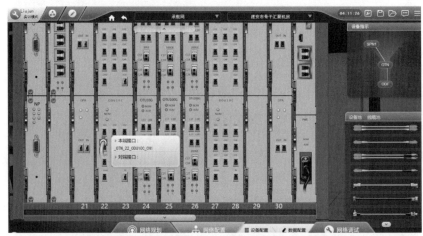

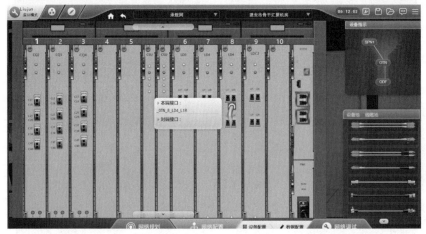

图 5-234　OTN 设备内部 ODU 单板和 LD4 单板连接

（6）在右侧线缆池中选择"单根 LC-LC 光纤"，将其中一端连接在 LD4 单板的_OTN_8_LD4_L1T，另一端连接在 OMU 单板的_OTN_12_OMU10C_CH1，如图 5-235 所示。

（7）在右侧线缆池中重新选择"单根 LC-LC 光纤"，将其一端连接在 OMU 单板的_OTN_12_OMU10C_OUT，另一端连接在 OBA 单板的_OTN_11_OBA_IN，如图 5-236 所示。

（8）在右侧线缆池中重新选择"单根 LC-FC 光纤"，将其一端连接在 OBA 单板的_OTN_11_OBA_OUT，如图 5-237 所示。

（9）在设备指示图中单击"ODF"设备，进入 ODF 界面，将光纤另一端连接在_ODF_1_ODF_1T，如图 5-238 所示。

模块 5　承载网对接配置

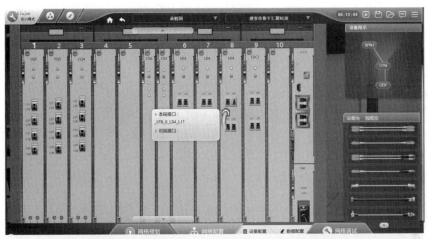

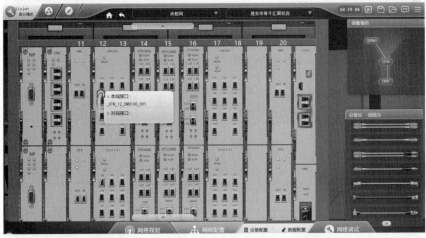

图 5-235　OTN 设备内部 LD4 单板和 OMU 单板连接

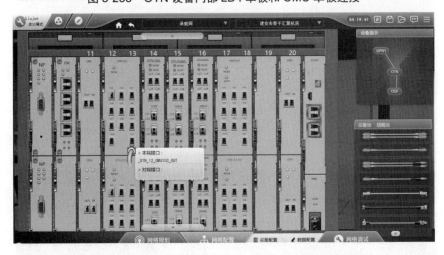

图 5-236　OTN 设备内部 OMU 单板和 OBA 单板连接

图 5-236　OTN 设备内部 OMU 单板和 OBA 单板连接（续）

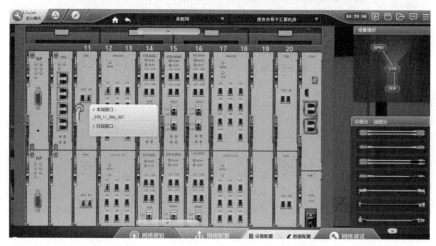

图 5-237　OTN 设备 OBA 单板和 ODF 连接（1）

图 5-238　OTN 设备 OBA 单板和 ODF 连接（2）

(10)单击设备指示图中 OTN,在右下角线缆池中选择"成对 LC-LC 光纤",将光纤一端连接在 CQ4 单板的_OTN_3_CQ4_1,如图 5-239 所示。

(11)单击设备指示图中"SPN"设备,进入 SPN 设备界面,将光纤另一端连接在_SPN1_5_2×100GE_1,这样就完成了与建安市中心机房对接的建安市骨干汇聚机房侧的电交叉业务的线缆连接,如图 5-240 所示。

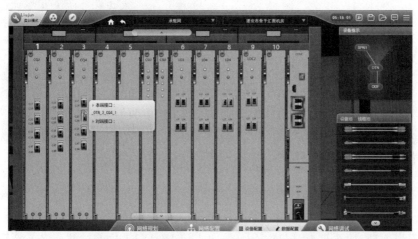

图 5-239　OTN 设备 CQ4 单板和 SPN 设备连接(1)

图 5-240　OTN 设备 CQ4 单板和 SPN 设备连接(2)

2. 电交叉业务数据配置

1)建安市承载中心机房电交叉数据配置

依次单击仿真软件主界面下面的"网络配置"→"数据配置"标签,进入数据配置界面,如图 5-241 所示。在该界面上部的两个下拉菜单中依次选择"承载网"和"建安市承载中心机房",进入建安市承载中心机房的数据配置主界面。

图 5-241　建安市承载中心机房数据配置主界面

（1）在建安市承载中心机房数据配置页面，在"网元配置"区中选中"OTN"设备，然后在下方"命令导航"区选择"电交叉配置"，按照实际的线缆连接情况，单击 CQ4（Slot3）/C1T/C1R-100GE 和 LD4（Slot8）/L1T/L1R-TS1-ODU4，建立交叉连接，操作结果如图 5-242 所示。

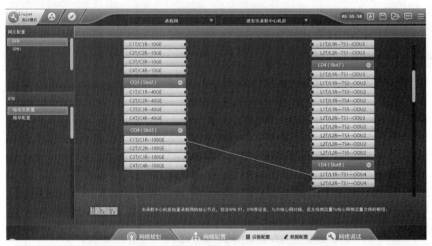

图 5-242　建安市承载中心机房电交叉配置示意图

（2）在建安市承载中心机房数据配置主界面"网元配置"区中选中"OTN"设备，然后在下方"命令导航"区选择"频率配置"，删除"参数配置"区中 15 槽位的 OTU 单板数据，添加 8 槽位 LD4 单板的数据，这样就完成了建安市承载中心机房电交叉业务的数据配置，操作结果如图 5-243 所示。

2）建安市承载中心机房电交叉数据配置

依次单击仿真软件主界面下面的"网络配置"→"数据配置"标签，进入数据配置界面,如图 5-244 所示。在该界面上部的两个下拉菜单中依次选择"承载网"和"建安市骨干汇聚机房",进入建安市骨干汇聚机房的数据配置主界面。

图 5-243　建安市承载中心机房频率配置示意图

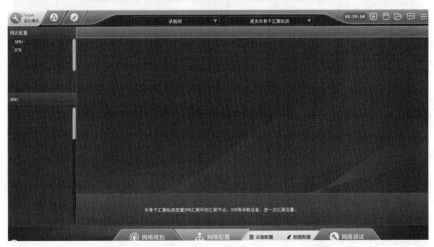

图 5-244　建安市骨干汇聚机房数据配置主界面

（1）在建安市骨干汇聚机房数据配置主界面,在"网元配置"区中选中"OTN"设备,然后在下方"命令导航"区选择"电交叉配置",按照实际的线缆连接情况,单击 CQ4（Slot3）/C1T/C1R-100GE 和 LD4（Slot8）/L1T/L1R-TS1-ODU4,建立交叉连接,操作结果如图 5-245 所示。

（2）在建安市承载中心机房数据配置主界面,在"网元配置"区中选中"OTN"设备,然后在下方"命令导航"区选择"频率配置",删除"参数配置"区中 35 槽位的 OTU 单板数据,添加 8 槽位 LD4 单板的数据,这样就完成了建安市骨干汇聚机房电交叉业务的数据配置,操作过程如图 5-246 所示。

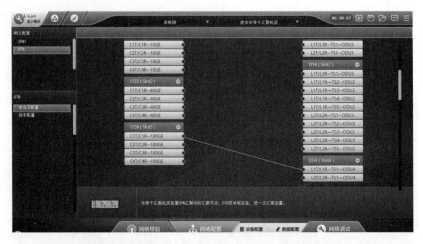

图 5-245　建安市骨干汇聚机房电交叉配置示意图

图 5-246　建安市骨干汇聚机房频率配置示意图

5.3.9　OSPF 基本原理

1. OSPF 概述

OSPF（Open Shortest Path First，开放型最短路径优先协议）是 IETF（Internet Engineering Task Force，因特网工程任务组）组织开发的一个基于链路状态的自治系统内部路由协议（IGP），用于在单一 AS（Autonomous System，自治系统）内决策路由。在 IP 网络上，OSPF 通过收集和传递 AS 的链路状态来动态地发现并传播路由，广泛应用于企业网络。

2. OSPF 的构成

1）Router ID

一个 32bit 的无符号整数，用在 OSPF domain 中唯一用来表示一台 OSPF 路由器，从 OSPF 网络设计的角度，要求全 OSPF 域内禁止出现两台路由器拥有相同的 Router ID，如图 5-247 所示。

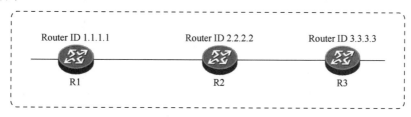

图 5-247　Router ID

Router ID 的配置：

（1）可以手动配置 Router ID（命令是 OSPF 视图下的 "router-id"）。

（2）如果没有手工配置 Router ID，路由器就选取它所有的 loopback 接口上值最大的 IP 地址。

（3）如果没有配置 loopback 接口，路由器就选取它所有的物理接口上值最大的 IP 地址。

（4）在路由器运行了 OSPF 并选定 Router ID 之后，如果该 Router ID 对应的接口 "down" 掉，或出现一个更大的 IP 地址，OSPF 仍然保持原 Router ID（Router ID 值是非抢占的，稳定第一）。

（5）用作 Router ID 的接口不一定要运行 OSPF 协议。

2）邻居表（Peer Table）

OSPF 是一种可靠的路由协议，要求在路由器之间传递链路状态通告之前，需先建立 OSPF 邻居关系，Hello 报文用于发现直连链路上的其他 OSPF 路由器，再经过一系列的 OSPF 消息交互最终建立起全毗邻的邻居关系，OSPF 路由器的邻居信息显示在邻居表中。

3）LSDB（Link-State Database，链路状态数据库）

OSPF 用 LSA（Link-State Advertisement，链路状态通告）来描述网络拓扑信息，而 OSPF 路由器用 LSDB 来存储网络的这些 LSA。OSPF 将自己产生的以及邻居通告的 LSA 搜集并存储在 LSDB 中。只有掌握 LSDB 的查看以及对 LSA 的深入分析，才能够深入理解 OSPF。

4）路由表（Routing Table）

基于 LSDB 进行 SPF 计算，而得出的 OSPF 路由表，如图 5-248 所示。

3. OSPF 报文类型

（1）Hello 报文，发现、维持邻居关系，多路访问中选举 DR/BDR，如图 5-249 所示。

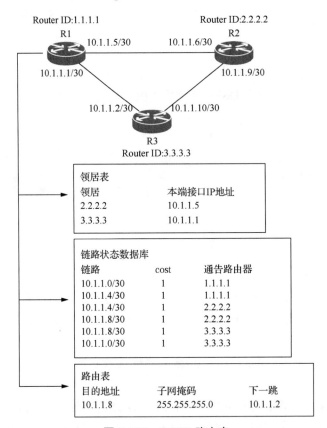

图 5-248　OSPF 路由表

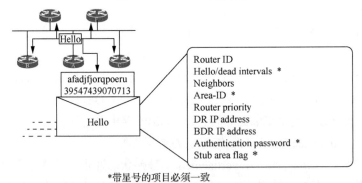

图 5-249　Hello 报文

注：

① Hello/dead intervals：发送 Hello 报文的时间间隔。其单位为 s。

② Neighbor：邻居路由器的 Router ID 列表。表示本路由器已经从该邻居收到合法的 Hello 报文。

③ Area-ID：区域 ID。

④ Router priority：发送 Hello 报文的接口的 Router Priority，用于选举 DR 和 BDR。

⑤ DR IP address：发送 Hello 报文的路由器所选举出的 DR（Designated Router）的 IP 地址。如果设置为 0.0.0.0，表示未选举 DR。

⑥ BDR IP adress：发送 Hello 报文的路由器所选举出的 BDR（Backup Designated Router）的 IP 地址。如果设置为 0.0.0.0，表示未选举 BDR。

⑦ Authentication password：认证密码，只有开启认证时才有效。

⑧ Stub area flag：stub 区域标记，stub 区域是一种特殊类型的区域，如果一个路由器拥有此标记，它的邻居也要拥有。

（2）DD 报文，描述本地 LSDB 的摘要信息，用于两台路由器进行数据库同步。

（3）LSR 报文，向相邻路由器请求其拓扑结构数据库的部分内容，用于向对方请求所需的 LSA。路由器只有在 OSPF 邻居双方成功交换 DD 报文后才会向对方发出 LSR 报文。

（4）LSU 报文，对链路状态请求数据包的回应，包含具体的链路状态信息，用于向对方发送其所需要的 LSA。

（5）LSAck 报文，对链路状态更新数据包的确认，这种确认使 OSPF 的扩散过程更可靠，用于对收到的 LSA 进行确认。

4. OSPF 基本操作概述

（1）Hello 报文发现邻居（Neighbor），构建邻接关系（Adjacency），如图 5-250 所示。

宣告 OSPF 路由器从所有启动 OSPF 协议的接口上发出 Hello 报文。如果两台路由器共享一条公共数据链路，并且能够相互成功协商它们各自 Hello 报文中所指定的某些参数，那么它们就成为了邻居。

OSPF 协议定义了一些网络类型和一些路由器类型的邻接关系。邻接关系的建立是由交换 Hello 报文的路由器类型和网络类型决定的。

只有成为邻接关系，才能相互发送 LSA（邻居之间不会发送 LSA）。

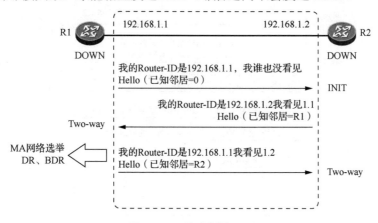

图 5-250　构建邻接关系

（2）构建 LSA，如图 5-251 所示。

LSA 描述路由器所有的链路、接口、路由器的邻居以及链路状态信息。这些链路可以是到一个末梢网络（Stub Network，是指没有和其他路由器相连的网络）的链路、到其他 OSPF 路由器的链路、到其他区域网络的链路，或是到外部网络（从其他的路由选择进程学习到的网络）的链路。由于这些链路状态信息的多样性，OSPF 协议定义了许多 LSA 类型。

每台路由器都会在所有形成邻接关系的邻居之间发送 LSA。

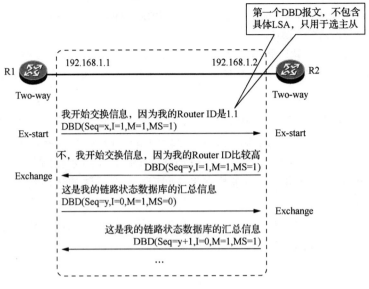

图 5-251　构建 LSA

（3）泛洪 LSA，如图 5-252 所示。

每台收到从邻接路由器发出的 LSA 的路由器：

把这些 LSA 记录在它的链路状态数据库当中。

发送一份 LSA 的复制给该路由器的其他所有邻接路由器。

通过 LSA 泛洪扩散到整个区域，所有的 OSPF 路由器都会形成同样的 LSDB。

图 5-252　泛洪 LSA

（4）基于相同的 LSDB，进行 SPF 计算，如图 5-253 所示。

每台路由器都将以其自身为根，使用 SPF 算法来计算一个无环拓扑图，以描述它所知道的到达每个目的地的最短路径（最小的路径代价）。这个拓扑图就是 SPF 算法树。

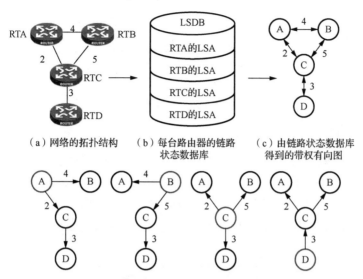

（a）网络的拓扑结构　（b）每台路由器的链路　（c）由链路状态数据库
　　　　　　　　　　　　状态数据库　　　　　　　得到的带权有向图

（d）每台路由器分别以自己为根节点计算最小生成树

图 5-253　SPF 计算

（5）构建自己的路由表。

每台路由器都将从 SPF 算法树中构建出自己的路由表，如图 5-254 所示。

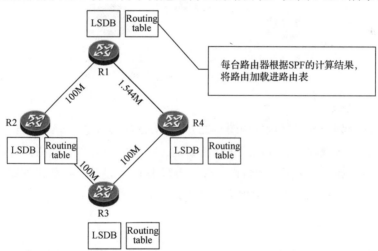

图 5-254　构建路由表

（6）触发更新。

当成功构建路由表后，OSPF 协议变成一个"安静"的协议。邻居之间仅交换 Hello 报文（也称为 Keepalive）。

如果网络拓扑稳定，那么网络中将不会有什么活动或行为发生。

如果网络拓扑改变（例如不能再从邻居收到 Hello 报文，则认为邻居 down），会构建新的 LSA，如图 5-255 所示。

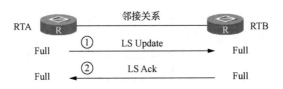

图 5-255　触发更新

5. OSPF 区域划分

1）OSPF 单区域存在问题

OSPF 是链路状态型协议，当区域内部动荡会引起全网络由器的 SPF 计算，LSDB 庞大，资源消耗过多，设备性能下降，影响数据转发。并且 LSA 泛洪严重，OSPF 路由器的负担很大，每台路由器需要维护的路由表越来越大，单区域内路由无法汇总。OSPF 单区域如图 5-256 所示。

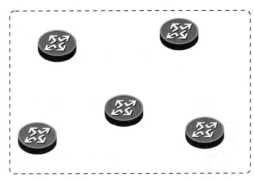

图 5-256　OSPF 单区域

2）OSPF 多区域

如果把单区域划分为多区域，如图 5-257 所示，这样减少了 LSA 洪泛的范围，有效地把拓扑变化控制在区域内，达到网络优化的目的。在区域边界可以做路由汇总，减小了路由表。充分利用 OSPF 特殊区域的特性，进一步减少 LSA 泛洪，从而优化路由。多区域提高了网络的扩展性，有利于组建大规模的网络。

图 5-257　OSPF 多区域

3）划分多区域的原则

area 0 为骨干区域，负责在非骨干区域之间中转由区域边界路由器归纳的链路状态通告信息。为了防止出现环路，OSPF 要求所有的非骨干区域之间不能直接进行 LSA 的交互，而必须通过 area 0 骨干区域进行中转,因此所有的非骨干区域必须都与 area 0 "直连"(星形结构)。

划分多区域的原则,如图 5-258 所示。

(1)一定要有 area 0,作为骨干区域,area 0 必须连续。

(2)非骨干区域必须连接到 area 0,且非骨干区域也必须连续。一般非骨干区域不互相连接。

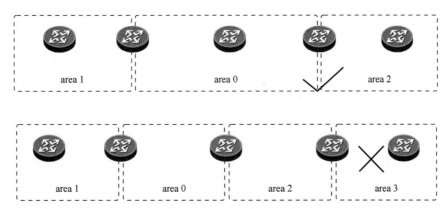

图 5-258　划分多区域原则

处于两个区域间的路由器称为 ABR(Area Border Router,区域边界路由器)。ABR 负责将 1 个区域的链路通告给其他区域,声明自己是这些链路的通告者。对于其他区域的路由器,只需要知道如何去往 ABR,就相当于知道了到达 ABR 通告的链路,如图 5-259 所示。

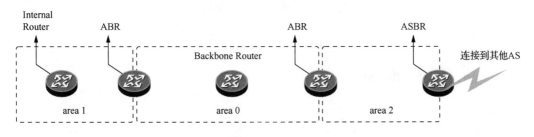

图 5-259　ABR

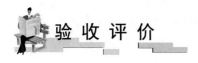 验 收 评 价

学员在学完本节内容,并完成承载网设备数据配置任务后,完成下列评价表。

任务名称 承载网设备数据配置				
班级		小组		
评价要点	评价内容	分值	得分	备注
基础知识（40 分）	明确工作任务和目标	5		
	VLAN 间路由的实现方式	5		
	单臂路由的工作原理	5		
	三层交换机工作原理	5		
	OSPF 的概念	5		
	OSPF 报文类型	5		
	OSPF 工作原理	5		
	OSPF 区域划分原则	5		
任务实施（50 分）	承载网三层数据配置	25		
	承载网与核心网对接数据配置	25		
操作规范（10 分）	规范操作，防止设备损坏	5		
	环境卫生，保证工作台面整洁	5		
合计		100		

任务 5.4　综合调试

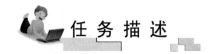

任务描述

完成承载网硬件安装和数据配置后，此时承载网设备可能还不能正常运行，还需要对承载网进行业务调试，排查硬件安装或者数据配置不当之处。另外，承载网网元较多，需要验证和调试这些网元之间的对接关系。

本次 5G 承载网设备数据配置区域位于建安市，一共涉及 5 个机房，分属接入、汇聚、核心三层以及建安市核心网。接入层共有 1 个机房，即建安市 3 区 B 站点机房；汇聚层有 2 个机房，分别是建安市 3 区汇聚机房和建安市骨干汇聚机房；核心层有 1 个机房，即建安市承载中心机房，此机房连接到建安市核心网机房。

模块 5　承载网对接配置

资讯清单

知识点	技能点
常见的告警及可能的原因	承载网设备故障排查
状态查询和光路检测工具的用法	承载网业务调试
Ping 和 Trace 工具的用法	

获取信息

5.4.1　调试工具介绍

完成承载网硬件安装和数据配置以后，还需要对承载网进行业务调试，排查硬件安装和数据配置的不当或者错误之处，调试和验证各个承载网网元之间的对接关系，从而保证承载网能正常承载用户的移动业务。通常需要借助五种调试工具来完成承载网的调试任务，下面将分别介绍这五种工具的功能和使用方法。

启动并登录仿真软件，依次单击主界面下面的"网络调试"→"业务调试"标签，单击上部的"承载网"标签，进入承载网业务调试主界面，如图 5-260 所示。

图 5-260　承载网业务调试主界面

1. 告警

告警可理解为某种类型的网络故障或隐患。通常，告警信息分两部分：当前告警和历史告警。当前告警为当前实时存在且尚未解决的告警；历史告警为曾经出现但已经消失的告警。并不是有告警存在，网络的业务就一定不通；也不是没有告警存在，网络的业务就一定通。很多隐形故障并不会通过告警直接展示出来。比如，在有些场景下，往往会因为数据配置错误导致业务不通，而这种错误不会以告警的形式直接显示出来。因此，还需要熟练使用其他的调测工具来帮助我们判断和定位故障。

单击承载网业务调试主界面左侧下部的"告警"按钮，系统中就会把产生告警的级别、生成时间、位置信息、描述等信息列出，方便定位故障，如图 5-261 所示。

图 5-261 承载网告警界面

承载网常见的告警及说明如表 5-7 所列。

表 5-7 承载网常见的告警及说明

告警类型	告警信息	说明
设备配置	未部署任何 PTN 或 RT 设备	仅作为提示，实际操作时并不要求所有机房都配置
设备配置	未部署 OTN 设备	仅作为提示，实际操作时并不要求所有机房都配置
设备配置	IP 承载设备与 OTN 设备无连接	已部署的路由器/SPN 需要通过 OTN 设备与其他机房互联，若未连接 OTN 设备会有告警提示
设备配置	IP 承载设备未正确连接 ODF 架	路由器/SPN 有直接连接 ODF 架后与其他机房互联的情况，若没有这个连接会有告警提示
设备配置	OTN 设备内部连线不完整	OTN 设备的内部连线有错误，会影响业务数据转发
设备配置	OTN 设备未正确连接 ODF 架	OTN 设备的 OBA 或 OPA 单板与 ODF 架接口间连接错误，会影响业务数据转发
设备配置	接口速率不匹配	两台路由器/SPN 间互联接口速率不同，或路由器/SPN 与 OTN 设备互联接口速率不同，会影响业务数据转发

续表

告警类型	告警信息	说明
数据配置	路由器没有配置 IP 地址	没有配置 IP 地址的路由器不能转发数据
数据配置	IP 接口"down"	路由器/SPN 配置了 IP 地址的接口处于"down"状态，此接口不能转发数据
数据配置	路由器没有有效路由	路由器的路由表中没有路由，不能转发数据
数据配置	与其他设备 router-id 冲突	本设备的 OSPF router-id 与其他设备冲突时，会导致网络中 OSPF 路由学习的混乱，且相同 router-id 的设备不能形成邻居关系
数据配置	OSPF 路由器所有接口 OSPF 状态未启用	本设备全局 OSPF 状态为"启用"，但所有 IP 接口没有启用 OSPF。这种情况下无法与其他设备建立 OSPF 邻居关系
数据配置	电交叉配置存在速率不匹配	OTN 的电交叉配置左右两端速率不同，会影响业务数据转发

2. 状态查询

如图 5-262 所示，通过状态查询，可以对路由器、SPN、OTN 等承载网网元的数据配置结果进行查询，也可以发现可能存在的故障点。单击左侧工具栏的"状态查询"，将鼠标指针移动到右侧的网元设备上，系统会显示此设备可以查询哪些信息。

图 5-262　承载网状态查询界面

1）物理接口查询

如图 5-263 所示，在路由器/SPN 上可以查询该设备所有物理接口的状态和配置。接口状态为"up"代表此接口已激活，接口状态为"down"代表此接口未激活或者未连接。

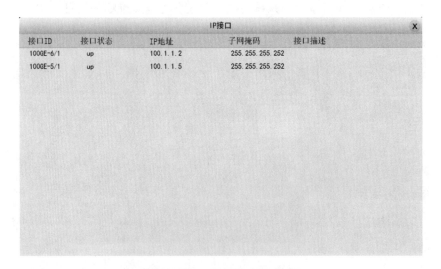

图 5-263　物理接口查询界面

2）IP 接口查询

如图 5-264 所示，在路由器/SPN 上可查询该设备所有配置了 IP 地址的接口状态和配置。在路由器/SPN 上可配置 IP 地址的接口，包括物理接口、loopback 接口和子接口。SWITCH 可配置 IP 地址的接口包括 loopback 接口和 VLAN 三层接口。

图 5-264　IP 接口查询界面

3）路由表查询

如图 5-265 所示，在路由器/SPN 可查询该设备所有路由，包括直连路由、静态路由和动态路由。路由表中的路由遵循最长匹配原则。

模块 5　承载网对接配置

目的地址	子网掩码	下一跳	出接口	来源	优先级	度量值
100.1.1.0	255.255.255.252	100.1.1.2	100GE-6/1	direct	0	0
100.1.1.2	255.255.255.255	100.1.1.2	100GE-6/1	address	0	0
100.1.1.4	255.255.255.252	100.1.1.5	100GE-5/1	direct	0	0
100.1.1.5	255.255.255.255	100.1.1.5	100GE-5/1	address	0	0
10.1.1.0	255.255.255.0	100.1.1.6	100GE-5/1	OSPF	110	4
10.10.10.0	255.255.255.0	100.1.1.1	100GE-6/1	OSPF	110	2
100.1.1.12	255.255.255.252	100.1.1.6	100GE-5/1	OSPF	110	3
100.1.1.8	255.255.255.252	100.1.1.6	100GE-5/1	OSPF	110	2
20.20.20.0	255.255.255.0	100.1.1.1	100GE-6/1	OSPF	110	2
30.30.30.0	255.255.255.0	100.1.1.1	100GE-6/1	OSPF	110	2
40.40.40.0	255.255.255.0	100.1.1.1	100GE-6/1	OSPF	110	2
1.1.1.0	255.255.255.0	100.1.1.6	100GE-5/1	OSPF	110	23
2.2.2.0	255.255.255.0	100.1.1.6	100GE-5/1	OSPF	110	23
3.3.3.0	255.255.255.0	100.1.1.6	100GE-5/1	OSPF	110	23
4.4.4.0	255.255.255.0	100.1.1.6	100GE-5/1	OSPF	110	23

图 5-265　路由表查询界面

4）OSPF 邻居

在路由器/SPN 上可查询该设备所有 OSPF 邻居，如图 5-266 所示。

① 邻居 router-id：当两台设备间可能通过多条链路形成邻居关系时，多个邻居都用相同的 router-id 表示。

② 邻居接口 IP：邻居侧与本设备形成邻居关系的接口所关联的 IP 地址。

③ 本端接口：本端通过哪个接口形成邻居关系。

④ 本端接口 IP：本端与邻居形成邻居关系的接口所关联的 IP 地址。本端接口 IP 与邻居接口 IP 应属于同一网段，从而能判断出本端与邻居是通过哪个网段形成邻居关系。

邻居router-id	邻居接口IP	本端接口	本端接口IP	Area
100.1.1.102	100.1.1.5	100GE-6/1	100.1.1.6	0
100.1.1.100	100.1.1.10	100GE-5/1	100.1.1.9	0

图 5-266　OSPF 邻居查询界面

3. 光路检测

光路检测用于检测两个 OTN 客户侧接口的光路是否畅通。原理类似于在两个客户侧接口间发光和收光。如果光路的连接或配置有错误，在下方会提示错误信息；如果光路没有问题，在下方会提示检测通过，如图 5-267 所示。

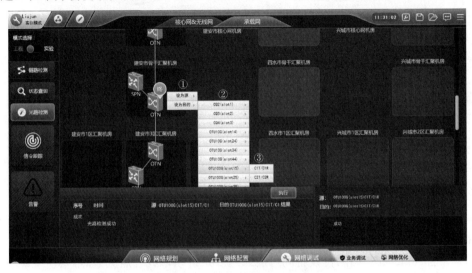

图 5-267　承载网光路检测界面

选中调试界面左侧的"光路检测"，将鼠标指针移动到右侧设备图中某 OTN 上，会出现选择菜单，从中选择"设为源"或者"设为目的"对应光板的槽位和客户侧接口，然后移动到另外一个 OTN，重复相同的操作，即光路检测的起始设备和终点设备。单击界面下方"执行"按钮，检测这两个设备间的光路连通情况。

① 设为源/设为目的：将该 OTN 设为光路检测的源或目的端。

② 槽位（单板）：选择要进行检测的单板。

③ C×T/C×R：选择要进行检测的客户侧接口。

4. Ping

Ping 是检测两个 IP 地址间能否互相通信的重要工具。

如图 5-268 所示，单击左侧"链路检测"，将鼠标指针移动到主界面某个起始设备，单击"设为源"，并从其菜单下选择某个 IP 地址。再将鼠标指针移动到主界面某个终点设备，单击"设为目的"，并从其菜单下选择某个 IP 地址，再单击下方"Ping"按钮，即可完成一次 Ping 操作，并实时反馈 Ping 的结果。如果显示"数据包：已发送=4，已接收=4，丢失=0，0%丢失"，则表示 Ping 成功；如果显示"数据包：已发送=4，已接收=0，丢失=4，100%丢失"，则表示 Ping 不成功。在右下方的信息框中将显示历史 Ping 操作记录。

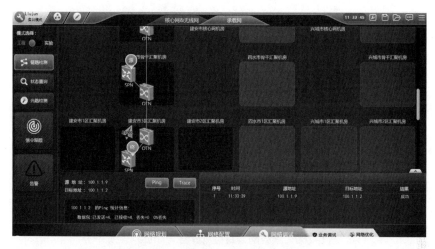

图 5-268　承载网链路检测界面（Ping）

5. Trace

Trace 用于跟踪从源 IP 地址到目的 IP 地址的转发路径，是判断路径中故障点位置的重要工具。

如图 5-269 所示，将鼠标指针移动到主界面某个起始设备，单击"设为源"，并从其菜单下选择某个 IP 地址。再将鼠标指针移动到主界面某个终点设备，单击"设为目的"，并从其菜单下选择某个 IP 地址，单击下方"Trace"按钮，即可完成一次 Trace 操作，并实时反馈 Trace 的结果，最多显示 20 个节点。

如果 Trace 跟踪到某个节点，数据包无法继续转发，此节点之后将不再显示 IP 地址，而是显示"＊＊false 请求超时"，据此可判断出故障的大概位置。（Trace 工具界面右侧"操作记录"信息框中将显示历史 Trace 操作记录，如图 5-270 所示。）

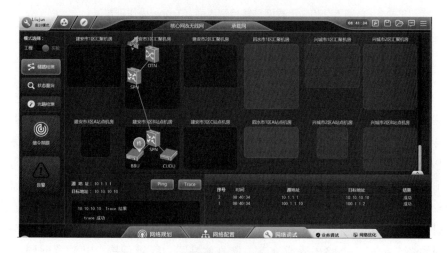

图 5-269　承载网链路检测界面（Trace）

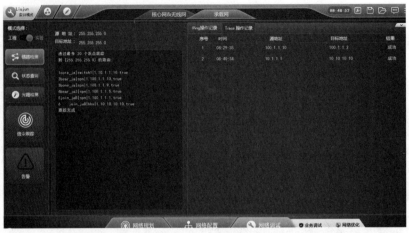

图 5-269　承载网链路检测界面（Trace）（续）

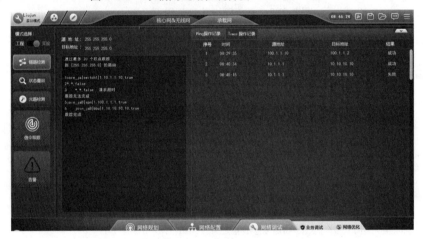

图 5-270　承载网链路检测界面（Trace 操作记录）

5.4.2　承载网故障排查流程

承载网故障排查流程，如图 5-271 所示。

（1）核心网设备到无线 BBU 或者 ITBBU，使用二者需要通信的 IP 地址，进行端到端的 Ping 测试。比如，对于拨测业务，要求 MME 的本地偶联 IP 与对端偶联 IP（即 BBU 的 IP）互相通信，且 SGW 与 eNB 之间对接 IP 需要互相通信。基于此，使用这两对 IP 地址分别做 Ping 测试，Ping 成功就表示拨测所需的承载网环境是连通的。若 Ping 不成功，需进一步排查。

（2）当端 Ping 不成功时，使用 Trace 工具查找故障位置。Trace 的好处是能明确定位出在数据包转发路径中哪一点出现中断。需要注意的是，Trace 是基于 IP 转发路径，所以能定位到的必定是某一个路由器或 PTN，但具体是路由配置问题、IP 配置问题、VLAN 配置问题、物理连线问题，还是连接的 OTN 出现故障，需要进一步排查。

（3）使用 Trace 找到故障位置后，应从该设备的路由表着手，检查三层网络配置。如果路由表中没有去往目的 IP 地址的路由，那么就要检查相应的 IP 地址配置和路由配置。

（4）如果 IP 地址和路由的配置正确的，那么问题可能出现在二层网络配置上，在本软件中主要是 VLAN 的配置。继续这一部分的检查，直至找到故障点，或者确认所有二层配置是否有问题。

（5）如果该路由器、PTN 的数据配置正确，那么就需要检查转发向下一跳的出接口状态是否为"up"。

（6）如果通过前面的排查步骤，仍然都未找出故障，则认为定位到的路由器或 PTN 配置和连线是正确的，则需检查出接口连接的 OTN 设备连线和配置。

通过（5）和（6），基本可以定位并排查出工程模式下核心网与基站之间通信故障。

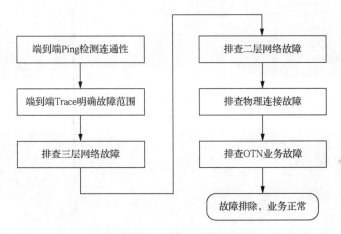

图 5-271　承载网故障排查流程

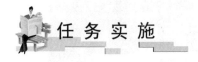

5.4.3　承载网调试

启动并登录仿真软件，依次单击主界面下面的"网络调试"→"业务调试"标签，单击主界面上部的"承载网"标签，进入承载网业务调试主界面，如图 5-272 所示。

1．告警情况核查

单击承载网业务调试主界面左侧下部的"告警"按钮，观察建安市承载网当前告警情况，如图 5-273 所示，发现建安市告警都是"该机房未部署任何 PTN 或 RT""该机房未部署 OTN""该机房 PTN/RT 接口通过 ODF 架未连接至另一个机房的 PTN/路由器"这三类告警。经过核查，发现这些告警都是发生在不属于本次规划建设的承载网机房里或者不需部署 OTN 设备的站点机房里。因此，可以判断，本次部署设备的承载网机房和站点机房未发现有任何告警。

图 5-272　承载网业务调试主界面

图 5-273　承载网告警界面

2．链路检测

（1）如图 5-274 所示，单击左侧"链路检测"，将鼠标指针移动到建安市 3 区 B 站点机房 BBU 上。单击"设为源"，并从其菜单下选择 BBU 的 IP 地址（10.10.10.10）。再将鼠标指针移动到建安市核心网 MME，单击"设为目的"，并从其菜单下选择 MME 的物理接口 IP 地址（10.1.1.1）。再单击下方"Ping"按钮，显示"数据包：已发送=4，已接收=0，丢失=4，100%丢失"，则表示 Ping 不成功。

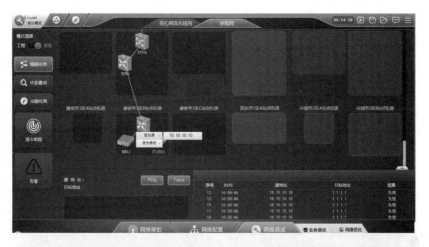

图 5-274 承载网链路检测界面（Ping）

（2）使用 Trace 工具来跟踪从源 IP 地址到目的 IP 地址的转发路径，判断路径中故障点位置。如图 5-275 所示,继续将建安市 3 区 B 站点机房 BBU 的 IP 地址(10.10.10.10)设为源,建安市核心网 MME 的物理接口 IP 地址(10.1.1.1)设为目的,再单击"Trace"按钮,观察跟踪结果。从结果上来看,从建安市 3 区 B 站点机房 BBU(IP 地址:10.10.10.10)到同一个机房的 SPN 靠近 BBU 一侧端口(IP 地址:10.10.10.1)是通的,而从建安市 3 区 B 站点机房 SPN 到建安市核心网 MME 的其中一段链路可能不通,接下来就需要定位具体的位置。

图 5-275　承载网链路检测界面 1(Trace)

(3)定位建安市 3 区 B 站点机房 SPN 到建安市核心网 MME 的具体哪段链路不通,需要继续使用 Trace 工具来逐段排查链路的连通情况。如图 5-276 所示,将建安市 3 区 B 站点机房 SPN 靠近 BBU 一侧端口(IP 地址:10.10.10.1)设为源,将建安市 3 区汇聚机房 SPN 靠近建安市骨干汇聚机房一侧端口(IP 地址:100.1.1.5)设为目的,再单击"Trace"按钮,观察跟踪结果。从结果来看这一段链路是通的。

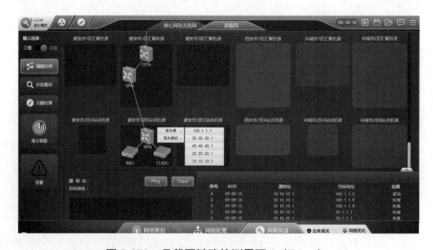

图 5-276　承载网链路检测界面 2(Trace)

模块 5 承载网对接配置

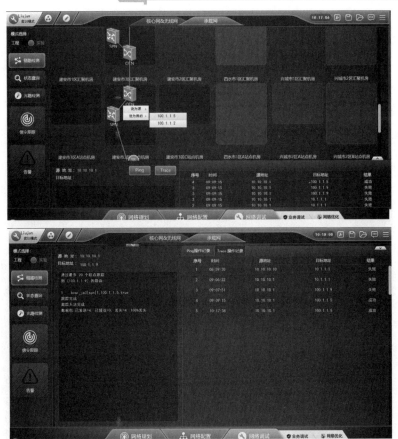

图 5-276 承载网链路检测界面 2（Trace）（续）

（4）如图 5-277 所示，使用 Trace 工具来逐段排查链路的连通情况。将建安市 3 区汇聚机房 SPN 靠近建安市骨干汇聚机房一侧端口（IP 地址：100.1.1.5）设为源，将建安市骨干汇聚机房 SPN 靠近建安市承载中心机房一侧端口（IP 地址：100.1.1.9）设为目的，再单击"Trace"按钮，观察跟踪结果。从结果来看这一段链路是中断的。

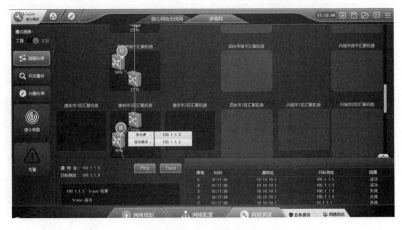

图 5-277 承载网链路检测界面 3（Trace）

图 5-277　承载网链路检测界面 3（Trace）（续）

（5）从前面的排查结果可知，从建安市 3 区汇聚机房 SPN 到建安市骨干汇聚机房 SPN 链路是中断的。从网络拓扑结构来看，这两个 SPN 之间链路通过两个 OTN 连接在一起，因此，需要排查这两个 OTN 之间的光路情况。如图 5-278 所示，具体的操作步骤如下。

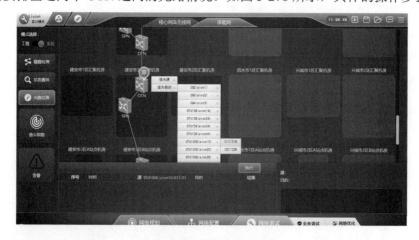

图 5-278　承载网光路检测界面

模块 5 承载网对接配置

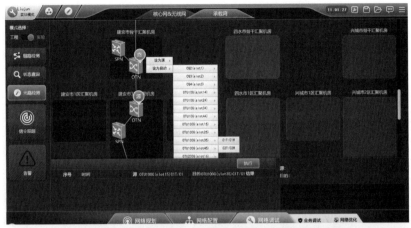

图 5-278 承载网光路检测界面（续）

选中调试界面左侧的"光路检测"，将鼠标指针移动到建安市 3 区汇聚机房 OTN 上，选择"设为源"→"OTU100G（slot15）"→"C1T/C1R"，然后将鼠标指针移动建安市骨干汇聚机房 OTN，选择"设为目的"→"OTU100G（slot35）"→"C1T/C1R"。单击界面下方"执行"按钮，观察光路检测的结果。结果显示"建安市 3 区汇聚机房 OTN-OTU100G 频率错误"，因此，这两个 OTN 之间的光路不通。

（6）核查这两个 OTN 的设备连线和数据配置情况。首先，依次单击界面下面的"网络配置→设备配置"，在设备配置界面右上角下拉菜单中选择"建安市 3 区汇聚机房"，如图 5-279 所示。在界面右侧"设备指示"中单击"OTN"，切换到 OTN 设备界面，使用鼠标拖到 OTN 设备的第二框，从图中看到与 SPN 及 ODF 存在光纤连接关系是位于 15 槽位 OTU100G 单板。其次，切换到建安市骨干汇聚机房，如图 5-280 所示，在界面右侧"设备指示"中单击"OTN"，切换到 OTN 设备界面，并使用鼠标拖到 OTN 设备的第二框和第三框，发现两块分别位于 15 槽位和 35 槽位的 OTU100G 单板都与 SPN 及 ODF 存在光纤连接，通过光纤连接关系的排查，将位于 35 槽位的 OTU100G 单板通过光纤连接到建安市 3 区汇聚机房。

367

图 5-279　建安市 3 区汇聚机房 OTN 设备配置界面

图 5-280　建安市骨干汇聚机房 OTN 设备配置界面

（7）核查这两个 OTN 的数据配置情况。依次单击界面下面的"网络配置→数据配置"，在数据配置界面右上角下拉菜单中选择"建安市骨干汇聚机房"，如图 5-281 所示。在"网元配置"中选择"OTN"，在"命令导航"中选择"频率配置"，和硬件实际安装对应 2 块 OTU100G 单板都已完成了数据配置。然后切换到"建安市 3 区汇聚机房"，如图 5-282 所示。在"网元配置"中选择"OTN"，在"命令导航"中选择"频率配置"，从数据配置情况来看，配置成位于 35 槽位的 OTU100G 单板，和硬件实际安装情况不符。初步判断这是造成两台 OTN 之间光路不通的原因。

（8）如图 5-283 所示，将建安市汇聚 3 区机房的 OTN 的 OTU100G 单板数据配置的槽位更正为实际安装的 15 槽位后，重新切换到承载网业务调试界面，如图 5-284 所示。再次选中调试界面左侧的"光路检测"，将鼠标指针移动到建安市 3 区汇聚机房 OTN 上，选择"设为源"→"OTU100G（slot15）"→"C1T/C1R"，然后移动到建安市骨干汇聚机房 OTN，选择"设为目的"→"OTU100G（slot35）"→"C1T/C1R"，单击界面下方"执行"按钮，观察光路检测的结果为成功，如图 5-284 所示。说明这段光路不通的原因是数据配置和硬件实际安装不一致导致的。

模块 5 承载网对接配置

图 5-281 建安市骨干汇聚机房 OTN 频率配置界面

图 5-282 建安市 3 区汇聚机房 OTN 频率配置界面

图 5-283 建安市 3 区汇聚机房 OTN 频率配置界面（调整后）

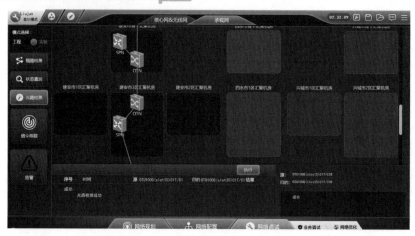

图 5-284 承载网光路检测界面

（9）使用 Trace 工具重复（4）的操作。如图 5-285 所示，将建安市 3 区汇聚机房 SPN 靠近建安市骨干汇聚机房一侧端口（IP 地址：100.1.1.5）"设为源"，将建安市骨干汇聚机房 SPN 靠近建安市承载中心机房一侧端口（IP 地址：100.1.1.9）"设为目的"，再单击"Trace"按钮，观察跟踪结果为成功，即这条链路已经连通。

图 5-285 承载网链路检测界面（Ping）

（10）使用 Trace 工具来逐段排查链路的连通情况。如图 5-286 所示，将建安市骨干汇聚机房 SPN 靠近建安市承载中心机房一侧端口（IP 地址：100.1.1.9）"设为源"，将建安市核心网 MME 的物理接口 IP 地址（10.1.1.1）"设为目的"，再单击"Trace"按钮，观察跟踪结果。从结果上来看，从建安市骨干汇聚机房 SPN 靠近建安市承载中心机房一侧端口（IP 地址：100.1.1.9）到建安市核心网机房内三层交换机 Switch 靠近建安市承载中心机房一侧端口（IP 地址：100.1.1.9，VLAN：16）链路是通的，而从 Switch 这个端口到 MME 物理接口这段链路是不通的。

模块 5　承载网对接配置

图 5-286　承载网链路检测界面（Trace）

（11）依次单击"网络配置→设备配置"。进入设备配置界面，切换到建安市核心网机房，如图 5-287 所示，从"设备指示"图中选择"SW1"，切换到交换机界面，将 MME 连接到交换机端口 1，同时将建安市承载中心机房 SPN 连接到交换机端口 18。

图 5-287　建安市核心网机房 SWITCH 设备配置

（12）如图 5-288 所示，单击"数据配置"，进入数据配置界面。在数据配置界面右上角下拉菜单中选择"建安市核心网机房"，从"网元配置"中选择 SWITCH1，切换到 SWITCH 配置界面，从前面的规划数据来看，SWITCH1 的端口 1 需要关联 VLAN 应该是 10，而图中却配置为 1，所以应该是 VLAN 配置错误导致这个问题。

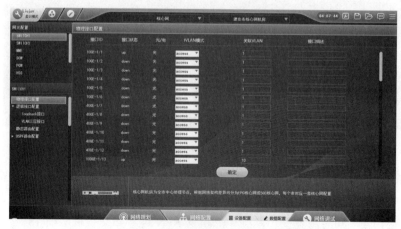

图 5-288　建安市核心网机房 SWITCH 数据配置

图 5-288　建安市核心网机房 SWITCH 数据配置（续）

（13）在数据配置界面，将 SWITCH1 的端口 1 关联 VLAN 修改为规划的 10，然后切换到业务调试界面，如图 5-289 所示。重复（10）的操作，将建安市骨干汇聚机房 SPN 靠近建安市承载中心机房一侧端口（IP 地址：100.1.1.9）"设为源"，将建安市核心网 MME 的物理接口 IP 地址（10.1.1.1）"设为目的"，再单击"Trace"按钮，观察跟踪结果为成功，即这段链路已经连通。

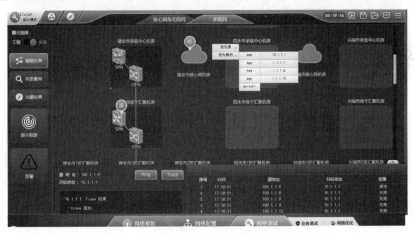

图 5-289　承载网链路检测界面（Trace）

（14）最后，验证从建安市 B 站点 BBU 到建安市核心网 MME 的链路是否畅通，进而来证明从站点到核心网的承载网业务是否正常。如图 5-290 所示，在业务调试界面，单击左侧"链路检测"。将鼠标指针移动到建安市 3 区 B 站点机房 BBU 上，单击"设为源"，并从其菜单下选择 BBU 的 IP 地址（10.10.10.10）。再将鼠标指针移动到建安市核心网 MME，单击"设为目的"，并从其菜单下选择 MME 的物理接口 IP 地址（10.1.1.1）。单击下方"Ping"按钮，显示"数据包：已发送=4，已接收=4，丢失=0，0%丢失"，表示 Ping 成功。即验证从建安市 B 站点到建安市核心网之间的承载网链路畅通。

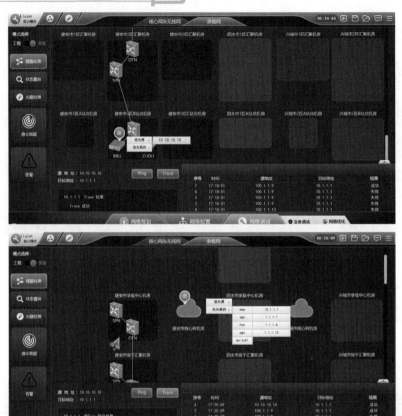

图 5-290 承载网链路检测界面（Ping）

从上面整个承载网调试过程来看，通过运用 Ping 和 Trace 工具逐段来排查链路连通情况，从而把故障点定位到具体链路段上，然后通过实际设备安装和线缆连接情况、数据配置情况对比，发现其中的配置错误，纠正错误后，进行相关验证，确认整个承载网链路全部是畅通的。

5.4.4 全网业务测试

通过前文已分别完成了无线及核心网、承载网的调试，并完成了承载网和核心网的对接调试，接下来要验证全网业务是否能正常工作，测试的步骤如下。

（1）启动并登录仿真软件，依次单击主界面下面的"网络调试"→"业务调试"标签，单击业务调试界面上部的"核心&无线网"标签，进入承载网核心和无线网主界面，如图 5-291 所示。

（2）因为建安市承载网部分已完成调试和验证，所以在界面左上角的"模式选择"中选择"工程"模式。

（3）单击右上角的"终端信息"，依次填入对应的参数。

（4）单击 ，并移动至建安市 B 站点机房任意一个小区内，然后先单击右下角 ，有手机图标出现,且显示有信号的变化,再单击。有短信发送画面出现,则说明全网业务验证成功。

图 5-291 承载网核心和无线网主界面

5.4.5 承载网故障处理思路

故障处理就是合理地定界和定位故障,仔细分析导致故障的各种原因,并一步步定位故障所在,并最终解决故障的过程。其基本思路是系统化地将故障产生的所有可能原因缩减或者隔离成几个小的部分,从而使问题的复杂程度降低。合理的故障处理思路有助于解决所遇到的问题。

1. 故障现象观察

对承载网故障进行准确分析,首先应该了解故障造成的各种现象,其次才可能确定产生这些现象的故障根源。因此,对承载网故障做出完整、清晰的描述是一个重要步骤。这一阶段主要是对告警信息进行收集和观察。

2. 故障信息采集

了解清楚故障现象后,需要进一步搜集有助于故障定位的详细信息。这些信息包括在调试工具的"状态查询"中所能观察到的数据配置信息,以及 Ping、Trace、光路检测等工具的测试结果。

3. 经验分析和理论判断

利用前两个步骤收集到的信息,并根据自己以往对故障处理的经验和所掌握的网络设备和协议的知识,来确定排错范围。通过划分范围,确定需要关注的故障或与故障情况相关的那一部分网络设备、传输介质或终端。

4. 整理可能原因的列表

如果故障比较复杂,可以整理一张表格,列出根据经验判断和理论分析后总结的各种可能原因,并针对每一种可能的原因制定出详细的排查操作步骤。

需要注意的是:每次操作只进行一处改动,这样才能确定该改动是否能消除故障。如果每次操作进行多处改动,即使故障消失,也不知道是哪个改动命令解决故障的。一旦制订好计划,就可以细心地实施这个计划了。

5. 对每一项可能原因进行排错和验证,并观察结果

实施操作计划时,应注意每次只能做一个修改。如果修改成功,则应对修改的结果进行分析并记录;如果修改没有成功,则应立即撤销这个修改。同样重要的是,应按照计划来进行操作,不要盲目乱改,以免造成新的故障。

6. 循环进行故障排查

如果故障排查方案没有解决故障,则进入循环故障排查阶段。

在进行下一个循环之前,必须将网络恢复到实施上一个方案前的状态。如果保留上一个实施方案对于网络的改动,则有可能导致新的故障。

循环排错有两个切入点。

① 针对某一个可能原因的排错方案没有达到预期的效果,则执行下一个排错方案。

② 如果所有的方案都没有起到效果,则需要重新搜集故障信息,制定新的排错方案。

反复进行这个步骤,直到故障被最终定位。

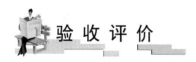

验 收 评 价

学员在学完本章节的内容,并完成承载网综合调试任务后,完成下列的评价表。

任务名称 承载网综合调试				
班 级		小组		
评价要点	评价内容	分值	得分	备注
基础知识 (30分)	明确工作任务和目标	5		
	常见告警分析	5		
	状态查询和光路检测工具使用	5		
	Ping 和 Trace 工具使用	5		
	承载网故障排查思路及流程	10		
任务实施 (60分)	承载网接入、汇聚、核心层调试	30		
	承载网与核心网对接调试	30		
操作规范 (10分)	规范操作,防止设备损坏	5		
	环境卫生,保证工作台面整洁	5		
合计		100		

参 考 文 献

贾跃,2019. 4G 全网通信技术[M]. 北京:北京邮电大学出版社.
刘毅,刘红梅,张阳,等,2019. 深入浅出 5G 移动通信[M]. 北京:机械工业出版社.
宋铁成,宋晓勤,2018. 移动通信技术[M]. 北京:人民邮电出版社.
汤昕怡,曾益,罗文茂,等,2020. 5G 基站建设与维护[M]. 北京:电子工业出版社.
张明和,2016. 深入浅出 4G 网络:LTE/EPC[M]. 北京:人民邮电出版社.
赵珂,2020. LTE 与 5G 移动通信技术[M]. 西安:西安电子科技大学出版社.